버섯 도감

세밀화로 그린 보리 큰도감
버섯 도감

1판 1쇄 펴낸 날 2016년 8월 10일 | **1판 3쇄 펴낸 날** 2022년 3월 28일

그림 권혁도, 김찬우, 이우만, 이주용, 임병국
글 석순자
감수 김양섭
기획 토박이

편집 김미선, 김미혜, 이주연
교정 박근자
기획실 김소영, 김수연, 김용란
디자인 이안디자인

제작 심준엽
영업 나길훈, 안명선, 양병희, 원숙영, 조현정
독자 사업(잡지) 이보리, 정영지 | **새사업팀** 조서연
경영 지원 신종호, 임혜정, 한선희
분해와 출력, 인쇄 (주)로얄프로세스 | **제본** 과성제책

펴낸이 유문숙
펴낸 곳 (주) 도서출판 보리
출판등록 1991년 8월 6일 제 9-279호
주소 경기도 파주시 직지길 492 (우편번호 10881)
전화 (031)955-3535 / **전송** (031)950-9501
누리집 www.boribook.com **전자우편** bori@boribook.com

토박이
주소 서울시 마포구 양화로 156 LG팰리스빌딩 918호 우편번호 04050
전화 (02)323-7125 전자우편 tobagi3@empas.com

값 80,000원
보리는 나무 한 그루를 베어 낼 가치가 있는지 생각하며 책을 만듭니다.

ISBN 978-89-8428-932-1 06480 978-89-8428-832-4 (세트)
이 도서의 국립중앙도서관 출판시도서목록(CIP)은 서지정보유통지원시스템(http://seoji.nl.go.kr)과 국가자료공동목록시스템((http://www.nl.go.kr/kolisnet)에서
이용하실 수 있습니다. (CIP 제어번호 : CIP2016017451)

버섯 도감

세밀화로 그린 보리 큰도감

우리나라에 나는 버섯 125종

그림 권혁도, 김찬우, 이주용, 임병국
글 석순자 / 감수 김양섭 / 기획 토박이

보리

일러두기

1. 이 책에는 우리나라에 널리 나는 버섯 가운데 125종을 골라 실었다. 2008년 국제농업생명과학센터(CABI)에서 발간한 《Dictionary of the Fungi》 제10판에 실린 새 분류 체계에 따라 목, 과, 속을 정리하고 같은 속에 들어 있는 종은 찾기 쉽게 우리말 이름 가나다순으로 정리했다.
2. 우리말 이름은 2013년 한국균학회 균학용어심사위원회에서 펴낸 《한국의 버섯 목록》을 기준으로 삼았다. 학명은 Index Fungorum*의 현재명current name을 따랐다. 이제까지 써 온 학명이 현재명과 다른 것은 바로잡았다.
3. 책 본문은 크게 1부, 2부, 3부로 나누었다. 1부 '버섯 개론'에서는 생태계에서 버섯이 하는 역할과 사람과의 관계, 버섯의 역사, 생김새와 구조 같은 정보를 폭넓게 다루었다. 2부 '우리나라의 버섯'에서는 우리나라에서 볼 수 있는 버섯 125종을 세밀화로 보여 주고 개체 정보를 함께 실었다. 닮은 버섯이나 어린 버섯, 그 밖에 개체 버섯을 이해하는 데 도움이 될 만한 자료를 참고 그림으로 곁들였다. 3부 '더 알아보기'에서는 분류표, 목과별 특징, 남녘과 북녘 버섯 이름, 용어 풀이처럼 버섯을 한층 깊이 이해하는 데 도움이 될 만한 정보를 담았다. '우리 이름 찾아보기'는 우리말 이름과 북녘 이름을 합해서 가나다순으로 실었다. 달리 부르는 이름과 2013년에 이름이 바뀐 버섯의 옛 이름도 함께 실었다. '학명 찾아보기'는 ABC 차례로 싣고 우리말 이름도 함께 보여 주었다.
4. 맞춤법과 띄어쓰기는 국립국어원에서 펴낸 《표준국어대사전》을 따랐다. 버섯 전문 용어를 그대로 쓴 경우에는 눈표(*)를 붙이고 본문 아래에 풀이를 달거나 3부 '더 알아보기'의 '용어 풀이'에서 따로 설명했다.
5. 정보 상자 안의 '크기' 정보는 주름버섯처럼 우산 모양으로 생긴 버섯은 갓 지름, 대 길이와 대 굵기 차례로, 곰보버섯, 말뚝버섯류처럼 갓이 원통이나 종 모양으로 생긴 버섯은 갓 세로 길이와 지름, 대 길이와 굵기 차례로 적었다. 진흙버섯, 층층버섯처럼 대가 없고 반원 모양인 버섯은 가로 길이와 세로 길이 차례로 적었다.

* 버섯을 비롯한 모든 균류의 학명을 정리한 목록이다. CABI에서 발표한 새 분류법에 따라 정리되어 있으며, 인터넷 사이트 www. index fungorum.org/에서 검색할 수 있다. 국제균학회를 비롯한 수많은 연구 기관과 균류 연구자들이 공동으로 참여하고 있으며 계속해서 최신 정보들로 바뀌 나가고 있다. 분류가 잘못되었거나 다른 이름으로 불리던 것을 바로잡고 새 분류 체계에 알맞은 현재명을 제시하고 있다.

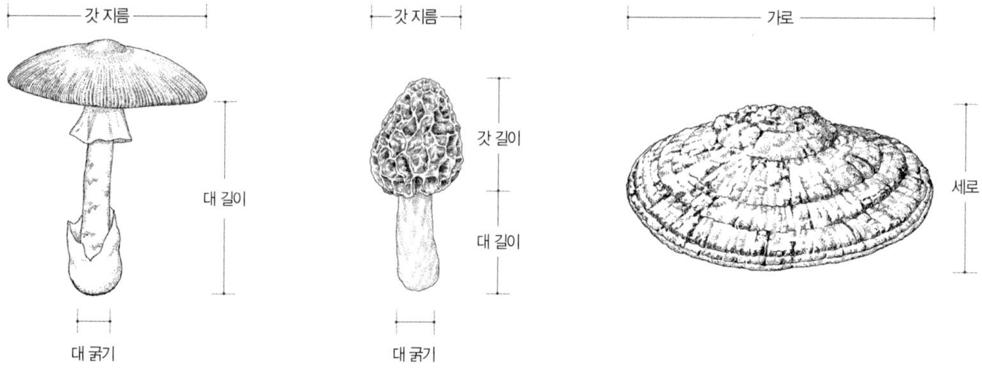

분류

학명

본문

버섯 이름(한국명)

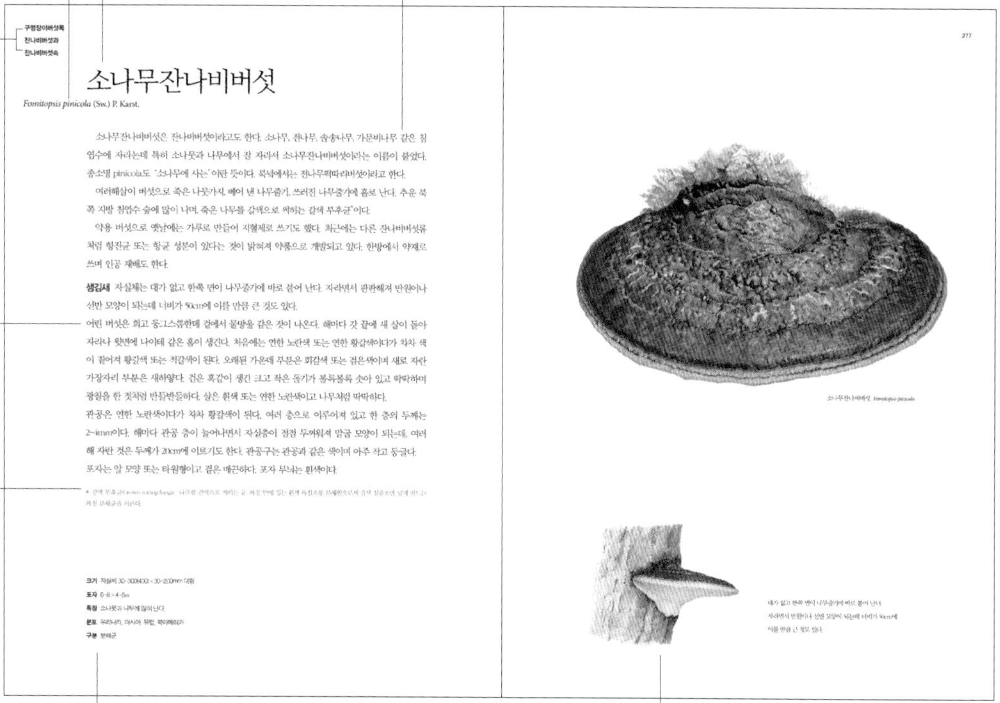

생김새 글

정보 상자 크기는 mm 단위로 표시하고 소형, 중형, 대형으로 나누었다. 포자 크기, 버섯의 특징, 분포 지역에 대한 정보를 곁들였다. 양분을 얻는 방법에 따라 분해균과 기생균, 공생균으로 나누었다.

참고 그림과 설명 글

주 본문 내용을 자세히 풀어 주거나 전문 용어 풀이를 달았다.

차례

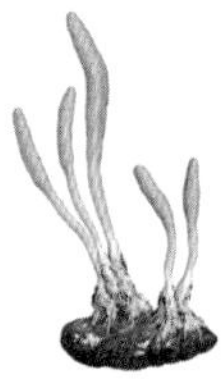

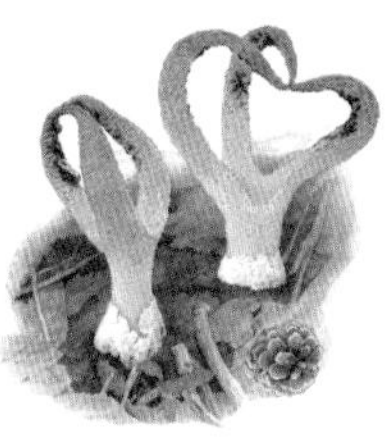

3. 더 알아보기

그림으로 찾아보기

오디균핵버섯 70

마귀곰보버섯 72

긴대안장버섯 74

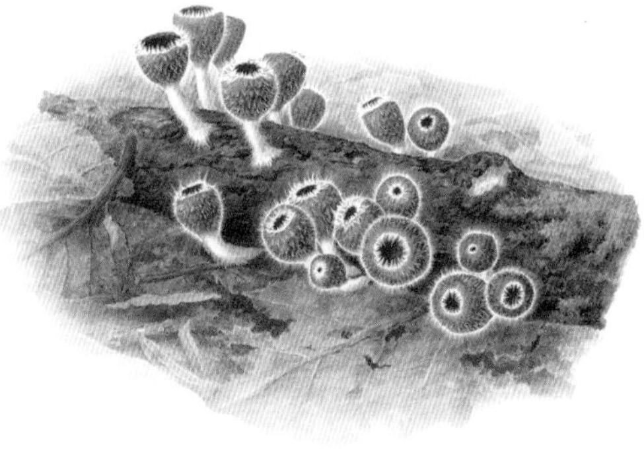
털작은입술잔버섯 80

곰보버섯 76

들주발버섯 78

붉은사슴뿔버섯 86

동충하초 82

나방꽃동충하초 84

벌포식동충하초 88

큰매미포식동충하초 90

주름버섯 96

흰주름버섯 98

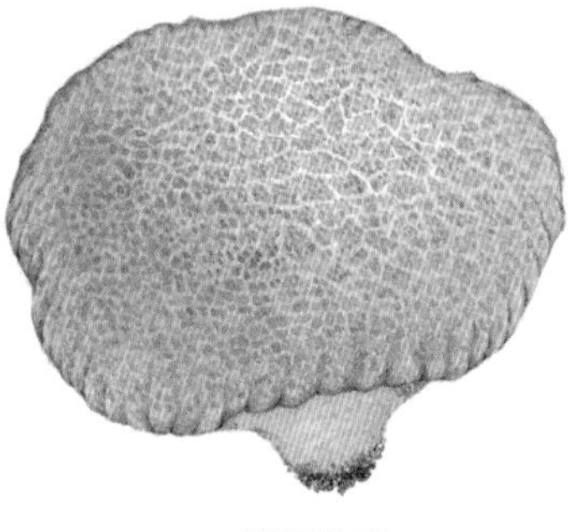
말징버섯 100

먹물버섯 102

좀주름찻잔버섯 104

참낭피버섯 106

말불버섯 108

긴골광대버섯아재비 116

큰갓버섯 110

고동색광대버섯 114

개나리광대버섯 112

달걀버섯 118

독우산광대버섯 120

마귀광대버섯 122

뱀껍질광대버섯 124

붉은점박이광대버섯 126

비탈광대버섯 128

파리버섯 130

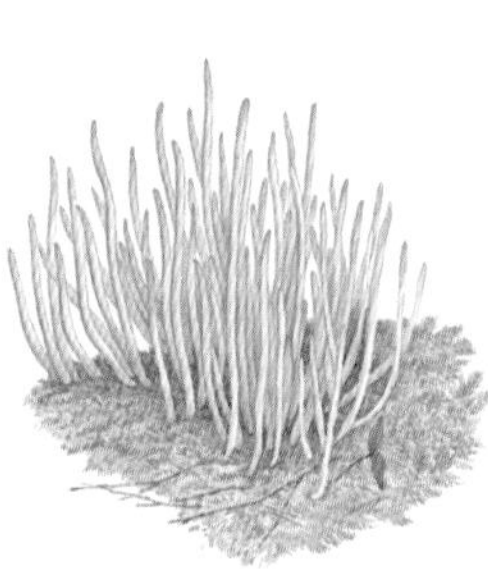

자주국수버섯 132

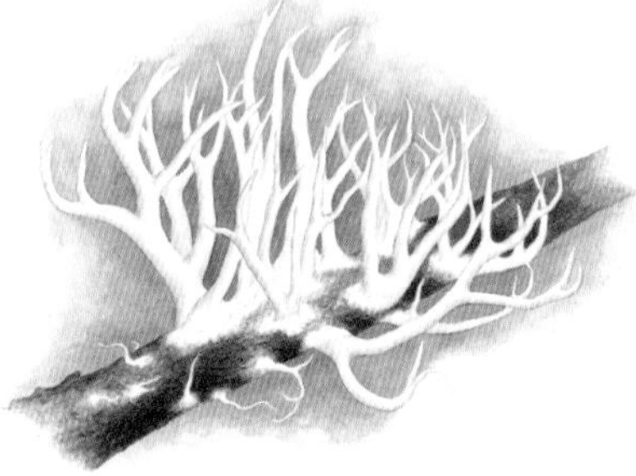

쇠뜨기버섯 134

검은띠말똥버섯 136

말똥버섯 138

삿갓외대버섯 140

노란꼭지버섯 142

자주졸각버섯 144

졸각버섯 146

배불뚝이연기버섯 148

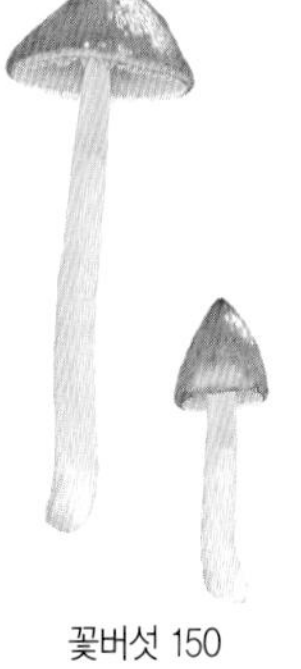

꽃버섯 150

다색벚꽃버섯 152

솔땀버섯 154

덧부치버섯 156

잿빛만가닥버섯 158

큰낙엽버섯 162

종이꽃낙엽버섯 160

맑은애주름버섯 164

적갈색애주름버섯 166

이끼살이버섯 168

밀꽃애기버섯 170

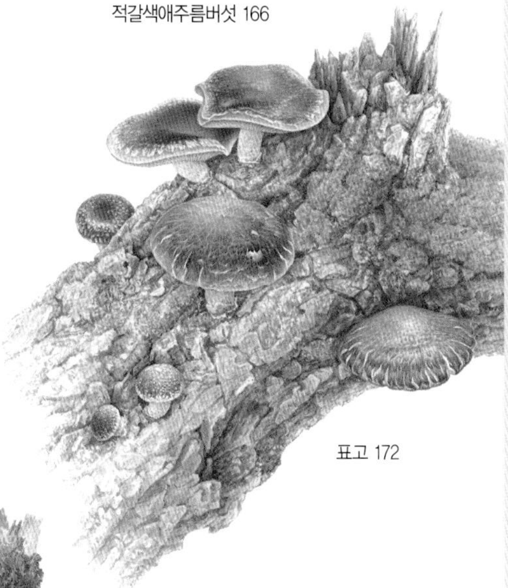
표고 172

화경버섯 174

뽕나무버섯 176

뽕나무버섯부치 178

팽나무버섯 180

끈적끈끈이버섯 182

풀버섯 188

느타리 184

노란난버섯 186

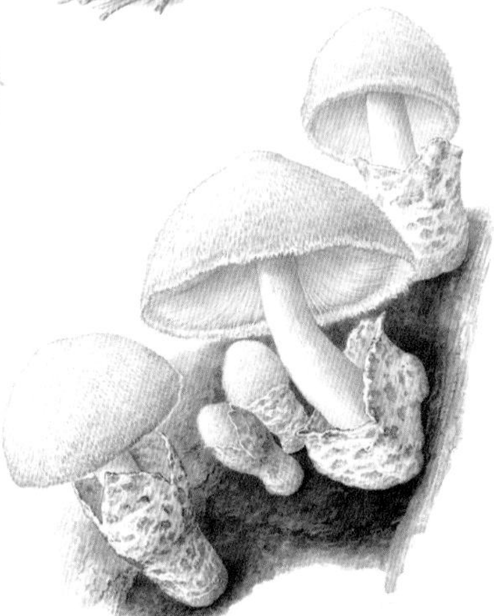
흰비단털버섯 190

큰눈물버섯 196

황갈색먹물버섯 192

두엄먹물버섯 194

개암버섯 200

노란개암버섯 202

갈황색미치광이버섯 198

검은비늘버섯 204

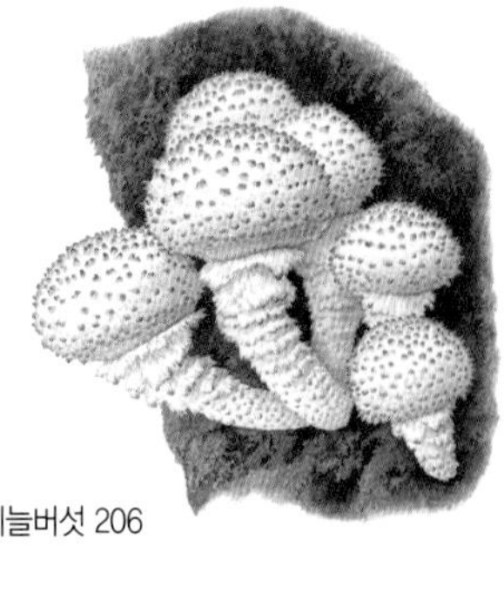
침비늘버섯 206

턱받이포도버섯 208

하늘색깔때기버섯 210

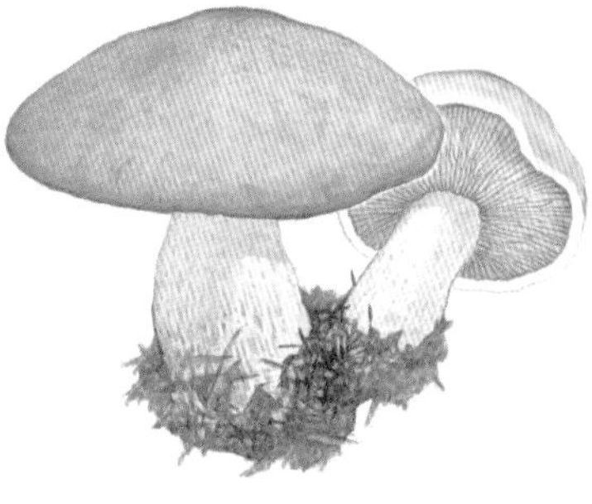

민자주방망이버섯 214

콩애기버섯 212

송이 216

족제비송이 218

할미송이 220

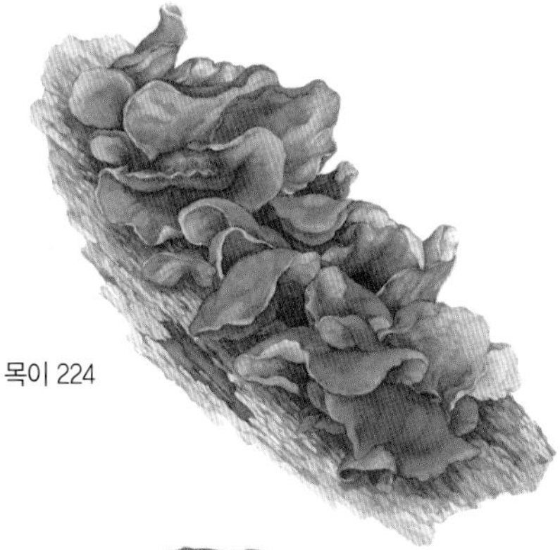

목이 224

솔버섯 222

산속그물버섯아재비 226

접시껄껄이그물버섯 228

노란길민그물버섯 230

갓그물버섯 232

귀신그물버섯 234

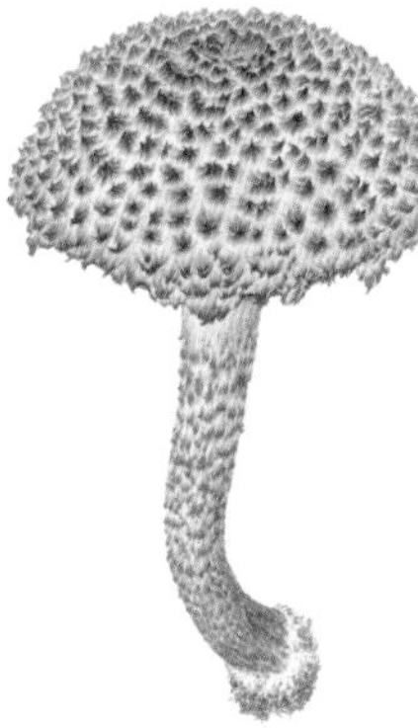

털귀신그물버섯 236

황금씨그물버섯 238

먼지버섯 240

황소비단그물버섯 248

큰마개버섯 244

못버섯 242

비단그물버섯 246

꾀꼬리버섯 250

테두리방귀버섯 252

나팔버섯 254

싸리버섯 256

자작나무시루뻔버섯 258

목질진흙버섯 260

진흙버섯 262

층층버섯 264

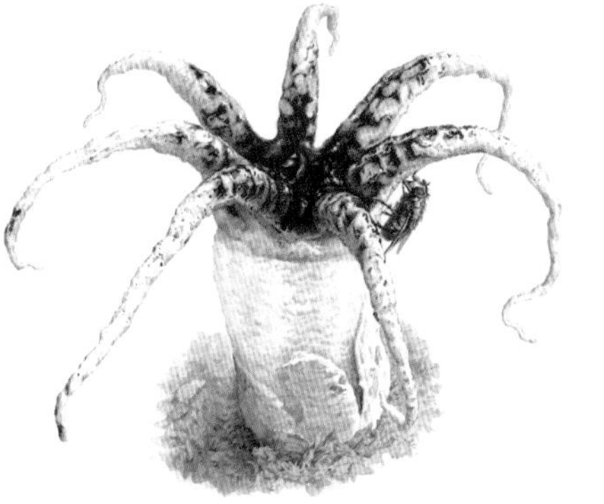
오징어새주둥이버섯 266

망태말뚝버섯 272

노랑망태버섯 268

말뚝버섯 270

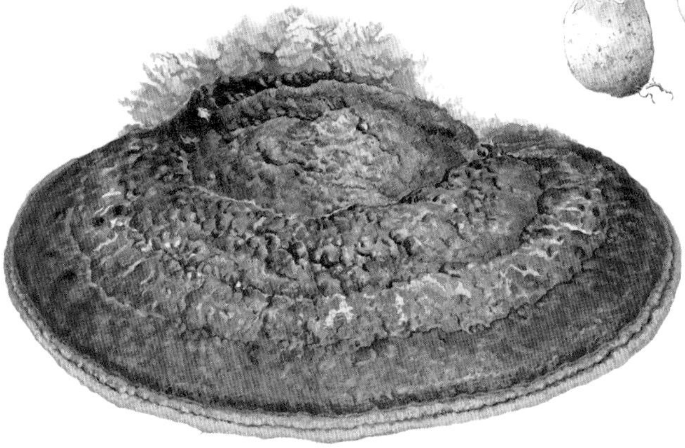
소나무잔나비버섯 276

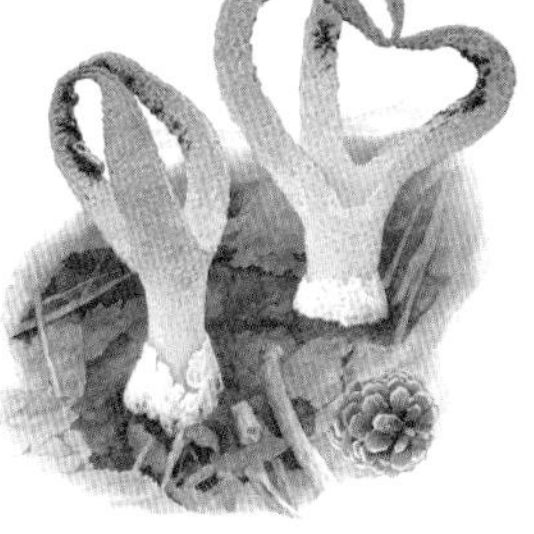
세발버섯 274

불로초 278

잔나비불로초 280

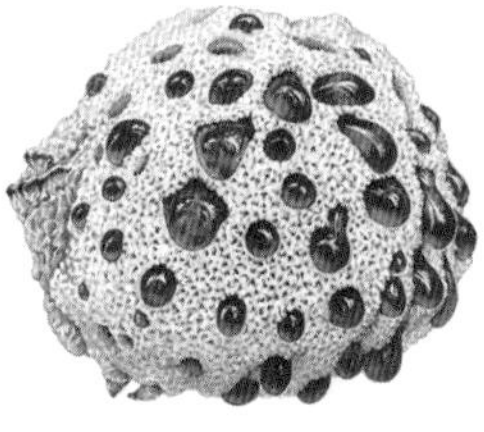

유관버섯 284

잎새버섯 282

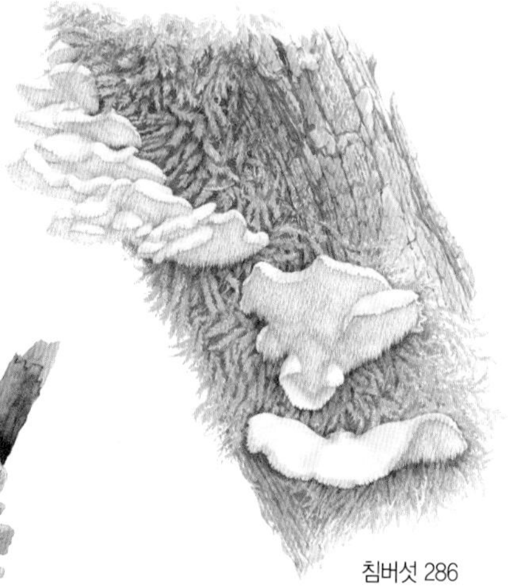

침버섯 286

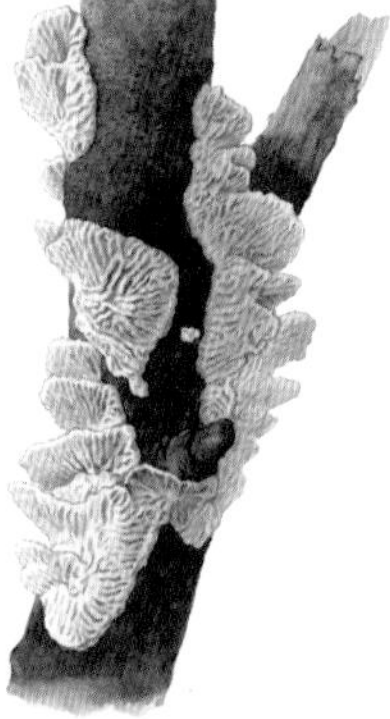

때죽조개껍질버섯 288

구름송편버섯 292

새잣버섯 290

복령 294

꽃송이버섯 296

솔방울털버섯 298

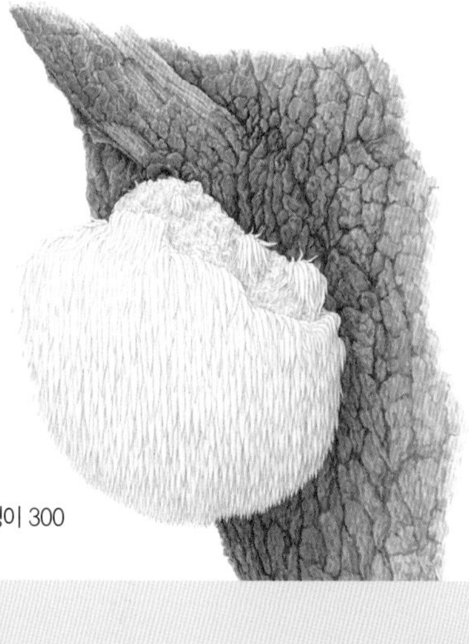

노루궁뎅이 300

배젖버섯 302

젖버섯 304

흰주름젖버섯 306

기와버섯 308

수원무당버섯 310

절구무당버섯 312

청머루무당버섯 314

흰굴뚝버섯 316

향버섯 318

까치버섯 320

흰목이 322

1. 버섯 개론

계절과 버섯

늦은 봄부터 피어나기 시작하는 버섯은 여름 장마가
끝날 무렵부터 가을까지 수없이 나타났다가 사라진다.
몇몇은 겨울 눈 속에서도 살아간다.
철따라 피고 지는 버섯을 그림으로 만나 보자.

여름

가을

겨울

버섯이란 무엇인가

생태계와 버섯

양분을 얻는 방법에 따른 분류

자실체와 균사체

생김새와 구조

생태계와 버섯

예전에는 생물계를 식물계와 동물계로 나누고 버섯은 식물계의 은화식물*에 두었다. 그러나 지금은 생물계를 식물계, 동물계, 균계로 나누고 버섯은 제3의 생물군인 균계에 넣는다.

균계는 핵막이 없는 원핵균아계와 핵막이 있는 진핵균아계로 구별한다. 원핵균아계는 주로 세균류이고 진핵균아계는 자낭균, 담자균, 변형균 들로 광합성을 하지 않는 하등생물들이다. 버섯은 자낭균과 담자균에 들어 있는데, 눈으로 알아볼 수 있을 만한 크기의 자실체를 따로 만들고 그 속에서 포자를 만들어 번식한다. 균류 가운데서 가장 진화한 것이 바로 버섯이다.

생태계는 식물, 동물, 균류가 균형을 이루며 순환하는 고리를 이루고 있는데, 이 셋은 그 역할에 따라 생산자, 소비자, 분해자로 나뉜다.

식물은 엽록소를 지니고 있어서 광합성을 하여 스스로 양분을 만들어 낸다. 즉 무기물에서 유기물을 만들어 내기 때문에 생산자라고 한다. 동물은 식물이나 다른 동물을 먹고 살아가기 때문에 소비자라고 한다. 균류는 죽은 동식물의 몸, 낙엽, 배설물 들을 썩히거나 살아 있는 동식물에 붙어살면서 양분을 얻고, 남은 찌꺼기는 잘게 부수어 물, 이산화탄소, 암모니아 같은 무기물로 만든 다음 땅과 공기 속으로 돌려보낸다. 이처럼 자연이 끊임없이 만들어 내는 유기물 쓰레기들을 분해하여 자연으로 돌려보내는 역할을 하기 때문에 분해자 또는 환원자라고 한다. 균류 가운데서도 특히 담자균류 버섯이 그 역할을 대부분 맡고 있다. 만약 자연계에 버섯이나 다른 균류가 없다면 유기물이 분해되지 않아 환원이 일어나지 않을 것이고, 지구는 곧 동식물이 내놓은 노폐물과 먹이 찌꺼기로 가득 차게 될 것이다.

얼핏 보면 생태계는 식물과 동물로 이루어진 것 같지만 생태계의 물질 교류는 그 둘만으로는 완성되지 않는다. 동물이 분해할 수 있는 것은 유기물 가운데 일부에 지나지 않기 때문이다. 식물은 끊임없이 유기물을 만들어 내지만 동물은 자기가 먹고사는 데 필요한 것 외에는 먹지 않는다. 그렇기에 식물과 동물만으로는 지구에 유기물이 쌓일 수밖에 없다.

균류는 동물과 달리 모든 유기물을 남김없이 무기물로 만들어 자연으로 돌려보낸다. 유기물을 분해할 수 있는 다양한 효소를 만들어 내기 때문이다. 그렇다면 식물과 균류만 있어도 생태계에서 물질 순환이 충분히 이루어질 수 있을까? 이론적으로는 가능할 것 같지만 균류는 분해하는 속도가 아주 느려서 식물이 유기물을 만들어 내는 속도를 따라갈 수가 없다. 따라서 식물이 만드는 모든 유기물을 분해하는 것이 불가능하다. 그러나 동물이 있어서 식물을 먹고, 먹고 남은 찌꺼기도 웬만큼 소화해서 몸 밖으로 내보내 균류가 훨씬 쉽고 빠르게 분해할 수 있게 돕는다. 이처럼 생태계에서는 식물, 동물, 균류가 함께 살아감으로써 생산과 소비, 분해의 균형이 이루어지고, 생물이 살아가는 데 필요한 물질이 끊임없이 순환한다.

* 은화식물(隱花植物, Cryptogam) 꽃을 피우지 않는 식물을 통틀어 이르는 말. 식물의 이대(二大) 분류 가운데 하나로 조류(藻類), 선태식물, 양치식물 따위가 있다. 민꽃식물이라고도 한다.

생태계의 순환

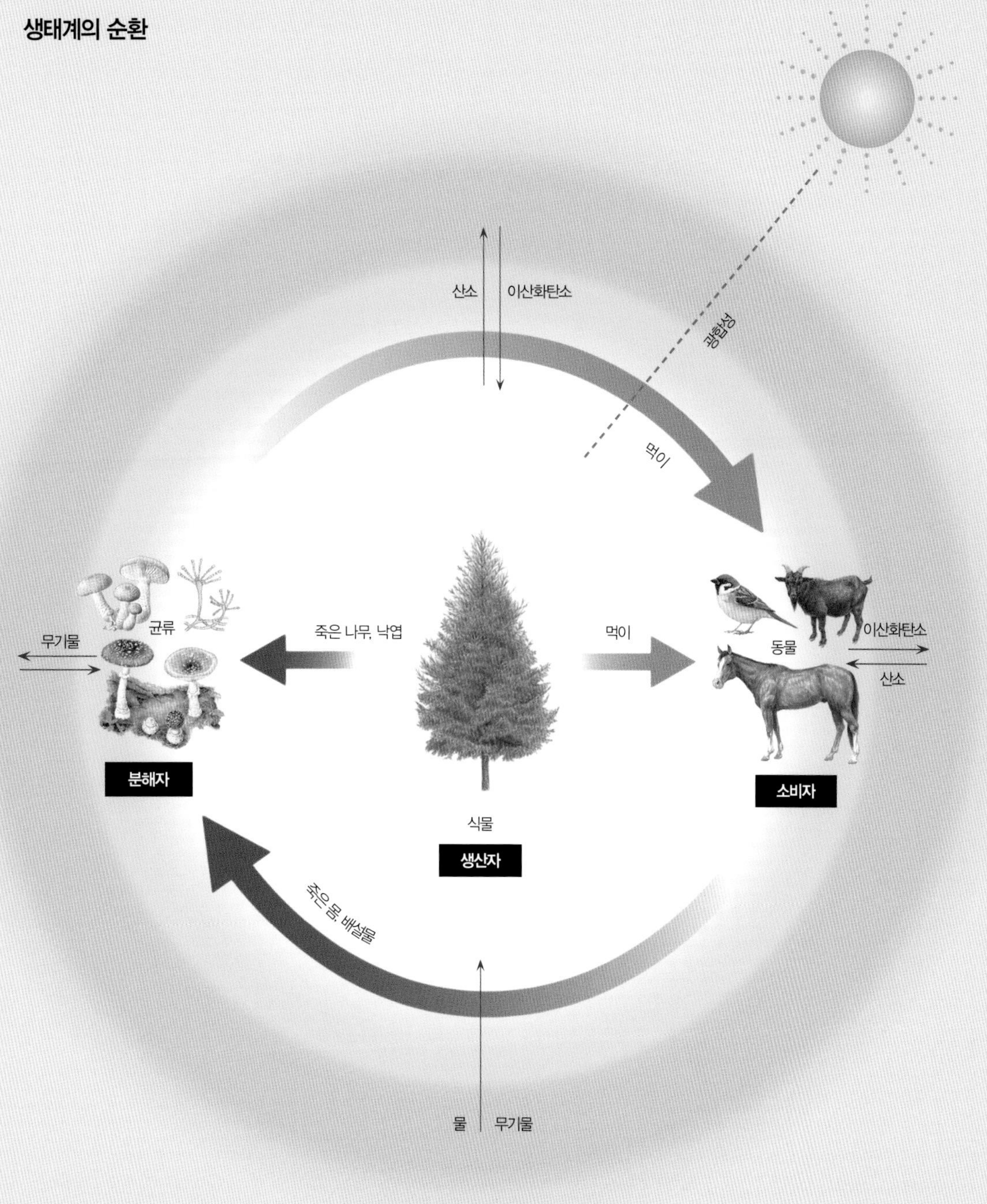
산소
이산화탄소
광합성
먹이
균류
무기물
죽은 나무, 낙엽
먹이
동물
이산화탄소
산소
분해자
소비자
식물
생산자
죽은 몸, 배설물
물
무기물

양분을 얻는 방법에 따른 분류

버섯은 엽록소를 지니고 있지 않아서 식물처럼 스스로 양분을 만들지 못하고 다른 동식물이 만들어 내는 유기물에서 양분을 얻어 살아간다. 양분을 얻는 방법에 따라 버섯을 분해균, 기생균, 공생균으로 나눈다.

분해균

분해균은 낙엽, 죽은 나무, 열매, 그리고 죽은 동물의 몸이나 똥 같은 유기물을 분해해서 양분을 얻는 버섯이다. 이전에는 죽은 동식물의 몸에 붙어 살아가는 버섯이라는 뜻으로 사물 기생균*1이라 부르고 기생균으로 분류했으나 지금은 유기물을 무기물로 분해하는 역할을 중요하게 여겨 분해균으로 분류한다.

생태계에서 버섯이 하는 역할은 유기물을 분해해서 무기물로 만드는 것인데 버섯 가운데서도 분해균이 거의 다 한다. 분해균은 죽은 나무나 떨어진 나뭇가지, 베어 낸 나무둥치, 두엄을 쌓아 놓은 곳, 낙엽이 쌓인 곳, 쓰레기 더미처럼 어디서나 나는데, 땅에서 나는 것처럼 보이는 것도 실제로는 땅속에 묻혀 있는 썩은 나무나 낙엽에서 난다.

가장 대표적인 분해균은 나무를 썩히는 목재 부후균이다. 그 가운데 백색 부후균은 나무에 있는 갈색 리그닌을 분해해 나무줄기 속을 희게 썩히고, 갈색 부후균은 나무에 있는 흰색 셀룰로오스와 헤미셀룰로오스*2를 분해해 나무줄기 속을 갈색으로 썩힌다. 나무에 나는 버섯은 대부분 백색 부후균으로 구름송편버섯, 표고, 느타리, 침비늘버섯, 목질진흙버섯, 진흙버섯, 층층버섯, 잔나비불로초, 때죽조개껍질버섯, 노루궁뎅이 들이 있다. 갈색 부후균으로는 소나무잔나비버섯, 새잣버섯 들이 있다. 그 밖에 말똥이나 소똥에 나는 말똥버섯, 솔방울에 나는 솔방울털버섯, 낙엽 위에 나는 큰낙엽버섯처럼 일정한 곳에서만 나는 버섯도 있다.

*1 부생균(腐生菌)이라고도 한다.

*2 셀룰로오스와 함께 식물 세포막을 구성하는 다당류 탄수화물.

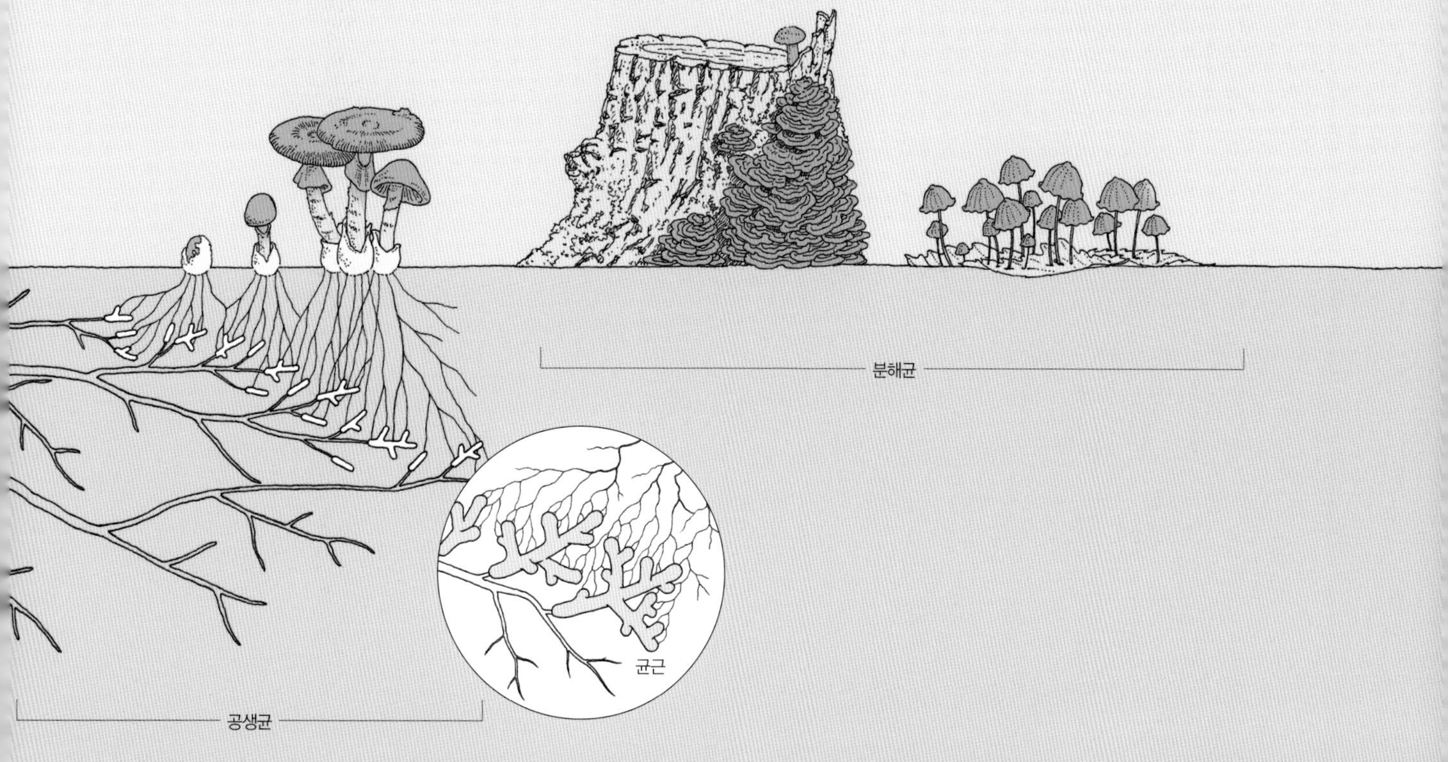

공생균

공생균은 대부분 나무의 가는 뿌리 끝에 균근을 만들어 숙주인 나무와 양분을 주고받으며 살아간다. 그래서 나무 둘레 땅 위에 흔히 나고 나무가 자라지 않는 들판이나 잔디밭에서는 나지 않는다. 공생균은 대부분 여러 가지 나무를 두루 숙주로 삼는데 송이처럼 소나무 한 종만 숙주로 삼는 것도 있다.

공생균은 나무뿌리가 닿지 않는 곳까지 균사를 그물망처럼 뻗어 땅속에 있는 무기물을 물과 함께 빨아들인 다음 나무에 전달하고 나무로부터 양분을 얻어 살아간다. 이처럼 나무가 광합성을 활발하게 할 수 있게 도울 뿐만 아니라 뿌리 겉을 균사로 완전히 덮어 겨울에도 뿌리가 어는 것을 막고, 다른 병균이 뿌리에 침투하지 못하게 보호하기도 한다.

버섯 가운데 3분의 1쯤이 나무와 이런 공생 관계를 맺고 살아가는데, 특히 광대버섯류, 그물버섯류와 송이류는 대부분이 공생균이다. 그 밖에 땀버섯류, 무당버섯류, 벚꽃버섯류, 졸각버섯류 들도 공생균이다. 공생균 가운데는 송이, 향버섯, 달걀버섯, 기와버섯, 싸리버섯, 황소비단그물버섯, 흰굴뚝버섯처럼 맛이 좋은 버섯이 많다. 그렇지만 살아 있는 나무와 공생하기 때문에 아직 인공 재배에 성공하지 못하고 산과 들에 절로 나는 것을 따서 먹는다. 송이와 향버섯은 맛과 향이 특히 뛰어난 데다 한 가지 나무하고만 공생하는 까닭에 드물게 나서 더 귀하게 여긴다.

기생균

기생균은 흔히 살아 있는 동식물의 몸에 붙어 양분을 빼앗아 자라는 버섯이다. 뽕나무버섯, 꽃송이버섯, 자작나무시루뻔버섯은 살아 있는 나무에 붙어 양분을 빼앗으면서 천천히 나무를 죽게 한다. 오디균핵버섯은 지난해에 떨어진 오디에서 난다. 포자가 그해 핀 뽕나무 꽃에 떨어지면 씨방으로 균사를 뻗어 들어가 오디균핵병을 일으킨다. 병든 열매는 제대로 여물지 못하고 땅에 떨어진다. 곤충기생균으로는 동충하초류가 있다. 알을 제외한 곤충의 몸, 번데기, 애벌레에서 나는데, 겨울에는 곤충의 몸속에 들어가 살다가 이듬해 초여름에서 가을 사이에 곤충 몸 밖으로 자실체를 만들어 나온다. 그 밖에 덧부치버섯이나 말뚝사슴뿔버섯처럼 특이하게 다른 버섯의 몸에 붙어사는 버섯도 있다.

기생균은 이처럼 살아 있는 나무나 곤충의 몸에 붙어 병을 일으키거나 죽게 하므로 해로운 존재로만 여기기 쉽지만, 식물이나 곤충이 지나치게 번식해 생태계 균형을 깨뜨리는 것을 막아 준다. 실제로 동충하초는 곤충 개체 수를 조절해서 자연이 조화와 균형을 이루게 하는 긍정적인 역할도 한다.

버섯이 지구에 처음 등장했을 때는 유기물을 분해하여 살아가는 분해균이었다. 그런데 진화하는 과정에서 나무와 공생하거나 다른 생물에 기생하면서 살아가는 독특한 생활 방식이 나타나게 되었다. 이런 흔적은 나무에 붙어 양분을 빼앗아 병을 일으키고 병든 나무가 죽으면 다시 분해해서 양분을 얻는 진흙버섯이나, 둘레에 먹잇감이 될 만한 죽은 나무가 없으면 살아 있는 나무를 공격해서 양분을 빼앗으며 살아가는 뽕나무버섯처럼 기생균과 분해균으로 딱 잘라 구분하기가 어려운 몇몇 버섯에서 찾아볼 수 있다.

분해균

소나무잔나비버섯

솔방울털버섯

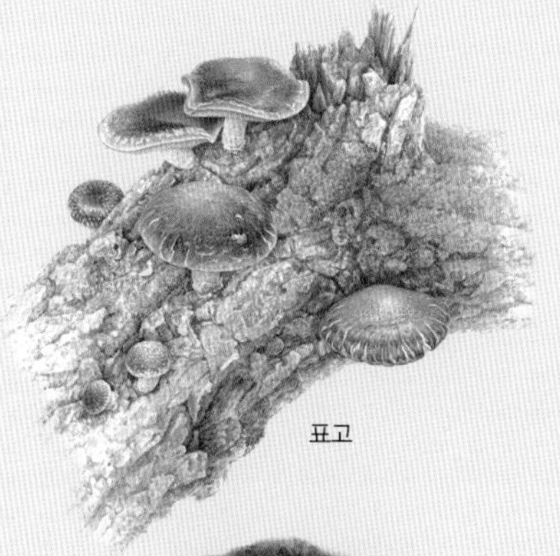
표고

구름송편버섯

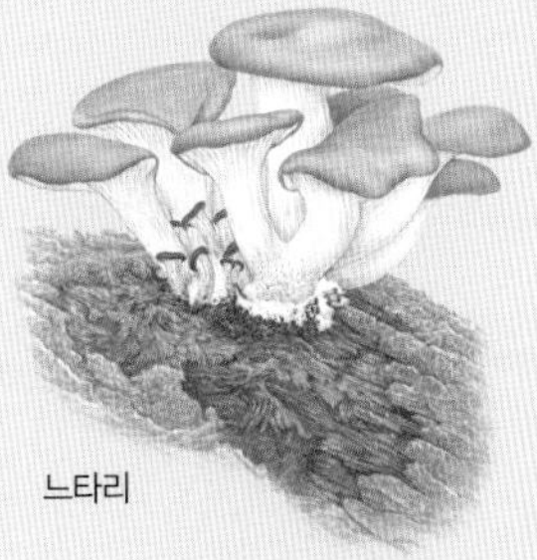
느타리

침비늘버섯

공생균

송이

흰굴뚝버섯

기와버섯

싸리버섯

향버섯

황소비단그물버섯

기생균

뽕나무버섯

동충하초

오디균핵버섯

덧부치버섯

자실체와 균사체

균류는 아주 가는 실 모양을 하고 있는데 이것을 균사라고 한다. 버섯은 이 균사가 가지를 뻗어 자라고 뭉쳐, 보거나 만질 수 있을 만한 크기로 피어난 것이다.

그러나 우리가 먹거나 재배하면서 흔히 버섯이라고 부르는 것은 정확하게 구분하자면 버섯이 아니라 버섯 몸의 한 부분인 자실체다. 자손을 퍼뜨리기 위해 잠시 피어난 번식 기관이다.

버섯 밑동을 잘 살펴보면 솜털처럼 하얗고 가는 실뭉치 같은 것이 붙어 있는데, 땅속에 뻗어 있어서 뿌리로 여기기 쉽지만 이것이 바로 버섯의 진짜 몸인 균사체다. 보이지 않는 곳에서 오랜 시간 동안 균사를 뻗어 가며 양분을 얻고 자실체를 피워 내는, 버섯에서 가장 중요한 기관이다. 이처럼 버섯의 몸은 포자를 만들어 번식 활동을 하는 자실체와, 자실체를 피우려고 영양 활동을 하는 균사체로 이루어져 있다.

포자를 만드는 자실체

자실체는 자손을 퍼뜨리기 위해 포자를 만드는 일을 하는 번식 기관으로 식물의 꽃에 해당하는 부분이다. 생김새는 우산 모양, 공 모양, 빗자루 모양 따위 여러 가지가 있고 크기도 갓 지름이나 키가 1cm도 안 되는 작은 것에서부터 덩이가 한 아름이 넘는 것도 있다. 가장 흔한 생김새는 우산 모양으로 갓, 자실층, 대로 이루어져 있다. 때로 대가 없이 갓과 자실층만 갖춘 것도 있다. 자실체는 대부분 갓 아랫면에 주름살이나 관공이 있고 이곳에서 포자를 만든다. 자실층은 좁은 공간 안에서 표면적을 넓혀 포자를 하나라도 더 만들려고 물고기 아가미 모양 주름살이나 아주 가느다란 관공, 또는 가늘고 긴 침 모양 따위로 발달해 있다. 자실층에서 만드는 포자는 식물의 열매나 씨앗에 해당하는데, 버섯 하나가 만드는 포자는 수십 억 개에서 수천 억 개에 이른다고 한다.

자실체를 만드는 균사체

균사체는 식물의 뿌리와 줄기, 잎에 해당하는 부분으로 수많은 균사가 뻗어 자라면서 덩어리를 이룬 것이다. 균사는 가늘고 긴 실처럼 생겼는데, 땅속이나 나무 같은 숙주의 몸속 깊이 뻗으면서 자라기 때문에 사람 눈에 거의 띄지 않는다. 균사에는 엽록소가 없어서 스스로 양분을 만들 수 없다. 그래서 몸 밖으로 효소를 내보내 썩은 식물이나 죽은 동물의 몸 같은 다른 유기물을 분해하거나 식물과 공생하면서 양분을 얻는다. 때로는 살아 있는 동식물의 몸속에 뻗어 들어가 양분을 빼앗으며 살기도 한다. 그러다가 알맞은 온도와 습도를 만나면 몸 밖이나 땅 위로 자실체를 만들어 내보낸다.

자실체는 짧은 시간 동안 나타났다가 포자를 만들어 번식하고 나면 곧 사라져 버린다. 피어난 지 한나절도 안 되어 사라지는 것도 있다. 그러나 균사체는 환경에 커다란 변화가 생기지 않는 한 몇 년 또는 수십 년, 때로는 수백 년 동안 보이지 않는 곳에서 멀리멀리 균사를 뻗어 가면서 해마다 자실체를 만들어 낸다.

버섯과 식물 비교

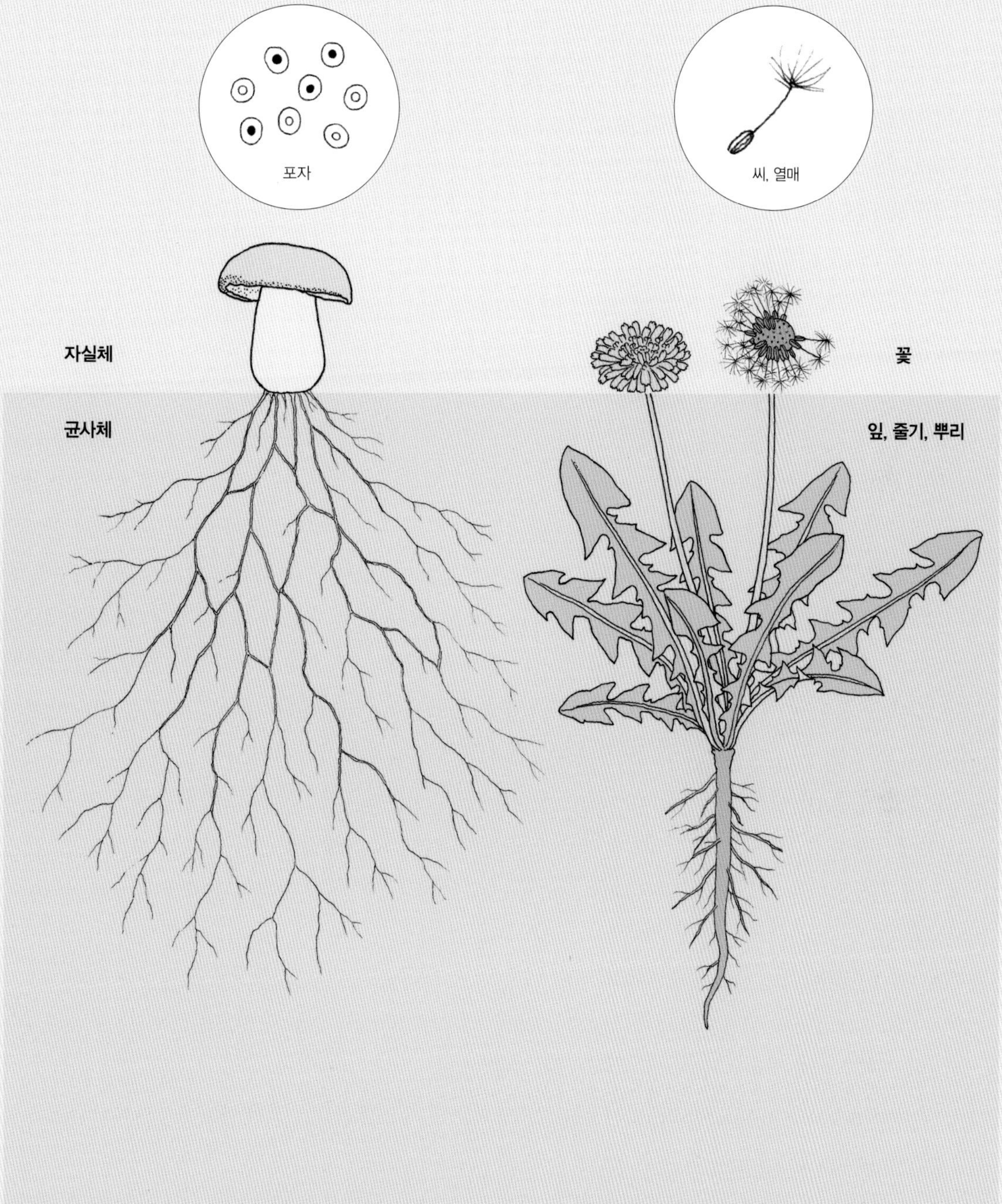

생김새와 구조

버섯은 그 수만큼이나 생김새가 다양하다. 자실체는 크게 갓, 자실층, 대로 이루어져 있는데 턱받이나 대주머니가 있거나 대가 없이 갓과 자실층만으로 이루어진 것도 있다. 광대버섯속 버섯은 갓, 자실층, 대, 턱받이, 대주머니 이 다섯 가지를 잘 갖추고 있어서 버섯 구조를 살필 때 흔히 표준으로 삼기도 한다. 그 밖에 공 모양, 빗자루 모양, 선반 모양, 나팔 모양처럼 특이하게 생긴 것도 많다. 버섯은 같은 종이라도 어린 버섯과 다 자란 버섯이 다르고, 자라는 환경에 따라서 생김새나 색깔 따위가 크게 달라지기도 한다. 오래된 버섯은 색깔이 바래거나 칙칙해져서 가려보기 어려울 때도 있다. 이런 까닭에 버섯을 관찰할 때는 때와 환경에 따라 세심하게 살펴야 한다.

갓

자실층을 덮거나 감싸서 보호하는 역할을 한다. 버섯은 다양한 생김새와 색을 지니고 있는데, 특히 갓은 무슨 버섯인지 알아볼 때 맨 처음 살필 만큼 저마다 뚜렷한 특징을 지니고 있다.

흔히 버섯이라면 흰색이나 칙칙한 색을 지닌 것으로 생각하지만, 달걀버섯이나 노란난버섯, 자주졸각버섯들을 비롯해 빨간색, 초록색, 노란색, 자주색, 하늘색, 주황색 같은 화려하거나 고운 색을 지닌 버섯도 많다.

주름버섯목 버섯은 어릴 때는 흔히 공이나 달걀 모양이다가, 자라면서 가장자리가 펴져 원뿔이나 종, 둥근 산, 깔때기 모양이 된다. 가운데는 볼록한 모양이 그대로 남거나 오목하게 파이기도 한다. 다 피면 판판해지거나 가장자리가 위로 젖혀지면서 구불구불해지기도 한다. 가운데가 깊이 파여 깔때기 모양이 되기도 하는데 나팔버섯처럼 밑동까지 깊게 파이는 것도 있다. 갓 끝은 흔히 어릴 때는 안으로 말려 있다가 자라면서 펴진다. 화경버섯처럼 갓이 다 피어도 갓 끝이 오래도록 말린 채 있거나 종이꽃낙엽버섯처럼 위로 말리기도 한다. 말똥버섯이나 흰비단털버섯은 갓 끝이 자실층보다 더 자라 갓 깃을 만들기도 한다.

그 밖에 꽃송이버섯이나 잎새버섯은 갓이 꽃잎이나 부채 모양이고, 불로초나 솔방울침버섯은 콩팥 모양, 잔나비불로초나 진흙버섯은 선반 모양, 동충하초는 방망이 모양 들로 다양하게 생겼다.

자실층

포자가 만들어지는 곳이다. 흔히 주름살이나 관공으로 이루어져 있는데, 때로 가늘고 긴 침 모양인 것도 있다. 버섯 대부분이 이처럼 자실층이 겉으로 드러나 있다. 먼지버섯이나 말징버섯처럼 껍질에 싸인 버섯들은 자실층이 몸속에 있다가 포자가 다 익어야 겉으로 드러난다.

주름버섯목은 흔히 갓 아랫면에 붙어 있는 자실층에서 포자를 만들어 자손을 퍼뜨린다. 대부분 주름살 모양인데 포자를 최대한 많이 만들 수 있도록 아주 얇고, 촘촘하게 늘어서 있다.

그물버섯목, 소나무비늘목 버섯은 자실층이 수많은 관공으로 이루어져 있고, 관공 속에서 포자를 만든다.

생김새

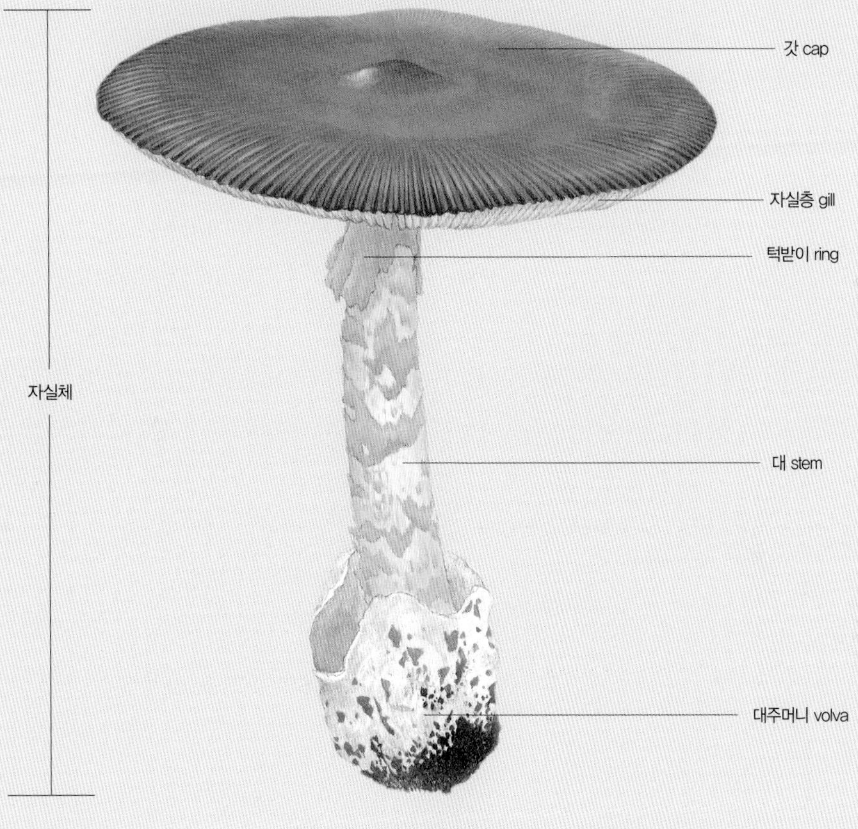

먼지버섯은 껍질 속에서 포자를 만든다. 구멍장이버섯목 가운데 목질진흙버섯, 층층버섯 같은 여러해살이 버섯은 해마다 관공층을 새로 만들고, 새로 만든 관공층에서 포자를 만든다.

자실층은 주름살이 빽빽하거나 관공이 많을수록 포자를 많이 만들 수 있다. 주름살은 대를 중심으로 갓 면적 4분의 1 안에 주름살이 5개보다 적게 있으면 주름살 간격을 '성글다' 고 하고, 5~10개가 있으면 '약간 성글다', 11~16개면 '약간 빽빽하다', 16개보다 많으면 '빽빽하다' 고 한다. 관공은 관공구 지름이 1mm 이상이면 '크다', $1mm^2$ 안에 관공이 1~2개가 들어가면 '작다', 3개 이상이 들어가면 '아주 작다' 로 나눈다.

주름살 폭은 갓에 붙은 면에서 주름살 날까지의 길이를 이르는 것으로, '폭이 넓다', '폭이 좁다' 로 나눈다. 큰낙엽버섯, 절구무당버섯, 새잣버섯은 특히 폭이 넓은 버섯이고, 애기밀버섯은 폭이 아주 좁은 버섯이다.

주름살 날은 매끈한 것, 톱니 모양인 것, 가루 모양인 것, 불규칙하게 찢어진 것 들이 있다.

주름버섯목 버섯은 대부분이 둥그스름한 갓 아랫면에 얇은 칼날 모양 주름살이 있는데, 주름살이 대에 붙은 모양에 따라 크게 끝붙은형, 떨어진형, 홈형, 완전붙은형, 내린형으로 나눈다. 버섯 가운데는 대에 붙는 모양이 뚜렷한 것도 있지만, 자라면서 붙는 모양이 달라지거나, 같은 버섯이라도 붙는 모양이 다른 것도 많다. 자실층이 관공층으로 이루어져 있는 버섯도 이 5가지 모양으로 나눈다.

대

갓을 지탱해 주는 역할을 한다. 흔히 원통 모양으로 생겼고, 자라면서 위쪽이 가늘어지는 것이 많다. 비틀어지거나 휜 것도 있고, 자주국수버섯이나 졸각버섯처럼 약간 납작한 것도 있다. 밑동은 흔히 둥그스름한데

주름살이 대에 붙은 모양

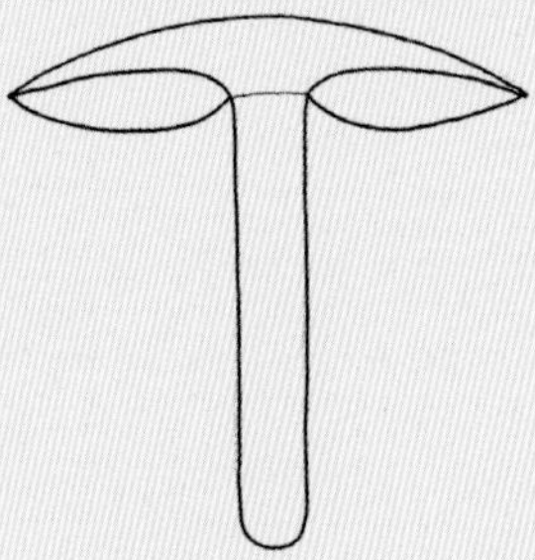

끝붙은형 adnexed

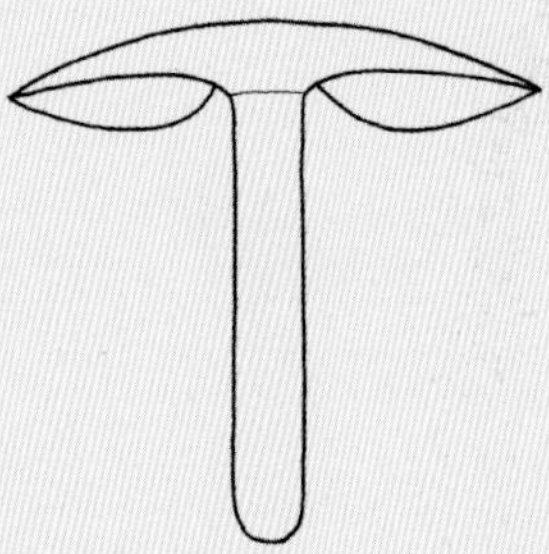

떨어진형 free

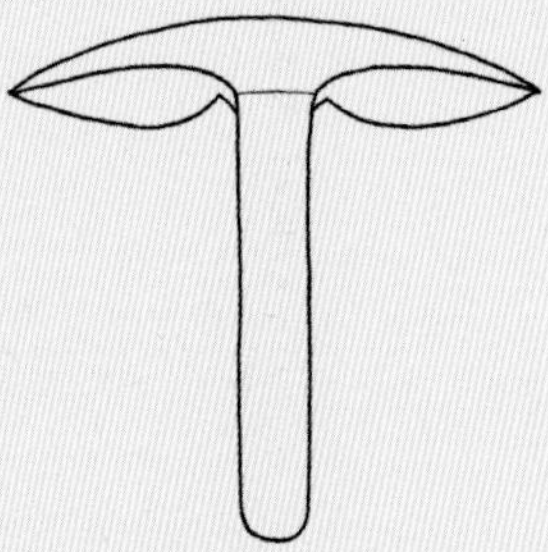

홈형 emarginate

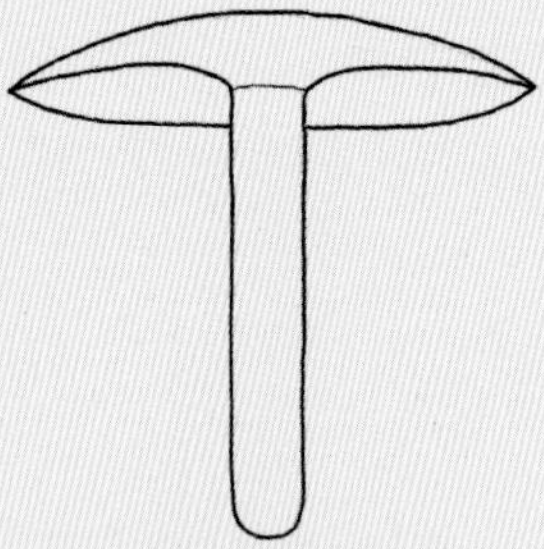

완전붙은형 adnate

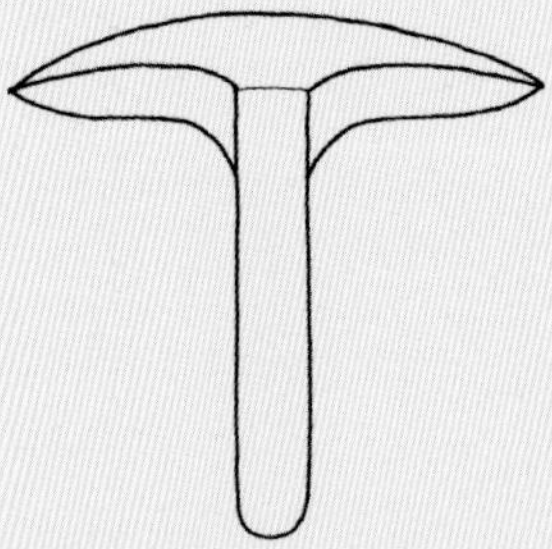

내린형 decurrent

양파처럼 동글납작한 것, 방망이처럼 끝이 뭉툭한 것, 끝이 뾰족하거나 뿌리처럼 길게 뻗은 것, 뿌리털 모양인 것 들이 있다. 대 위쪽에 턱받이가 있거나 밑동에 대주머니를 지닌 것도 있다.

속은 꽉 차 있거나 비어 있다. 흔히 어릴 때는 차 있다가 자라면서 비는 경우가 많다. 대롱같이 뚫려 있는 대 속에는 오징어새주둥이버섯처럼 우무 같은 물질이 차 있기도 하고, 적갈색애주름버섯처럼 검붉은 액체가 차 있기도 하다.

대는 흔히 갓 아랫면 한가운데에 붙는데, 느타리처럼 갓 한쪽에 비껴 붙거나 불로초처럼 갓 가장자리에 붙기도 한다. 버섯에 따라 대가 흔적만 남아 있는 것도 있고 아예 없는 것도 있다.

턱받이와 대주머니

턱받이는 어린 버섯의 주름살을 싸고 있던 내피막이 자라면서 찢어져, 대 위쪽에 남은 것이다. 흔히 치마처럼 아래로 늘어져 있는데, 먹물버섯처럼 동그란 고리 모양이거나 아예 솜털처럼 흔적만 남는 것도 있다. 두께는 저마다 다양하고, 턱받이포도버섯처럼 두 겹으로 남기도 한다.

대주머니는 알 모양 어린 버섯을 싸고 있던 외피막이, 버섯이 자라면서 찢어져 대 밑동에 남은 것이다. 얇고 주머니 모양인 것, 두껍고 그릇 모양인 것, 꽃잎 모양으로 찢어진 것, 부스러진 가루 덩이가 고리 모양으로 남아 있는 것 들이 있다.

광대버섯속 버섯 가운데에는 외피막 자투리가 가루 덩이(사마귀점)로 갓 위에 남아 있는 것도 있다.

버섯 구조의 변화

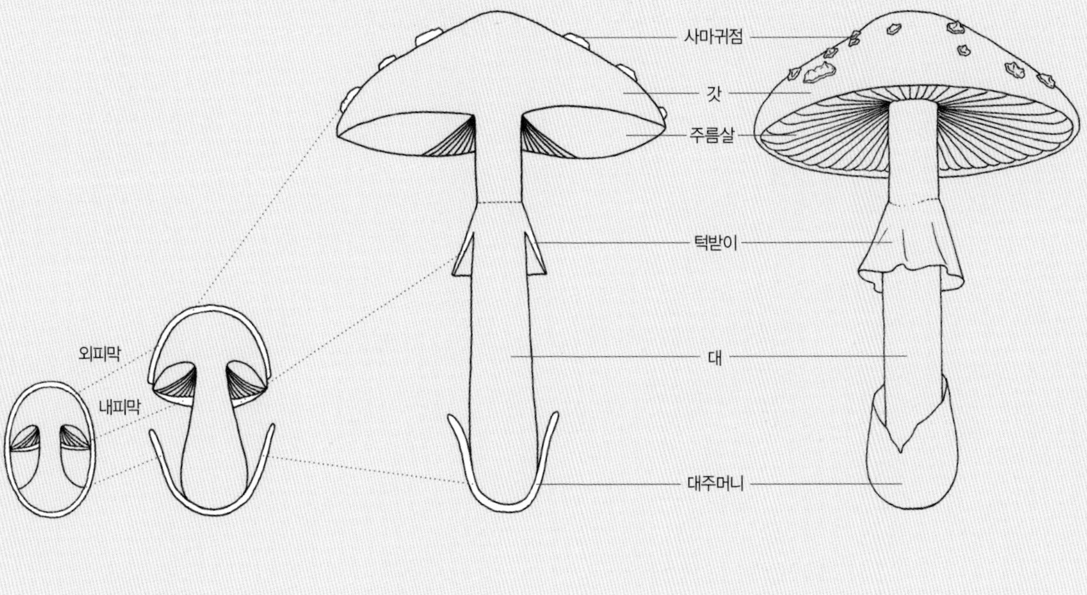

포자와 버섯

포자

자낭균과 담자균

버섯의 한살이

포자

1 포자 종류

버섯은 포자를 만들어 번식한다. 포자를 만드는 방법이나 만드는 곳에 따라 담자 포자, 자낭 포자, 분생 포자, 후막 포자 들로 나눈다. 담자 포자와 자낭 포자는 유성 포자, 분생 포자와 후막 포자는 무성 포자다.

담자 포자 | 담자균류의 포자로 담자기에서 흔히 4개가 만들어진다. 거의 모든 버섯이 담자균이어서 보통 '포자'라고 하는 것은 담자 포자를 이르는 것이다.

자낭 포자 | 자낭균류의 포자로 자낭 안에서 흔히 8개가 만들어진다. 자낭은 보통 원통형이나 곤봉형으로 생겼는데 시간이 지나면 수많은 격막이 만들어져서 원통형의 2차 포자가 된다.

분생 포자 | 나방꽃동충하초처럼 균사 가지 끝이 끊기거나 포자 안에 있는 세포질이 분열해서 새로운 균사로 자라는 무성 생식 포자로, 분생자라고도 한다.

후막 포자 | 균사 또는 분생 포자의 끝이나 중간의 세포벽이 두꺼워져서 생기는 무성 생식 포자. 다른 포자에 견주어 크기가 크고 휴면 포자라고도 한다.

2 포자 퍼뜨리기

버섯마다 자실층이 퍼져 있는 곳이 다르고, 그에 따라 포자를 만들고 퍼뜨리는 방법이 다르다. 버섯은 스스로의 힘으로 포자를 퍼뜨리지 못하기 때문에 공기나 물, 또는 동물의 힘을 빌려 포자를 퍼뜨린다.

공기로 퍼뜨리기 | 자실층이 주름살이나 관공처럼 겉으로 드러나 있는 버섯뿐만 아니라 말징버섯, 말불버섯처럼 껍질 속에서 포자를 만드는 버섯도 대부분 공기나 바람에 실어 포자를 날린다. 포자는 눈에 보이지 않을 정도로 아주 작고 가벼워서 조그마한 공기 흐름에도 여기저기로 이동하는데, 몇 시간이나 며칠, 때로는 몇 년 동안 떠다니기도 한다. 이동 거리도 길게는 몇 십 km에서 몇 백 km에 이른다.

물의 힘으로 퍼뜨리기 | 큰 빗방울 하나는 5,000개도 더 되는 작은 물방울을 20cm 거리까지도 튕긴다. 이 작은 물방울에 포자가 실려 사방으로 퍼진다. 좀주름찻잔버섯은 포자가 들어 있는 작은 알을 빗방울이 때리거나 튕겨서 사방으로 날린다. 그 밖에 버섯이 피어 있는 나무줄기를 타고 흘러내리는 빗물, 뿌리 둘레를 지나면서 흐르는 시냇물에 실려서도 포자는 이동한다.

동물의 몸을 빌려 퍼뜨리기 | 사람이나 새, 곤충 들의 몸에 포자가 붙어 퍼져 나가기도 하고, 동물이 포자가 묻은 식물을 먹고 배설해서 퍼뜨리기도 한다. 오징어새주둥이버섯이나 말뚝버섯류는 끈적끈적한 액체 안에 포자가 들어 있다. 여기서 나는 고약한 냄새를 맡고 벌레가 꾀면 포자는 벌레 몸에 묻어 여기저기로 퍼진다. 화경버섯은 빛으로 벌레를 꾀어 들여서 포자를 퍼뜨린다.

그 밖에 먼지버섯은 습도에 따라 겉껍질을 오므렸다 폈다 해서 포자를 뿜어내고, 먹물버섯은 갓과 함께 자실층이 먹물처럼 녹아내려 포자를 퍼뜨린다.

3 포자 생김새

버섯을 정확하게 분류하려면 포자 생김새를 관찰해야 한다. 버섯은 종 수가 많은 만큼 포자 생김새도 아주 다양하다. 포자 생김새는 둥근 모양, 둥그스름한 모양, 넓은 타원형, 타원형, 알 모양, 곤봉 모양, 누에고치 모양, 콩팥 모양, 방추형, 긴 방추형, 원통형, 굽은 원통형(소시지형), 삼각형, 사각형(육면체), 다각형 들이 있다. 겉은 매끈한 것, 여러 가지 모양 돌기가 있는 것과 그물 무늬, 줄무늬가 도드라져 있거나 파여 있는 것 들이 있다.

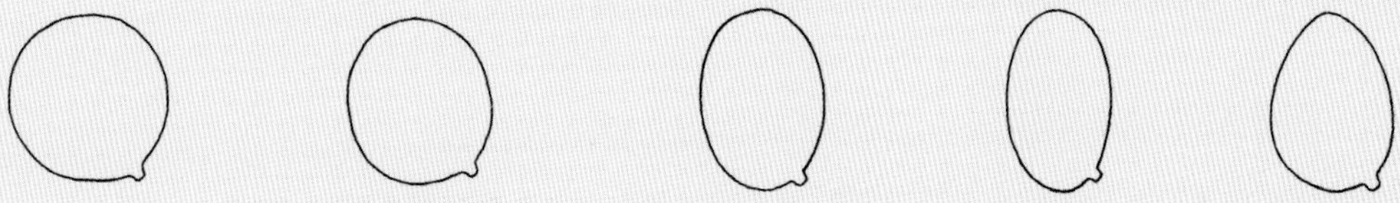

둥근 모양 globose | 둥그스름한 모양 subglobose | 넓은 타원형 brodadly ellipsoid | 타원형 ellipsoid | 알 모양 ovoid

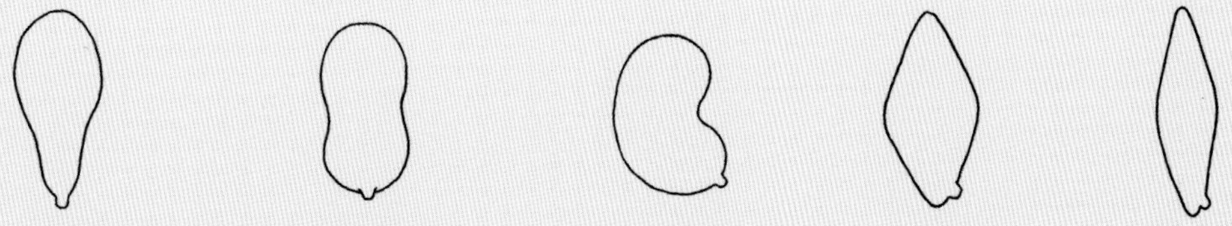

곤봉 모양 clavat | 누에고치 모양 ellipsoid with median constriction | 콩팥 모양 reniform | 방추형 fusiform | 긴 방추형 narrowly fusiform

원통형 cylindrical | 굽은 원통형 flexuous subcylindrical | 삼각형 triangular | 사각형 quadrangular | 다각형 polygonal

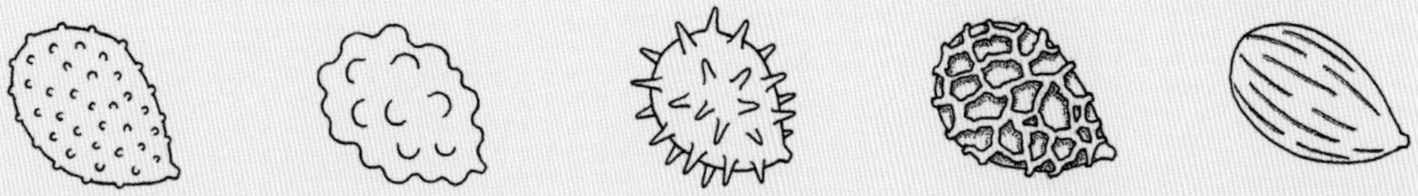

작은 돌기 verrucose | 혹 모양 돌기 knobbed | 가시 모양 돌기 spine | 그물 무늬 recticulated | 줄무늬 striped

자낭균과 담자균

균류는 세균이나 조균, 자낭균, 담자균, 변형균처럼 광합성을 하지 않는 하등 생물을 두루 이르는 말이지만, 좁게는 빵이나 술을 만드는 데 쓰는 효모, 된장이나 치즈를 만드는 데 쓰는 곰팡이, 그리고 버섯을 가리킨다.

버섯은 균사에서 바로 포자를 만들어 번식하는 효모나 곰팡이와는 달리, 눈으로 알아볼 수 있을 만한 크기의 자실체를 따로 만들고, 자실층에 있는 생식 기관에서 포자를 만들어 번식한다. 이 포자를 만드는 기관과 만드는 방법에 따라 버섯을 크게 자낭균과 담자균으로 나눈다.

자낭균

자낭 속에서 자낭 포자를 만드는 무리이다. 자낭균은 담자균의 두 배 가까이 되지만 자실체를 만들어 버섯으로 피어나는 것은 그 수가 얼마 되지 않는다. 들주발버섯, 안장버섯, 곰보버섯 들이 있으며 곤충 몸이나 번데기에 기생하는 동충하초는 거의가 자낭균이다.

자낭균은 흔히 자낭에서 자낭 포자를 8개 만드는데 몇몇은 4개만 만들기도 한다. 드물게 자낭에서 포자를 만들지 않고 무성 생식으로 포자를 만드는 버섯도 있다. 나방꽃동충하초는 균사가 끊기거나 대 끝에 있는 균사 세포가 나뉘면서 포자가 만들어진다.

포자를 만드는 자낭은 흔히 기다란 원통 모양으로 생겼다. 꼭대기에 작은 구멍이나 뚜껑이 있는데 포자가 익으면 구멍이 벌어지거나 뚜껑이 열려 포자가 빠져 나간다. 자낭과 자낭 사이에는 실 같은 기다란 측사가 있어 자낭을 보호하는 역할을 한다.

자낭균의 자실체는 따로 자낭과라고도 한다. 특이하게 생긴 것이 많은데 특히 찻잔 모양이 많고 동충하초류는 방망이 모양이 많다. 찻잔 모양 자실체는 자낭반이라고 하는데 안쪽 면에 자낭이 드러나 있고, 동충하초류는 갓 겉면에 수많은 자낭각이 박혀 있는데 그 속에 자낭이 들어 있다. 자낭각은 자낭반이 오므라진 모

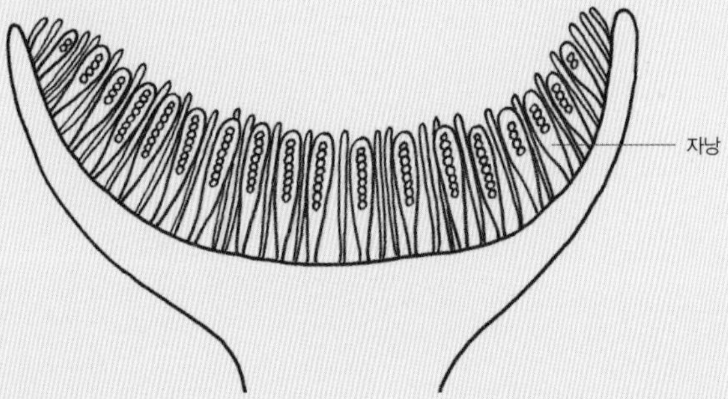

자낭반

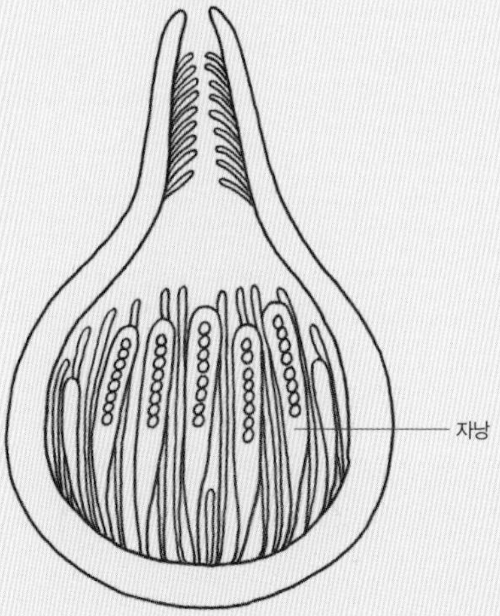

자낭각

양인데 구멍이 나 있는 꼭대기는 병 주둥이처럼 볼록 솟아 있다. 자낭반에 견주어 아주 작고 겉은 단단한 껍질에 싸여 있다.

담자균

담자기에서 담자 포자를 만드는 무리이다. 담자균은 거의가 다 버섯이다. 송이, 향버섯, 싸리버섯, 큰갓버섯, 꾀꼬리버섯처럼 널리 먹는 버섯부터 비탈광대버섯, 독우산광대버섯, 화경버섯 같은 독버섯, 그리고 표고, 느타리, 양송이, 팽이버섯 같은 재배 버섯에 이르기까지 거의 모든 버섯이 담자균에 들어간다.

담자균의 자실체를 담자기과라고도 하는데, 담자기는 이 담자기과에 있는 자실층에서 만들어진다. 무성 포자는 아주 드물고 대부분이 유성 생식으로 담자 포자 4개를 만드는데, 몇몇은 2개만 만들기도 한다. 담자균은 자낭균이 자낭 안에서 포자를 만드는 것과 달리 담자기 안에서 핵융합과 감수 분열을 거쳐 핵 4개를 만든 다음, 담자기 밖에 솟아 있는 담자뿔로 가서 포자가 된다. 포자는 익으면 돌기에서 떨어져 나간다.

담자기(擔子器)라는 말은 포자를 메고 있는 그릇이라는 뜻인데, 이름처럼 위쪽에 있는 돌기 끝에 포자를 매달고 있다. 담자기는 곤봉이나 항아리처럼 생겼고, 포자를 만드는 과정에서 위쪽에 담자뿔이라고 하는 뾰족한 돌기가 생긴다. 담자균 무리 대부분은 갓 아랫면에 얇은 칼날처럼 생긴 주름살이나 관공으로 된 자실층이 있는데, 주름살은 판 겉면에, 관공은 대롱 안쪽 면에 담자기가 퍼져 있다. 노루궁뎅이나 침버섯처럼 자실층이 침이나 긴 돌기 모양인 것은 돌기 겉면에, 싸리버섯은 가지 끝에, 국수버섯은 자실체 겉면에 담자기가 있다. 말뚝버섯, 망태말뚝버섯, 오징어새주둥이버섯은 자실체 겉에 있는 점액 속에, 말불버섯이나 말징버섯은 버섯 껍질 안에 들어 있는 살에 담자기가 있다.

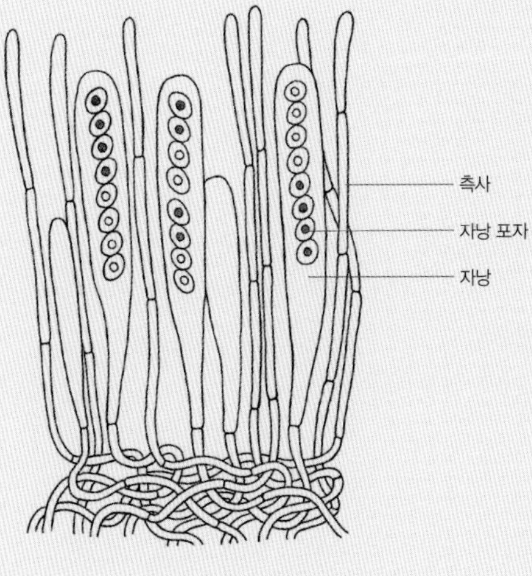

자낭

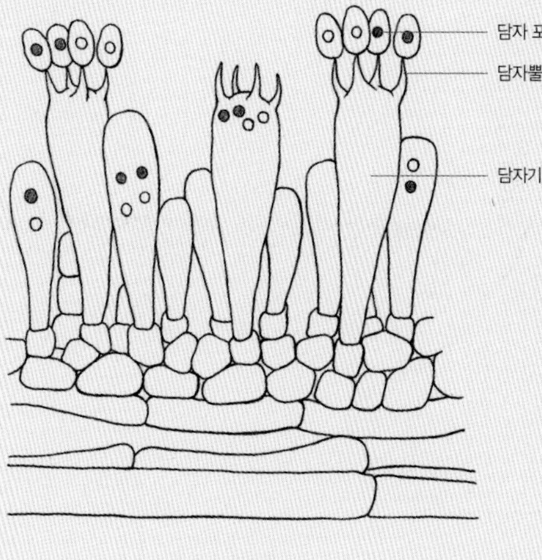

담자기

자낭균 구조

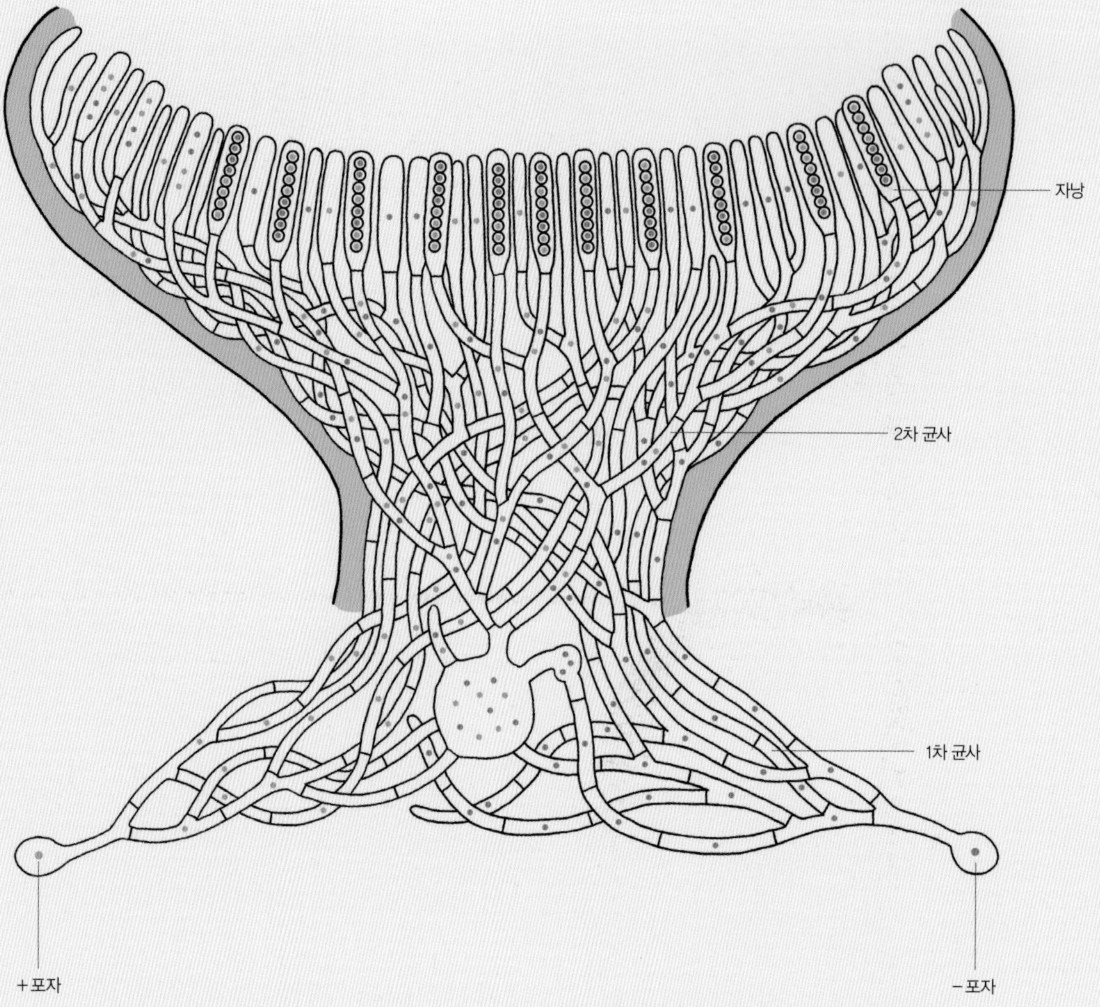

담자균 구조

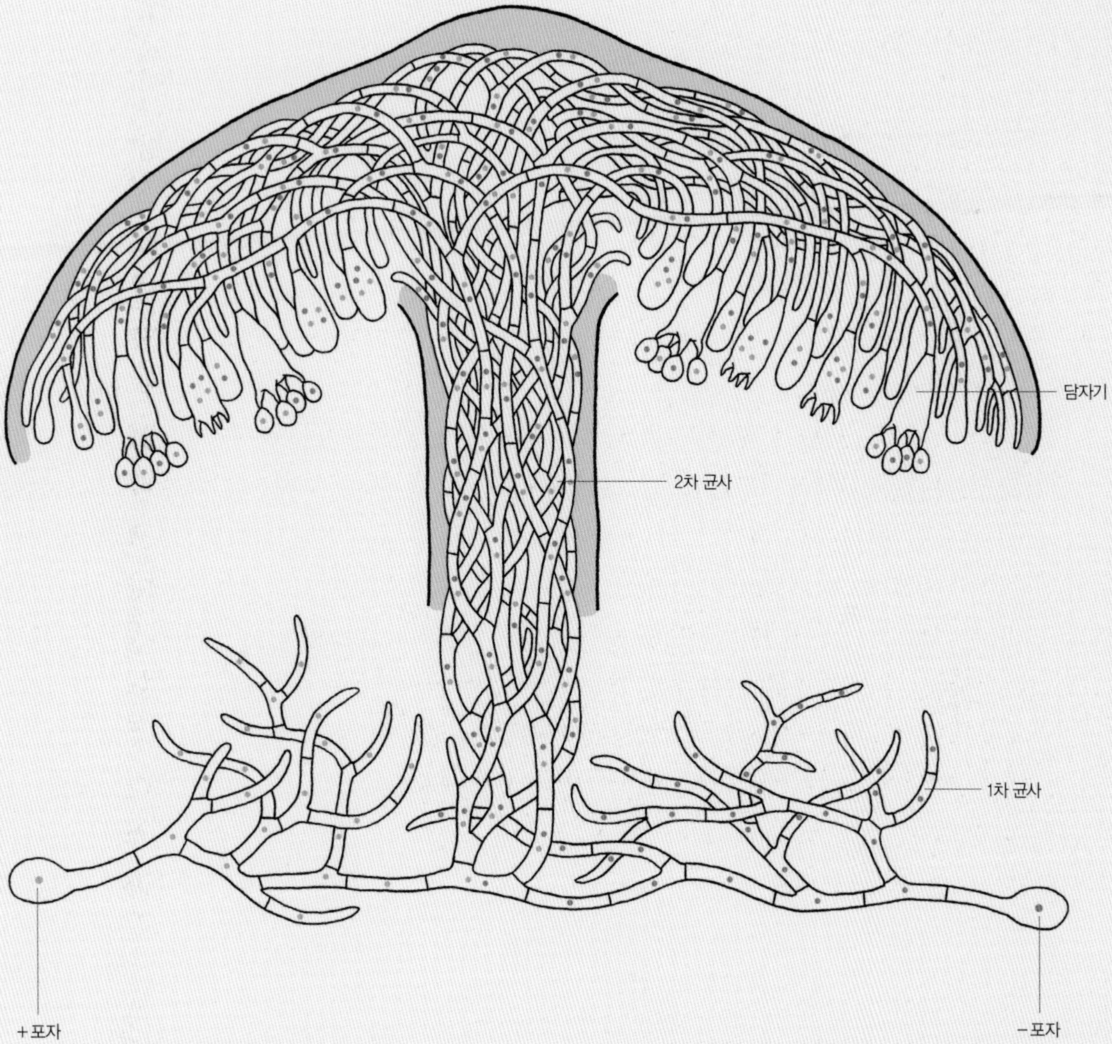

버섯의 한살이

식물이 씨앗을 만들고 동물이 새끼를 낳아 자손을 퍼뜨리는 것처럼 버섯은 포자를 만들어 자손을 퍼뜨린다. 버섯 하나가 만들어 내는 포자는 수십억 개에서 수백억, 때로는 수천억개가 넘는다. 보통 하루에 30억 개가 넘는 포자가 떨어지는데, 포자가 다 떨어지기까지 6개월이 걸리는 버섯도 있다. 이 수많은 포자 가운데 싹이 트고 자라 버섯으로 피어나는 것은 겨우 10개 남짓이라고 한다.

포자는 눈에 보이지 않을 정도로 작고 가벼워서 아주 약한 공기의 흐름에도 가까이 또는 멀리로 퍼져 간다. 포자가 떨어져 싹을 틔우고 자실체로 피어나 다시 포자를 만들어 번식해 나가는 과정을 살펴보자.

유성 세대와 무성 세대

버섯의 한살이는 자실체로 피어나서 자손인 포자를 만드는 일을 하는 번식 활동 기간과, 자실체를 피워 내기 위해 끊임없이 균사를 뻗어 양분을 얻는 일을 하는 영양 활동 기간으로 이루어진다.

자실체는 자실층에 있는 담자기에서 유성 생식으로 포자를 만든다. +핵과 –핵은 담자기 안에서 하나로 합쳐지고, 감수 분열[*1]을 거쳐 핵 4개를 만든다. 이 핵은 담자기 위쪽에 솟은 담자뿔 끝에서 4개의 포자가 되고 포자가 익으면 떨어져 나간다. 이렇게 포자를 만들어 번식 활동을 하는 기간을 유성 세대라고 한다.[*2]

담자기에서 떨어져 나가 알맞은 장소에 떨어진 포자들은 각각 싹을 틔워 균사가 되는데 이것을 1차 균사라고 한다. 1차 균사는 저마다 +핵이나 –핵을 하나씩 지닌다. 1차 균사는 자라면서 합쳐져 2개의 핵을 지닌 2차 균사가 된다. 2차 균사는 자라는 과정에서 +핵과 –핵이 하나로 합쳐지지 않고 따로 따로 나뉜 채로 자라는 무성 생식을 한다. 2차 균사는 희고 아주 가는 실처럼 생겼는데, 여러 갈래로 가지 나누기를 거듭하면서 우산살 모양으로 뻗어 가다가 빽빽하게 뭉쳐 균사체를 이룬다. 균사체는 낙엽, 목재, 퇴비, 동물의 똥, 곤충 같은 유기물을 분해하는 효소를 만들어 세포 밖으로 내보내고, 유기물을 분해해서 나오는 양분을 먹으면서 계속 자란다. 이처럼 감수 분열을 하지 않고 영양 활동만 하는 기간을 무성 세대라고 한다.

균사체는 온도와 습도가 높아지거나 바깥 환경이 크게 바뀌면 숙주의 몸 밖이나 땅 위로 자실체를 만들어 내보내고, 자실체는 다시 포자를 만든다. 버섯은 이렇게 무성 세대와 유성 세대를 번갈아 가면서 끊임없이 번식해 나간다.

*1 감수 분열(減數分裂, meiosis) 염색체 수가 반으로 줄어드는 세포 분열로 감수 제1분열과 감수 제2분열(동형 분열mitosis)을 한다. 유성 생식을 하는 생식 기관에서 생식 세포를 만들 때 일어나며 생식 세포 분열이라고도 한다.

*2 담자균과 달리 자낭균은 자낭 속에서 포자 8개를 만든다.

버섯의 한살이

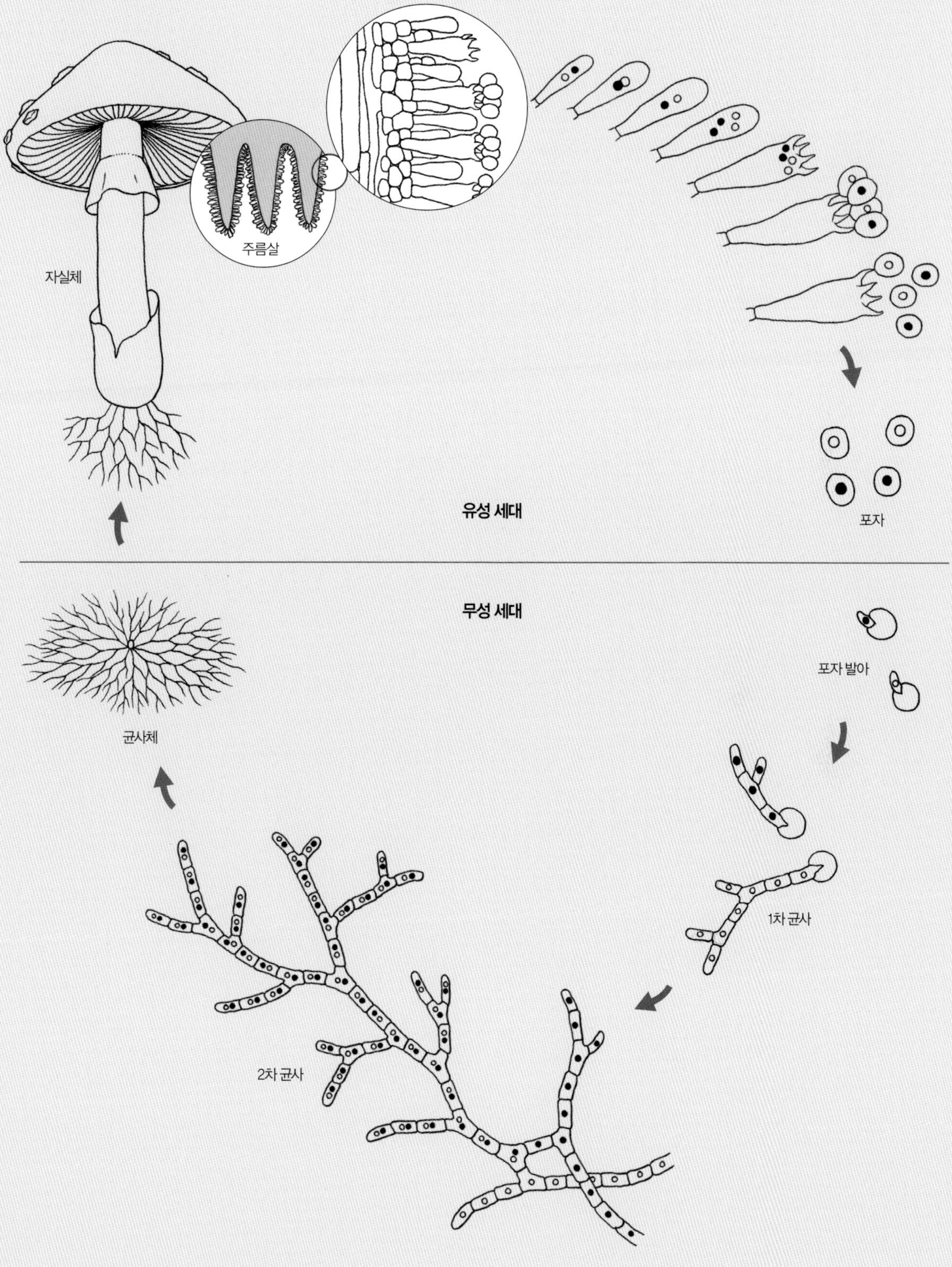

버섯과 사람

버섯의 역사

버섯의 쓰임새

버섯 재배

독버섯

버섯의 역사

버섯은 인류보다 훨씬 오래전인 2억 년 전쯤 지구상에 나타났다. 버섯에 대한 가장 오래된 기록은 기원전 3500년 무렵 알제리 타실리나제르 고원 동굴 벽에 그려진 타실리Tassili 상이다. 몸에 버섯 장식을 두르고 손에는 커다란 버섯을 여러 개 들고 있는 모습을 보아 제사장이나 무당이 제사 의식에 버섯을 썼던 것으로 짐작된다. 흔히 고대 벽화나 동굴 벽화 그림은 숭배하거나 존경하는 대상을 그린 것이 많다는 걸 생각해 볼 때, 옛사람들은 버섯을 신성하고 특별한 존재로 여겼다는 것을 알 수 있다.

1 민간 신앙의 대상이었던 버섯

환각 작용이나 마취 효과를 내는 버섯은 선사 시대부터 제사장이나 무당들이 종교 의식과 민속 신앙 의식을 할 때 널리 써 왔다. 멕시코 인디언들도 신의 계시를 받아 심각한 문제를 해결하려는 종교 의식에서 환각 버섯을 썼는데, 수 세기 동안 철저하게 비밀에 부쳤다고 한다.

고대 이집트인들은 신비한 약효를 지닌 버섯을 오르시스 신이 인간에게 준 선물로 생각했고, 기원전 1000~3000년 고대 멕시코나 과테말라 인들은 몇몇 버섯의 생김새를 보고 천둥 번개와 관련이 있다고 믿어서 신화나 유적 곳곳에 버섯의 흔적이 남아 있기도 하다. 고대 마야족은 버섯이 땅을 기름지게 하는 땅의 음식이라고 여겨 신으로 모시기도 했고, 습한 곳에서 나는 버섯이 비와 관련이 있다고 생각하여 가뭄이 심하면 버섯과 닮은 돌조각을 밀밭에 세우고 기우제를 지내기도 했다. 고대 중국에서도 불로초를 천 년을 살 수 있는 선약으로 숭상했고 시황제는 이것을 구하려고 우리나라와 일본에 사람을 보냈다고 한다.

2 먹을거리로서의 버섯

버섯을 언제부터 먹기 시작했는지는 정확히 알 수 없지만, 4,500년 전 그리스 신화에서 페르세우스 왕자가 갈증을 느껴 버섯에서 흘러나온 물을 마시고 황홀한 기분을 느꼈다는 이야기가 전해지고 있다. 고대 사회에서는 독특한 향기와 뛰어난 맛을 지닌 버섯을 아주 귀한 먹을거리로 여겨 특정한 사람만 먹을 수 있었다. 이집트의 왕 파라오들은 버섯을 독차지하려고 평민들은 못 먹게 했고, 로마에서도 귀족들만 버섯을 먹을 수 있었다. 특히 달걀버섯을 좋아했던 네로 황제는 달걀버섯을 가져오는 사람에게 그 무게만큼 금을 주었다고 한다. 석가모니도 열반에 들기 전에 한 여성이 마지막 공양으로 올린 버섯을 먹었다고 한다.

중세에 들어 버섯의 영양학적 기능성이 조금씩 밝혀지면서 귀한 약재로 쓰기 시작했고, 근대에 들어와 인공 재배를 시작하면서 점차 서민도 먹을 수 있는 먹을거리로 자리 잡게 되었다.

3 우리나라 버섯의 역사

1997년 충남 공주 우성면에서 1억 3천만 년 전쯤 것으로 보이는 민주름버섯류 화석[*1]이 발견된 것을 보아 공룡과 암모나이트가 번성했던 중생대 백악기 초기 무렵 우리나라에도 이미 버섯이 있었음을 짐작할 수 있다.

버섯에 대한 첫 기록은 고려 시대 김부식이 쓴 《삼국사기》에 나오는데 '성덕왕 3년(704)에 웅천주에서 나는 금지(金芝)를, 7년에는 사벌주, 23년에는 웅천주에서 나는 서지(瑞芝)를 나라에 바쳤다' 고 되어 있다.[*2] 고려 시대 송나라와의 교역 품목 기록에도 복령이 포함되어 있다. 조선 시대 초기의 《세종실록 지리지》(1454)에는 각도에서 바친 공물로 36점에 이르는 버섯이 올라 있고, 《동국여지승람》(1481)에서는 전국의 표고, 송이, 능이, 싸리가 나는 곳과 함께 버섯을 식용과 약용으로 나누고 있는 것으로 보아 조선 시대에는 이미 여러 가지 버섯을 이용하고 있었음을 알 수 있다. 허준이 쓴 《동의보감》(1613)에도 표고, 송이, 불로초, 동충하초, 목이, 말똥진흙버섯, 복령, 뽕나무버섯부치를 포함해 20종이 넘는 버섯이 기록되어 있다. 여러 가지 버섯을 약으로 쓰는 법도 다루고 있어 우리 조상들이 일찍부터 버섯을 먹을거리로뿐만 아니라 약으로도 널리 써 왔다는 것을 짐작할 수 있다.

우리나라에서는 일찍부터 버섯을 뜻하는 한자어로 균(菌), 심(蕈), 지(芝), 고(菰, 藁, 苽), 이(茸, 耳) 들을 써 왔다. 한글 이름은 조선 순조 때 책인 《규합총서》(1809)에 표고, 송이, 백복령 들이 처음 나오지만 이름 뒤에 '버섯'이라는 어미는 붙어 있지 않았다. 일제 강점기에 나온 《토명대조선만식물자휘》(1931)에 파리버섯, 싸리버섯, 참나무버섯, 국슈버섯(국수버섯)이라는 한글 이름이 나오는 것을 볼 때 19세기에 들어오면서 '버섯'이라는 말을 처음 쓰기 시작했던 것을 알 수 있다.

*1 1997년에 발견된 이 화석은 남아 있는 버섯 화석 가운데 가장 오래된 것으로, 요즘 버섯처럼 갓과 대를 갖추고 있다.
*2 금지는 나무에 나는 버섯(木菌), 서지는 땅에서 나는 버섯(地上菌)으로 추정되나 정확히 어떤 버섯인지는 알 수 없다.

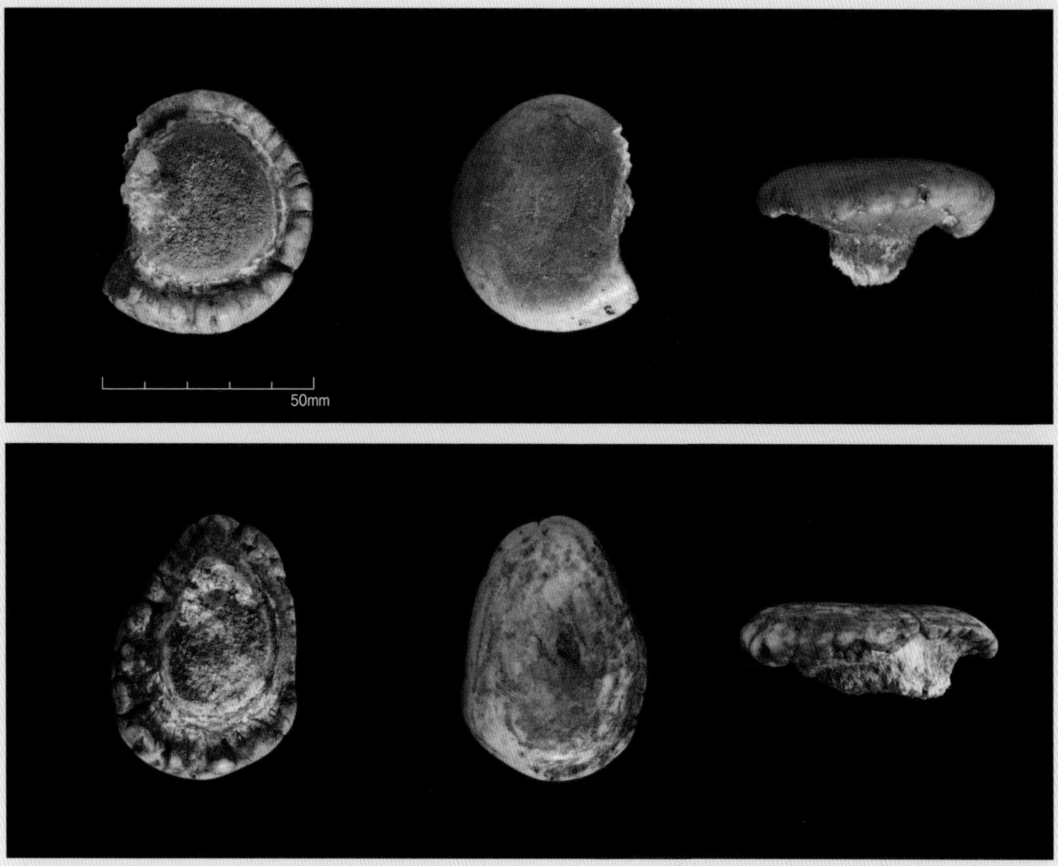

공주 우성면에서 발견된 버섯 화석 _공주대학교 고생물학 연구실 소장

버섯의 쓰임새

우리나라에는 5,000종이 넘는 버섯이 자라는 것으로 짐작되는데 알려진 것은 1,900종 남짓 된다. 그 가운데 먹을 수 있는 것은 700종쯤으로, 약용 버섯도 먹을 수 있다는 점에서 식용 버섯으로 본다. 요즘은 생명 과학 기술이 발달해서 약용 버섯뿐만 아니라 독버섯에서도 효과 있는 성분을 추출해 항암 치료제를 만들고, 독성분으로는 벌레를 쫓는 방충제를 만들기도 한다. 먹을 수 없는 버섯도 천연 염료나 비료를 만드는 데 이용하고, 버섯이 지닌 유기물 분해 효소는 오염된 자연 환경을 되살리는 데 쓴다. 인공 재배 기술 발달에 힘입어 버섯을 대량 생산하게 되고 버섯이 지닌 다양한 효능이 밝혀지면서 친환경 분야와 새로운 버섯 산업에까지 그 범위를 넓혀 가고 있다.

식용 버섯

버섯은 몸에 좋은 먹을거리로 알려져 있다. 우리 몸에 꼭 필요한 식물성 단백질과 필수 아미노산, 비타민, 미네랄 같은 영양소가 풍부하게 들어 있을 뿐만 아니라 콜레스테롤이 거의 없고 다른 식품에 견주어 섬유질이 많다. 특히 표고는 섬유질이 풍부하고 에고스테롤ergosterol이 많이 들어 있어 햇볕을 쬐면 뼈를 튼튼하게 해 주는 비타민 D_2가 만들어진다. 또 맛도 뛰어나고 향도 좋아 오랜 옛날부터 우리 민족이 즐겨 먹어 왔다.

우리나라에 나는 버섯 가운데 먹을 수 있는 버섯으로 알려진 것은 달걀버섯, 송이, 향버섯, 싸리버섯, 다색벚꽃버섯, 개암버섯, 까치버섯, 검은비늘버섯, 꽃송이버섯, 흰굴뚝버섯, 졸각버섯, 뽕나무버섯, 팽나무버섯, 나팔버섯, 기와버섯, 젖버섯, 황소비단그물버섯 들로 400종이 넘는다. 대부분이 주름버섯류인데 특히 공생균이 많다. 흔히 크기가 크고 맛이 좋은 것을 즐겨 먹는데 어떤 버섯은 특별한 맛이 없어도 씹는 느낌이나 향이 좋아서 즐겨 먹기도 한다. 산과 들 어디나 흔히 나는 버섯은 옛날 전쟁이나 가뭄으로 먹을 것이 부족할 때면 굶주린 백성을 먹여 살리는 역할을 하기도 했다.

그러나 산과 들에 저절로 나는 버섯만으로는 필요한 양이 부족할 뿐 아니라 독버섯 중독 위험도 있기 때문에 근대에 들어서면서부터는 인공 재배를 하고 있다. 현재 우리나라에서 재배하는 버섯 가운데 대표적인 식용 버섯은 표고, 느타리, 양송이, 팽이버섯이다. 그 밖에 큰느타리(새송이), 풀버섯, 목이, 흰목이, 만가닥버섯, 잎새버섯 들도 널리 재배하고 있다. 과학적인 재배 방법으로 대량 생산된 식용 버섯은 값도 싸고 영양소도 풍부해서 곡류, 채소류, 육류, 과실류, 어패류 들과 더불어 우리 몸에 꼭 필요한 식품 가운데 하나로 자리 잡았다.

약용 버섯

약으로 쓰이는 버섯은 100종 남짓 알려져 있는데 대부분이 민주름버섯류나 동충하초류다. 이런 버섯들은 아미노산과 비타민, 칼슘, 인, 철분 들이 풍부하고, 항생 물질, 항종양성 다당류, 항균 물질도 들어 있어 면역력을 높여 주고 핏속 콜레스테롤 수치를 낮추어 주며 항암과 항균 작용을 한다. 따라서 고혈압, 당뇨, 간 질환 치료제나 항암제로도 쓰이는데, 특히 구름송편버섯에 들어 있는 크레스틴(PSK)과 불로초에 들어 있는 베타 이뮤난β-immunan은 소화기 암과 폐암 치료제로, 표고에 들어 있는 베타 글루칸β-glucan 성분에서 분리한 렌티난lentinan은 위암 치료제로 쓰이고 있다. 동충하초에 들어 있는 코디세핀cordycepin도 항암제나 결핵 치료제로 쓰이며 목질진흙버섯, 잎새버섯, 복령 들도 항암제나 여러 가지 질병 치료제로 널리 쓰이고 있다.

천연 염료

우리나라에 나는 버섯 가운데 염료로 쓸 수 있는 버섯은 100종 남짓 된다. 구름송편버섯은 회색, 향버섯은 청록색, 갓그물버섯은 노란색, 못버섯은 주황색, 까치버섯은 검은색, 솔버섯은 노란색이나 적갈색 물을 들이는 데 쓴다. 그 밖에도 붉은색, 자주색, 갈색, 초록색을 내는 버섯들이 있는데 여러 가지 매염제를 써서 더 다양한 색을 낼 수가 있다. 향버섯으로는 청록색 물을 들이는데, 옛날에는 이 색을 내는 염료가 드물어서 아주 귀하게 썼다. 버섯 염료는 아직은 초보 단계고 경제성이 낮지만 자연을 오염시키지 않는 친환경 염료로서 개발할 가치가 있다고 여겨진다.

새로운 분야

말뚝버섯 달인 물은 식품 방부제로 쓰이고 있으며, 큰매미동충하초를 비롯한 동충하초류는 부작용이 거의 없는 방충제 성분을 지니고 있어 프랑스에서 친환경 생물 농약으로 개발하고 있다. 구름송편버섯에서 나오는 효소로는 살충제를 만들거나 중금속으로 오염된 자연을 복원* 하는 데 쓰고, 쓰레기 더미에 잘 자라는 먹물버섯은 도시 산업 폐기물을 친환경적으로 처리하는 친환경 상품 개발에 쓸 수 있을 것으로 보인다. 버섯이 지닌 리그닌 분해 성질은 펄프 산업이나 목질을 사료로 만드는 데 쓰고, 야생 버섯의 형광 성분으로 자연 조명을 만들거나 버섯 향을 방향제나 향수로 개발할 수도 있을 것이다. 또 기후 변화에 따른 지구의 사막화를 막는 데 버섯을 쓰는 방법도 연구되고 있다. 사막에 나무를 심을 때 균근균을 접종해 버섯이 부족한 물과 양분을 나무뿌리에 공급하게끔 해서 나무 생존율을 높이는 원리다. 그 밖에 천마 재배에 쓰기도 하고, 중국에서는 색이 화려하고 광택이 나는 불로초를 집 안을 장식하는 데 쓰기도 한다.

* 이처럼 오염된 환경을 미생물, 곰팡이, 식물 또는 그 효소를 써서 본디 상태로 복원하는 것을 생물학적 환경 정화(Bioremediation)라고 한다.

약용 버섯

동충하초

복령

목질진흙버섯

불로초

구름송편버섯

버섯 재배

먹을거리가 부족했던 옛날에는 산과 들에 저절로 나서 쉽게 구할 수 있는 버섯이 중요한 먹을거리였다. 하지만 이것저것 함부로 따서 먹다 보니 종종 독버섯을 먹고 탈이 났고 때로는 목숨을 잃기도 했다. 그래서 사람들은 안심하고 먹을 수 있는 버섯을, 보다 가까운 곳에서 길러 먹을 수 없을까 여러 가지로 궁리하게 되었다. 곰팡이와 같은 균류인 버섯을 기르는 데는 어려움이 많았다.

서기 600년 무렵 중국에서 처음으로 목이를 길러 먹기 시작했고 800년 무렵에는 팽나무버섯을 길렀다. 1000년 무렵부터는 표고를 길렀다고 하지만 참나무를 잘라서 산에 쌓아 두거나, 말똥을 동굴에 쌓아 놓고 포자가 저절로 달라붙어 균사가 퍼지도록 하는 정도였다. 그런 방법으로는 한꺼번에 많은 버섯을 기를 수 없어서 포자를 받아 물에 타서 뿌리는 등 여러 방법을 쓰다가, 19세기 말에 비로소 종균을 이용해서 버섯을 재배하는 데 성공했다. 현재는 재배 기술의 발달로 전 세계에서 한 해 생산되는 버섯이 2,500~3,000만 톤에 이른다.

이제 사람들은 언제 어디서나 싱싱한 버섯을 손쉽게 구할 수 있을 뿐만 아니라 독버섯에 대한 걱정 없이 마음 놓고 먹을 수 있게 되었다. 또 인공 재배가 늘면서 사람들이 산과 들에서 버섯을 마구잡이로 채취하는 일도 줄어들어 자연을 보호하고 생태계를 복원하는 데도 큰 도움이 되고 있다.

1 세계의 버섯 재배

본격적인 버섯 재배는 양송이 재배로부터 시작되었다. 1650년 경 프랑스 파리 근교의 수많은 폐광 동굴에서 퇴비를 써서 처음으로 양송이를 재배하기 시작했고 1652년에는 양송이 재배에 대한 책이 발간되었다. 양송이 재배는 차차 훌륭한 산업으로 성장했고 네덜란드에서 기계화에 힘입어 더욱 발전했다. 유럽에서 시작한 양송이 재배는 미국과 일본을 거치면서 발전했고, 지금은 우리나라와 중국, 타이완에서 많이 하고 있다.

현재 세계적으로 널리 재배하는 식용 버섯으로는 양송이, 표고, 느타리, 팽이버섯, 풀버섯, 목이, 맛버섯 들이 있다. 그 가운데 가장 많이 생산·소비하는 4대 버섯은 양송이, 표고, 느타리, 팽이버섯이다. 양송이는 세계 재배 버섯의 약 40%를 차지하며 주로 서양 요리에 많이 쓰인다. 나머지 약 60%가 표고, 느타리, 팽이버섯인데 특히 표고는 우리나라와 일본, 중국, 타이완에서 널리 재배하고 주로 동양 요리에 쓴다. 그 밖에 동남아시아 지역에서는 풀버섯을 많이 재배한다. 이 버섯들은 대부분 아시아에서 소비되고 있으며 유럽이나 미국에서도 찾는 사람이 나날이 늘고 있다.

2 우리나라의 버섯 재배

우리나라도 조선 시대에 이미 버섯을 길러 먹기 시작했다. 버섯 재배에 대한 기록은 조선 숙종 때 홍만선이 쓴 《산림경제》(1710~1715?)에 처음 나오는데 느릅나무, 버드나무, 뽕나무, 회나무, 닥나무를 썼다고 되어 있다. 또 조선 영조 때 유중임이 쓴 《증보산림경제》(1766)에는 표고를 기르는 방법이 나오는데 버섯이 자라기에 알맞은 환경을 만들어 주어 포자가 많이 퍼지게 하는 초보적 방법으로, 중국의 기술이 우리나라에 전해진 것으로 보인다. 이 책에는 표고를 재배하는 방법뿐만 아니라 송이를 오래 보관하는 법, 염장법 들이 적혀 있다. 최한기가 쓴 《농정회요》(1830년대)에는 다양한 버섯 종류와 버섯 재배법, 독버섯을 다루고 있다.

1905년부터 제주도 한라산 중턱에 일본인들이 대규모 표고밭을 만들어 본격적으로 기르기 시작했고, 종균을 이용한 재배는 일제 강점기인 1935년 일본에서 표고 종균을 들여와 처음으로 시작했다. 해방과 육이오 전쟁 들을 겪으면서 버섯 재배와 연구가 한동안 중단되었다가, 1955년에 톱밥을 써서 표고 종균을 배양하는 데 성공하고 양송이 시험 재배도 성공하면서 본격적인 버섯 재배가 시작되었다. 1970년대에는 통조림으로 가공하여 수출할 만큼 양송이를 널리 재배했다. 1980년대 초에는 느타리, 1990년대에는 팽이버섯을 병 재배 방법으로 대량 생산하게 되었다. 지금은 수많은 종이 인공 재배되고 있고 한 해 생산량은 20만 톤에 이른다.

우리나라에서는 양송이, 표고, 목이, 느타리, 팽나무버섯, 나도팽나무버섯, 큰느타리, 잿빛만가닥버섯, 목이, 흰목이, 검은비늘버섯, 잎새버섯, 꽃송이버섯, 침버섯, 복령, 망태말뚝버섯, 풀버섯, 먹물버섯 같은 식용 버섯뿐만 아니라 노루궁뎅이, 불로초, 목질진흙버섯, 동충하초, 구름송편버섯 같은 약용 버섯들도 널리 재배하고 있다. 그 가운데 느타리는 재배 버섯의 70%가 넘을 만큼 많이 재배되고 있다. 그러나 살아 있는 나무와 공생하는 송이나 향버섯, 꾀꼬리버섯 같은 외생 균근균 버섯들은 아직 재배하지 못하고 있다. 따라서 이런 버섯들은 귀하고 값도 비싸다. 최근 국립산림과학원에서 송이가 없던 소나무 숲에서 송이를 자라게 하는 데 성공했다고 하니 송이를 널리 재배할 날도 머지않은 듯하다.

3 여러 가지 재배 방법

썩은 나무나 유기물을 먹고 자라는 분해균은 인공 재배가 가능해서 여러 가지 방법으로 재배되고 있다.

표고, 구름송편버섯, 목질진흙버섯, 불로초, 느타리, 불로초 들은 원목에 재배하거나 톱밥을 써서 재배한다. 표고는 톱밥으로 만든 배지를 벽돌이나 원기둥 모양으로 빚어 재배하고 느타리, 팽이버섯, 불로초, 노루궁뎅이, 잎새버섯 들은 톱밥에 볏짚, 쌀겨, 밀기울 들을 섞어 만든 배지를 플라스틱 병이나 자루, 봉지 들에 채워 재배한다. 양송이나 풀버섯은 볏짚이나 찌꺼기 솜(폐솜)을 써서 상자 재배를 한다. 요즘은 배지를 만들 때 잘게 부순 옥수숫대를 쓰기도 한다.

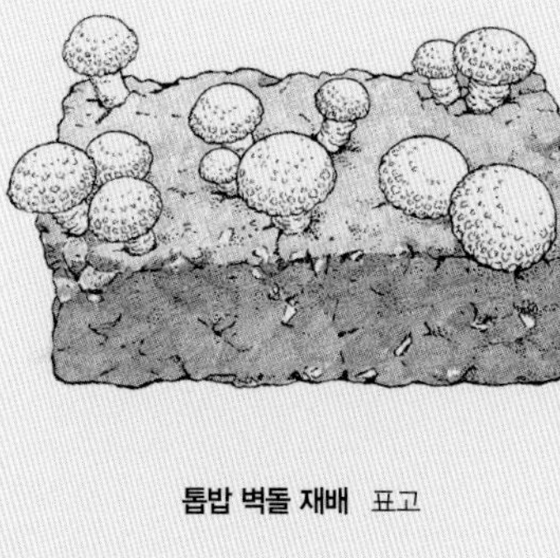

톱밥 벽돌 재배 표고

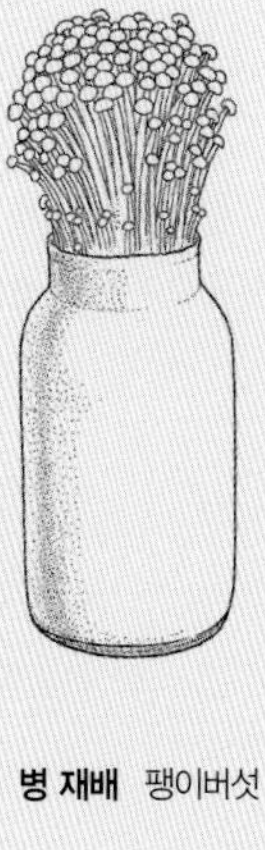

병 재배 팽이버섯

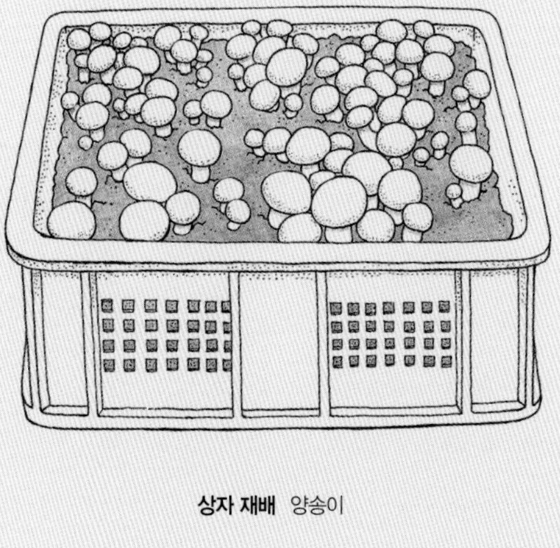

상자 재배 양송이

독버섯

독성분과 중독 증상

우리나라에 나는 버섯은 5,000종이 넘는 것으로 알려져 있으나 학계에 보고된 것은 1,900종 남짓 된다. 이 가운데 26%를 차지하는 식용 버섯과 13%인 독버섯, 11%인 약용 버섯만 구분이 가능하고 나머지는 식용 버섯인지 독버섯인지 구분이 뚜렷하지 않은 상태다. 먹을 수 있다고 알려진 버섯 가운데서도 야생 버섯은 대부분 약한 독성분을 지니고 있기 때문에 익히지 않고 먹거나 한꺼번에 많은 양을 먹으면 중독 증상이 일어날 수 있다. 이런 걱정 없이 안심하고 먹을 수 있는 야생 버섯은 실제로 20~30종밖에 되지 않는다.

우리가 즐겨 먹는 표고, 느타리, 송이 같은 버섯에도 약한 독성분이 들어 있는데 다만 그 양이 아주 적거나 요리하는 과정에서 독성분이 없어지므로 우리 몸에 해를 입히지 않을 뿐이다. 이처럼 독성분을 지니고 있다고 해서 다 독버섯이라고 하지는 않는다. 또 어떤 버섯은 독성분이 암세포를 억제하거나 면역력을 높여 주는 것으로 밝혀져 약재로 쓰이기도 한다. 이와 달리 독성분의 함량이 많거나 치명적인 독성분을 지니고 있어서 우리 몸에 중독을 일으키는 버섯을 독버섯이라고 한다. 지니고 있는 독성분이나 함량이 저마다 달라서, 가벼운 복통이나 설사 정도에 그치기도 하고 호흡 곤란, 경련을 일으켜 혼수상태에 빠뜨리고 심하면 죽음에 이르게 하기도 한다.

심한 중독을 일으키는 독버섯은 맹독 버섯이라고 하는데 특히 광대버섯류에 많다. 그 가운데서도 개나리광대버섯, 독우산광대버섯, 비탈광대버섯, 흰알광대버섯은 대표적인 맹독 버섯으로 꼽힌다. 아마톡신이라는 아주 강한 독성분을 지니고 있어 한두 개만 먹어도 목숨을 잃을 수 있기 때문이다. 붉은사슴뿔버섯도 여섯 종류나 되는 트리코테센trichothecene류의 독성분을 지니고 있는데 이 독성분은 생화학 무기에 쓰는 것과 비슷한 것으로 버섯이 지닌 독성분 가운데 가장 독하다. 화경버섯, 절구버섯아재비, 턱받이광대버섯도 맹독 버섯으로 나눈다.

그 밖에 술과 함께 먹을 때만 중독 증상이 나타나는 두엄먹물버섯과 배불뚝이연기버섯, 환각 증상을 일으키는 갈황색미치광이버섯과 말똥버섯류, 삶은 물이나 익힐 때 생기는 수증기를 마시면 중독되는 마귀곰보버섯, 땀이 심하게 나는 땀버섯류, 위장 장애를 일으키는 노란개암버섯 따위가 있다. 독버섯 가운데서는 익히거나, 소금에 절이거나, 말렸다가 물에 우려내면 독성분이 없어지는 것도 있지만 이런 방법으로도 독성분이 없어지지 않는 것도 있다. 또 버섯 하나에 여러 가지 독성분이 들어 있기도 해서 중독 증상이 겹쳐 일어나기도 한다.

독성분	중독 증상	독버섯 이름
아마톡신 amatoxin	위장, 간, 콩팥 세포 파괴	개나리광대버섯, 독우산광대버섯, 뱀껍질광대버섯, 비탈광대버섯, 흰알광대버섯
이보텐산 ibotenic-acid	어지럼증, 신경 마비, 환각 증상	광대버섯, 마귀광대버섯, 말똥버섯, 파리버섯
무스카린 muscarine	구토, 설사, 땀 흘림, 호흡 장애	광대버섯, 맑은애주름버섯, 삿갓외대버섯, 솔땀버섯
지로미트린 gyromitrin	두통, 위경련, 설사, 간에 독성, 적혈구 파괴	마귀곰보버섯
사일로사이빈 psilocybin	현기증, 환각 증상	갈황색미치광이버섯, 검은띠말똥버섯, 말똥버섯
람프테롤 lampterol	구토, 복통, 설사, 오한	화경버섯
페스시쿠롤 fascicurol	위장관 자극, 구토, 복통, 오한, 신경 마비	노란개암버섯
코프린 coprine	구토, 두통, 현기증 (알코올에만 반응)	두엄먹물버섯, 배불뚝이연기버섯

개나리광대버섯

붉은사슴뿔버섯

독우산광대버섯

비탈광대버섯

화경버섯

흰알광대버섯

마귀곰보버섯

뱀껍질광대버섯

삿갓외대버섯

갈황색미치광이버섯

맑은애주름버섯

두엄먹물버섯

독버섯과 식용 버섯 구별

조선 시대 의학서인 《동의보감》에 독버섯 중독 증상과 치료 방법에 관한 기록이 있는 것으로 보아 독버섯 중독 사고는 오래전부터 있어 온 것을 알 수 있다. 과학이 발달한 오늘날까지도 독버섯 중독 사고는 끊이지 않고 일어나고 있는데 최근 10년(2005~2014) 동안 일어난 독버섯 중독 사고만 해도 총 55건, 200명으로 그중 18명이 사망한 것으로 알려져 있다(농업 진흥청 자료). 이처럼 독버섯 중독 사고가 자주 일어나는 까닭은 대부분 민간에 전해 내려오는 잘못된 정보 때문이다. 과학적인 근거가 없는 이런 말들을 믿고 섣불리 버섯을 판단하는 것은 아주 위험한 행동이다.

다음은 독버섯에 대해 잘못 알려진 정보 몇 가지를 정리한 것이다.

1. **독버섯은 색이 화려하거나 원색이다.**

   달걀버섯은 빛깔이 화려하지만 식용 버섯이고 삿갓외대버섯, 화경버섯, 두엄먹물버섯은 수수하거나 칙칙하지만 독버섯이다.

2. **독버섯은 살이 세로로 잘 찢어지지 않고 식용 버섯은 잘 찢어진다.**

   독우산광대버섯, 화경버섯은 독버섯이지만 세로로 잘 찢어진다.

3. **독버섯은 나쁜 냄새가 나고 식용 버섯은 좋은 향이 난다.**

   화경버섯은 독버섯이지만 좋은 향이 나고, 망태말뚝버섯은 나쁜 냄새가 나지만 식용버섯이다.

4. **벌레나 민달팽이가 먹는 버섯은 독버섯이 아니라서 먹을 수 있다.**

   화경버섯, 독우산광대버섯 따위는 벌레나 민달팽이가 잘 먹는다. 이들은 오히려 살이 부드러운 독버섯을 더 좋아한다. 특히 초파리는 독버섯에 몰린다.

5. **버섯 요리에 은수저를 넣었을 때 은수저 색이 변하면 독버섯이다.**

   알광대버섯같이 유황 성분이 들어 있는 몇몇 독버섯에만 해당될 뿐, 대부분의 독버섯에서는 변하지 않는다.

6. **나무에서 나는 버섯은 먹을 수 있다.**

   화경버섯이나 갈황색미치광이버섯 따위는 나무에서 나지만 독버섯이다.

독버섯 가운데는 얼핏 보아서는 구별하기 어려울 정도로 식용 버섯과 닮은 것이 많아 식용 버섯으로 잘못 알고 먹어서 중독 사고가 일어나기도 한다. 독버섯과 식용 버섯을 구별하려면 우선 생김새를 잘 살펴봐야 한다. 칼로 베거나 문질러 봐서 색이 변하는지, 변하면 어떻게 변하는지도 두루 살펴야 한다. 현미경으로 포자 생김새를 살펴보는 것이 가장 정확한 방법이지만 야생 버섯을 채취하는 현장에서는 어려운 일이다. 따라서 야생에서 채취한 버섯은 함부로 먹지 않는 것이 가장 안전하다. 혹시라도 독버섯을 잘못 먹어 중독 증상이 일어나면, 먼저 먹은 것을 토하게 한 다음 빨리 병원으로 옮겨야 한다. 이때 먹고 남은 버섯이나 토해 낸 것을 가져가서 의사에게 전달하면 진단과 치료에 도움이 된다. 독성분에 따라 나타나는 중독 증상과 그에 맞는 치료법이 다르기 때문이다.

독버섯	다른 점	식용 버섯
 개나리광대버섯	개나리광대버섯은 노란달걀버섯보다 크기가 작고 갓과 대의 노란색이 연한 푸른빛을 띤다. 턱받이가 노란색인 노란달걀버섯과 달리 흰색이다.	 노란달걀버섯
 광대버섯	광대버섯은 갓 위에 하얀 사마귀점이 붙어 있고 대와 턱받이가 흰색이다. 달걀버섯은 갓 위가 매끈하고 대는 노란색, 턱받이는 주황색이다.	 달걀버섯
 노란개암버섯	노란개암버섯은 연한 노란색이고 자라면서 녹황색을 띤다. 포자가 떨어지면 암갈색 턱받이가 뚜렷하게 나타난다. 침엽수에 난다. 개암버섯은 연한 밤색이고 노란개암버섯보다 대가 굵다. 활엽수에 난다.	 개암버섯
 독흰갈대버섯	독흰갈대버섯은 큰갓버섯보다 크기가 작고 갓 가운데에 커다란 비늘 조각이 붙어 있다. 또 문지르거나 잘라 보면 그 자리가 붉은색으로 변한다. 큰갓버섯과 달리 대에 얼룩덜룩한 무늬가 없다.	 큰갓버섯
 두엄먹물버섯	두엄먹물버섯은 갓에 비늘이 없고 매끈하다. 먹물버섯은 실 모양의 거칠고 뚜렷한 비늘 조각이 빽빽하게 덮여 있다.	 먹물버섯
 붉은사슴뿔버섯	붉은사슴뿔버섯은 어릴 때는 원기둥꼴이고 짙은 붉은색이다. 자라면서 손가락처럼 갈라진다. 불로초는 어릴 때는 끝이 공처럼 둥글고 노란색이다가 갓으로 핀다.	 불로초
 붉은싸리버섯	붉은싸리버섯은 몸 전체가 붉은색이고 싸리버섯은 가지 끝만 연한 자주색을 띤다.	 싸리버섯

2. 우리나라의 버섯

자낭균문

고무버섯목

주발버섯목

동충하초목

자낭균류는 담자균류보다 훨씬 많지만 버섯으로 피어나는 종은 얼마 되지 않는다. 자낭에서 포자 8개를 만들며 주발이나 안장, 벌집, 방망이 모양처럼 특이하게 생긴 것이 많다. 동충하초는 대부분 자낭균이고 들주발버섯, 곰보버섯, 마귀곰보버섯, 긴대안장버섯 들이 있다.

오디균핵버섯

Ciboria shiraiana (Henn.) Whetzel

오디균핵버섯은 생김새가 서양 술잔을 닮았다고 오디양주잔버섯이라고도 한다. 뽕나무 열매인 '오디'에 나는 버섯으로 포자가 뽕나무 꽃이나 어린 열매에 침입해서 균사를 뻗어 가면 열매가 제대로 여물지 못하고 허옇게 변하면서 부풀어 올랐다가 땅에 떨어진다.*1 땅에 떨어진 오디는 땅속에서 겨울을 나면서 균사 덩이인 균핵이 된다. 이 오디 균핵은 검고 올록볼록하며 돌처럼 딱딱하다. 반으로 잘라 보면 속은 회백색이고 즙이 많다. 이듬해 봄이 되면 오디 균핵에서 자실체가 뻗어 나오는데 균핵 하나에 한 개 또는 두세 개가 난다. 때로 균핵꼬리버섯이 함께 나기도 한다.

봄에 뽕나무나 산뽕나무 암그루 둘레에 떨어져 있거나 땅에 파묻혀 있는 오디에서 난다.

먹거나 약으로 쓸 수 있는지에 대해서는 아직 밝혀지지 않았다.

생김새 자실체는 키가 1.5~2.5cm로 가느다란 대 끝에 위가 터진 동그란 갓(자낭반*2)이 달려 있는 모습이 서양 술잔을 닮았다.

갓은 어릴 때는 거의 둥글다. 자라면서 위쪽 터진 부분이 차차 넓게 벌어지면서 술잔이나 밥공기 모양이 된다. 오목한 안쪽 면은 갈색이고 매끈하다. 겉면은 칙칙한 갈색인데 가운데로 가면서 조금 더 진해지며 하얀 가루 같은 비늘 조각이 퍼져 있다. 오래되면 가장자리가 톱니처럼 갈라진다.

살은 얇고 고무처럼 질기다.

자실층은 안쪽 면에 고루 퍼져 있다.

대는 가늘고 길다. 위아래 굵기가 같은데 아래가 약간 굵거나 가는 것도 있다. 겉은 갓과 같은 모양이고 색은 조금 연하다. 속은 차 있다. 밑동은 숙주인 오디 균핵에 붙어 있다.

포자는 긴 타원형이고 겉은 매끈하다. 포자 무늬는 흰색이다.

*1 뽕나무에 오디균핵버섯 포자가 침입한 것을 오디균핵병이라고 한다. 오디균핵병에 한번 걸리면 계속 걸리기 쉽고 해마다 피해가 늘어나 오디를 재배하는 농가에서는 큰 골칫거리다. 농가에서는 오디균핵버섯 포자가 퍼지는 것을 막기 위해 땅에 떨어진 오디를 쓸어 모아 태우거나, 자실체가 싹 트기 전인 2월부터 3월 사이에 땅에 석회를 뿌리고 갈아엎는다. 또 자운영이나 털갈퀴덩굴 같은 풀을 키워 포자가 날리지 못하게 하고 오디가 익기 전에 풀을 베어 준다.

*2 자낭반(apothecium) : 자낭균류의 자실체 가운데 잔이나 접시 모양, 곤봉 모양, 안장 모양, 모자 모양, 창 모양으로 생겼고 그 겉면에 자낭*3이 드러나 있는 기관. 대가 있는 것도 있고 없는 것도 있다.

*3 자낭(ascus) : 자낭균류에 있는 긴 주머니처럼 생긴 세포. 흔히 포자 8개가 들어 있다.

크기 갓 3~9×3~5mm, 대 10~20×1~2mm 소형

포자 9~12×5~6㎛

특징 뽕나무 열매인 오디에서 난다.

분포 우리나라, 일본, 중국, 북아메리카

구분 기생균

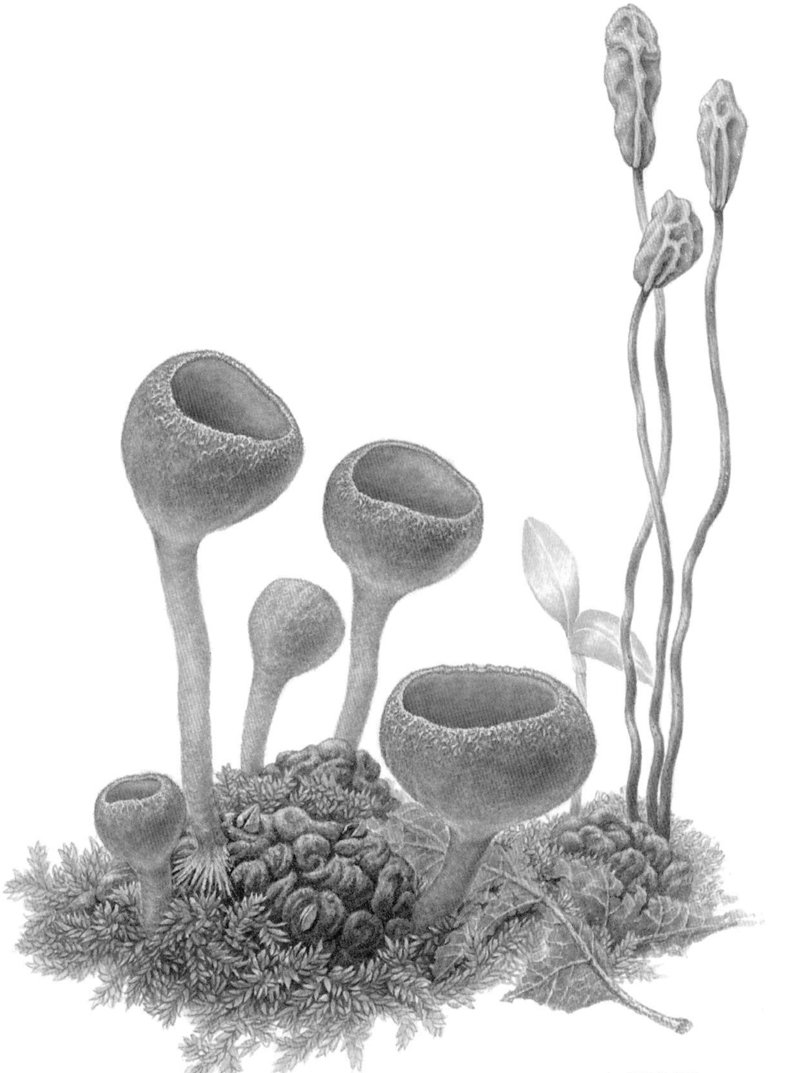

오디균핵버섯 *Ciboria shiraiana*

균핵꼬리버섯 *Scleromitrula shiraiana* (Henn.) S. Imai

오디균핵버섯과 6:4 비율로 나며 균핵 하나에 두 버섯이 함께 나기도 한다. 갓은 갈색이고 길쭉한 곤봉 모양인데 끝이 뾰족한 것이 많다. 겉에는 도드라진 세로줄이 여러 개 있다. 대는 가늘고 길며 갈색 또는 흑갈색이다. 오디균핵버섯보다 키가 크다.

주발버섯목
게딱지버섯과
마귀곰보버섯속

마귀곰보버섯

Gyromitra esculenta (Pers.) Fr.

마귀곰보버섯은 봄에 침엽수 숲 속 땅 위에 난다. 드물게 톱밥 더미 위에도 난다. 홀로 나거나 무리 지어 나며 때로 버섯고리를 이루기도 한다. 우리나라에서는 아주 드물게 난다.

종소명 esculenta는 '먹을 수 있는'이라는 뜻이지만 실제로는 아주 강한 독성분을 지닌 버섯이다. 이 독성분은 열을 가하면 없어지는 성질이 있어 유럽에서는 오래전부터 어린 버섯을 열처리를 하거나 통조림으로 만들어 먹어 왔다.* 유럽 사람들이 즐겨 먹는 버섯 가운데 하나로 특히 핀란드 같은 나라에서는 널리 먹는다. 그러나 사람에 따라 익혀 먹어도 중독되기도 하고 날것을 먹고 목숨을 잃는 일도 일어나서 최근에는 유럽에서도 독버섯으로 분류하고 몇몇 나라에서는 상품으로 판매하는 것을 금지하고 있다. 유럽 사람들이 즐겨 먹는 곰보버섯과 생김새가 비슷해서 유럽에서는 중독 사고가 많이 일어난다.

생김새 자실체는 머리처럼 생긴 갓과 대로 이루어져 있다. 자실체를 반으로 잘라 보면 갓부터 대까지 하나로 이어져 있고 속이 비어 있다.
갓은 둥글거나 불규칙하게 둥글다. 색은 황토색 또는 적갈색에서 차차 흑갈색으로 변한다. 겉은 매끈하며 올록볼록하고 뚜렷한 주름이 있어서 마치 사람 뇌처럼 생겼다. 주름은 자라면서 더 깊이 파이고 겹쳐져서 찌그러진 모양이 된다. 살은 희고 얇으며 물러서 잘 부스러진다.
자실층은 갓 겉면에 고루 퍼져 있다.
대는 짧고 뭉툭한 원통형으로 생겼는데 아래로 갈수록 굵어진다. 흰색 또는 살구색이고 갓처럼 올록볼록하고 세로로 뚜렷하게 파인 주름이 있다. 겉에는 솜털 또는 가루 같은 비늘 조각이 붙어 있다. 속은 비어 있는데 동굴같이 생긴 여러 개의 방으로 나뉘어 있다. 살은 흰색인데 부드러워서 쉽게 부스러진다.
포자는 넓은 타원형이고 매끈하다. 포자 무늬는 흰색이다.

* 마귀곰보버섯에 들어 있는 지로미트린gyromitrin은 분해되면 모노메틸하이드라진monomethylhydrazine이라는 독성 물질이 된다. 이 독성분은 아주 치명적이지만 휘발성이 강해서 열을 가하면 70~80℃에서 없어진다. 그러나 요리할 때 독성분이 들어 있는 수증기를 들이마셔서 중독되는 경우가 있으니 주의해야 한다.

크기 자실체 45~120×45~150mm, 대 11~40×7~25mm 중형
포자 13~21×7~13㎛
특징 머리는 뇌처럼 올록볼록한 주름이 있다.
분포 우리나라, 일본, 유럽, 북아메리카
구분 분해균

마귀곰보버섯 *Gyromitra esculenta*

긴대안장버섯

Helvella elastica Bull.

긴대안장버섯은 전체 길이가 10cm쯤으로 안장버섯속 버섯 가운데서는 키가 큰 편이다. 가늘고 긴 대 위에 말안장처럼 생긴 갓을 지니고 있어 긴대안장버섯이라는 이름이 붙었다. 북녘에서는 가는대안장버섯 또는 가는대말안장버섯이라고 한다. 종소명 elastica는 '탄력이 있는'이라는 뜻으로 긴대안장버섯의 살이 탱탱하고 탄력이 있어서 붙은 것이다.

여름부터 가을까지 숲 속 땅 위나 땅속에 묻혀 있는 썩은 나무에서 잘 자라며 들, 정원, 낙엽 사이나 이끼 위에서도 난다. 홀로 나거나 흩어져 난다.

맛이 좋아 먹기도 하지만 배탈 같은 가벼운 중독 증상을 일으키기도 하니 되도록 먹지 않는 것이 좋다. 민간요법으로 기침이나 가래를 가라앉히는 데 쓰기도 한다. 중국의 《본초도록》에는 몽골에서 사슴이 아플 때 긴대안장버섯을 먹였다는 기록이 있다.

생김새 자실체는 갓과 대로 이루어져 있다.

갓은 말안장처럼 생겼는데, 2~3쪽으로 찢어져 있고 아래쪽으로 말리면서 대를 싸고 있다. 옆에서 보면 동그랗게 보이는 것도 있다. 윗면은 매끈하고 연한 황토색이나 황갈색이다. 자라면서 약간 울룩불룩해지고 마르면 암갈색이 된다. 아랫면은 매끈하거나 가루 모양이다. 윗면보다 색이 조금 연하고 마르면 황토색이 된다. 살은 흰색이며 얇고 부드럽지만 탄력이 있다.

자실층은 겉으로 드러난 갓 윗면에 고루 퍼져 있는데, 대부분의 다른 버섯처럼 바람에 포자를 날려 퍼뜨린다.

대는 가늘고 긴데 위아래 굵기가 비슷하거나 아래로 가면서 약간 굵어진다. 약간 납작하거나 오목한 홈이 있고 종종 굽어 있다. 갓보다 연한 색이고 겉은 매끈하다. 밑동에는 균사 다발이 붙어 있다. 속은 차 있거나 비어 있다.

포자는 타원형 또는 넓은 타원형이고 겉은 매끈하다. 포자 무늬는 흰색이다.

크기 갓 20~35mm, 대 40~80×3~6mm 소형

포자 19~20×10~12㎛

특징 머리 윗면에 자실층이 있다.

분포 우리나라, 일본, 유럽, 북아메리카

구분 분해균

긴대안장버섯 *Helvella elastica*

곰보버섯

Morchella esculenta (L.) Pers.

머리에 곰보처럼 구멍이 움푹움푹 파여 있어서 곰보버섯이라는 이름이 붙었다. 북녘에서는 구멍이 숭숭 나 있다고 숭숭갓버섯이라고 한다.

봄에 벚나무, 물푸레나무 같은 활엽수가 자라는 숲 속 땅 위나 거름기가 많은 밭, 길가에 홀로 나거나 무리 지어 난다. 자라는 속도가 느려 땅 위로 돋아나서 거의 20일 동안 천천히 자란다. 우리나라 어디에서나 흔히 나는 버섯이지만 다른 나라에서는 드물게 나는 버섯이다.

먹을 수 있는 버섯이다. 맛과 향이 좋고 씹히는 느낌도 좋아 유럽에서는 오래전부터 즐겨 먹었고 특히 프랑스에서는 고급 요리에 쓴다.* 종소명 esculenta도 '먹을 수 있는'이라는 뜻이다. 독성분인 헬벨산helvellic acid이 들어 있지만 이 독성분은 익히거나 말리면 없어진다. 그러나 날것을 먹거나 한 번에 많이 먹으면 중독될 수 있다.

생김새 자실체는 머리처럼 생긴 갓과 대로 이루어져 있으며 반으로 잘라 보면 갓부터 대까지 하나로 이어져 있고 속이 비어 있다.

갓은 달걀이나 원뿔 모양이다. 대를 반 넘게 싸고 있는데 아래쪽 끝은 대에 붙어 있다. 황토색이나 황갈색이고 겉은 불규칙한 그물 무늬가 뚜렷하게 볼록 솟아 있다. 그물 무늬 사이는 벌집처럼 구멍이 깊고 뚜렷하게 파여 있다. 구멍 안쪽은 연한 황토색이나 회갈색이며 자실층이 고루 펴져 있다. 살은 흰색 또는 황토색이며 물러서 부스러지기 쉽다.

대는 원통형으로 아래가 약간 굵다. 흰색이고 자라면서 황갈색 얼룩이 생긴다. 겉에는 희미하게 세로 주름이 있고 약간 올록볼록하며 매끄럽다. 때로 쌀겨처럼 생긴 자잘한 비늘 조각이 붙어 있기도 하지만 쉽게 떨어져 나간다. 속은 비어 있다.

포자는 타원형이며 겉은 매끈하다. 포자 무늬는 흰색이다.

* 우리나라나 일본에서는 잘 먹지 않지만 유럽이나 미국에서는 즐겨 먹는 버섯이다. 프랑스나 이탈리아에서는 morilles모리유, 미국에서는 morel모렐이라고 부르며 고급 음식 재료로 쓴다. 살은 무르지만 끓는 물에 데치거나 볶으면 탄력이 생겨 쫄깃쫄깃해진다. 말리면 맛과 향이 더 진해지기에 말리거나 가루를 내어 두고 쓰기도 한다.

크기 갓 26~54×23~35mm, 대 44~110×10~30mm 중형

포자 15.6~22.8×10.3~13.6㎛

특징 갓에 움푹움푹 파인 구멍이 있다.

분포 우리나라, 일본, 중국, 북아메리카

구분 공생균

곰보버섯 *Morchella esculenta*

들주발버섯

Aleuria aurantia (Pers.) Fuckel

들주발버섯은 여름부터 가을까지 숲 속 길가에 무리 지어 난다. 다른 버섯과 달리 거름기가 있는 땅보다는 파헤쳐진 모래땅이나 자갈밭, 풀이 없는 거칠고 메마른 땅에서 잘 자란다. 흔한 버섯으로 밝은 주홍빛이 아름다워 눈에 잘 띈다. 서양에서는 벗겨 놓은 오렌지 껍질 같다고 Orange Peel Fungus오렌지껍질버섯이라고 한다.

먹을 수 있는 버섯이지만 크기도 작고 우리나라에서는 날것을 먹으면 중독된다고 알려져 있어 잘 먹지 않는다. 그러나 외국에서는 생식해도 된다고 하며 미국에서는 빛깔과 씹는 맛을 즐기려고 샐러드에 넣어 먹기도 하고 프랑스에서는 샐러드에 넣어 먹거나 설탕을 뿌려서 먹기도 한다. 유럽에서는 옛날부터 젖소가 감기에 걸리면 달여서 먹이기도 했다.

생김새 자실체는 어릴 때는 가장자리가 안쪽으로 말려 있어 주발처럼 오목하게 생겼다. 자라면서 넓게 벌어져 접시 모양이 된다. 가장자리가 점점 더 넓게 펴지면 물결치듯 구불구불해지기도 한다. 여러 개가 모여 나기 때문에 찌그러진 모양이 많다.

갓 안쪽 면은 밝은 주황색 또는 주홍색이고 매끈하지만 반들거리지는 않는다. 겉면은 안쪽과 같거나 조금 연한 색이고 하얀 가루 같은 짧고 가는 털로 덮여 있다. 살은 얇고 물러서 쉽게 부스러진다.

자실층은 안쪽 면에 고루 퍼져 있다. 현미경으로 살펴보면 기다란 자루같이 생긴 자낭이 마치 성냥을 빈틈없이 세워 놓은 것처럼 세로로 빼곡하게 늘어서 있다.

대는 없고 버섯 밑동에서 하얀 균사 뭉치가 뿌리처럼 뻗어 땅에 붙어 있다.

포자는 넓은 타원형이고 겉에는 뚜렷한 그물 무늬가 있다. 포자 무늬는 흰색이다.

크기 자실체 20~60mm 소형~중형

포자 16~22×7~10㎛

특징 메마른 땅에서 잘 자라며 고운 주홍색이다.

분포 우리나라, 일본, 중국, 유럽, 북아메리카

구분 분해균

들주발버섯 *Aleuria aurantia*

털작은입술잔버섯

Microstoma floccosum (Schwein.) Raitv.

가느다란 대 위에 붙어 있는 동그스름한 갓이 술잔을 닮았고 자실체 전체에 하얀 털이 나 있어 털작은입술잔버섯이라는 이름이 붙었다. 종소명 floccosum은 '양털로 덮인'이라는 뜻이다. 갓 색이 붉어 유럽에서는 Rosy goblet장미색 술잔이라고 한다.

늦은 봄부터 여름까지 습기가 많은 깊은 숲 속의 죽은 활엽수 줄기, 흙에 반쯤 묻혀 있는 떨어진 나뭇가지나 낙엽 위에 무리 지어 난다. 때로 이끼 위에 나기도 한다. 우리나라 어디에서나 흔히 나는 버섯이다. 제주도 용암 지역에서는 땅속에서 열과 습기가 올라오기 때문에 한겨울에도 잘 피어난다. 겨울에 나는 것은 자실체 색이 더 진하고 대가 짧다.

독성분은 밝혀지지 않았으나 크기가 작아서 먹을 만한 버섯이 못 된다.

생김새 자실체는 아주 고운 붉은색 갓과 새하얀 대로 이루어져 있다. 겉에는 하얀 털이 빽빽하게 나 있다.

갓은 어릴 때는 작은 공처럼 동그랗게 생겼으나 자라면서 꼭대기에 나 있는 작은 구멍이 점점 넓게 벌어지면서 술잔 또는 깔때기 모양이 된다. 갓은 지름과 깊이가 1cm가 채 안 될 만큼 작고 세로로 약간 길다. 갓 안쪽 면은 선명한 붉은색 또는 주황색이고 매끄럽다. 겉면과 갓 끝에는 빳빳하고 긴 하얀 털이 빽빽하게 나 있다. 갓은 시간이 지나면서 붉은색이 차차 연해져서 연한 살구색 또는 연한 노란색이 된다. 살은 얇고 붉은색이다.

자실층은 갓 안쪽 면에 고루 퍼져 있다. 포자가 익으면 바람에 먼지처럼 뽀얗게 날린다.

대는 가늘고 길다. 흰색이며 겉에는 길고 하얀 털이 밑동까지 덮고 있다.

포자는 긴 타원형이고 매끈하며 아주 크다. 포자 무늬는 흰색이다.

크기 갓 5~10×3~10mm, 대 3~10×1~2mm 소형

포자 20~35×15~17㎛

특징 길고 하얀 털이 빽빽하게 나 있다.

분포 우리나라, 일본, 북아메리카 동부

구분 분해균

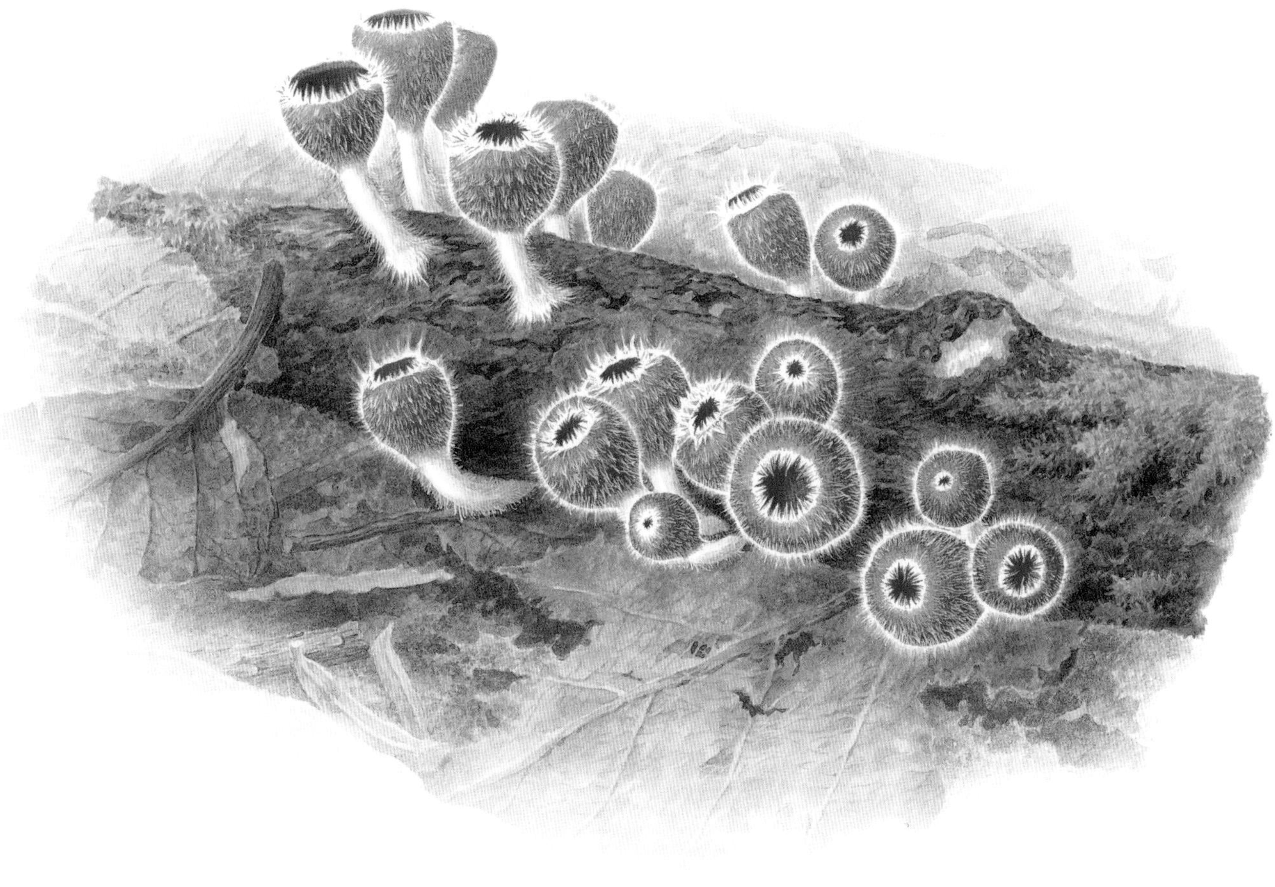

털작은입술잔버섯 *Microstoma floccosum*

동충하초

Cordyceps militaris (L.) Fr.

동충하초는 나비나 나방의 번데기에서 난다. 그래서 흔히 번데기동충하초라고 한다. 북녘에서는 번데기버섯이라고 한다. 동충하초[*1] 무리 가운데 가장 대표적인 버섯이다.

여름부터 가을까지 이끼 속이나 물이 잘 빠지는 부드러운 땅속, 푹신푹신하게 썩은 나무 속, 쌓인 낙엽 속에 파묻힌 번데기 몸에 나서 땅 위로 나온다. 자실체는 번데기의 머리나 배 부분에서 한 개 또는 여러 개가 뭉쳐서 난다. 땅 위에는 2~5cm쯤 드러나 있지만 밝은 주황색이라서 눈에 잘 띈다.

약으로 쓴다. 천연 항생제이자 면역력을 높여 주는 물질인 코디세핀cordycepin이 들어 있어서 암세포가 늘어나는 것을 억제하고 빈혈이나 폐결핵 치료에 도움을 준다. 흔히 동충하초라고 이르는 수많은 버섯 가운데서 코디세핀이 들어 있는 것은 번데기 몸에서 나는 동충하초뿐이라는 것이 의학적으로 검증되었다.[*2] 옛날부터 한방에서 귀한 약재로 다루었고 지금은 세계적으로도 널리 알려져 대량으로 재배해서 수출도 한다.

생김새 자실체는 머리와 대로 이루어져 있어 야구 방망이 또는 자루가 긴 곤봉처럼 생겼다.
머리는 곤봉 모양이나 방추형[*3]인데 끝은 약간 뾰족하다. 밝은 주황색이고 겉에는 수많은 작은 알갱이가 촘촘하게 박혀 있다. 이 알갱이는 자낭각이라고 하는데 속에 둥근 기둥처럼 생긴 자낭이 있고 그 속에 포자가 8개 들어 있다. 알갱이는 겉으로 반쯤 드러나 있다.
대는 원통형이고 머리보다 가는데 머리와 대가 뚜렷하게 구별되어 있지 않다. 색은 머리와 같은데 밑동은 조금 연하다. 밑동은 흰색 균사 다발로 숙주인 번데기에 이어져 있다.
자낭 포자는 긴 방추형이고 흰색이다. 시간이 지나면 수많은 격막이 만들어져서 원통형의 2차 포자가 된다.

*1 '동충하초'는 동충하초*Cordyceps militaris* 뿐만 아니라 살아 있는 벌레의 몸이나 알, 애벌레, 번데기에 붙어서 사는 버섯 무리를 두루 이르는 말이기도 하다. 겨울에는 벌레 몸속에 있다가 여름이 되면 풀처럼 돋아난다고 해서 붙은 이름이다.
*2 최근 중국동충하초*Cordyceps sinensis*에서도 코디세핀이 검출되었다는 보고가 있으나 그 양은 아주 적은 것으로 알려져 있다.
*3 방추형(fusiform) : 베틀에서 베를 짤 때 쓰는 북 모양. 원기둥의 양 끝이 뾰족하게 생겼거나 원기둥의 가운데가 굵고 양 끝이 가는 모양을 이른다.

크기 머리 14~36×1.5~5.3mm, 대 8~54×1~5mm 소형

자낭 포자 305~388.5×1~1.5㎛ **2차 포자** 2~3.5×1㎛

특징 약으로 널리 쓴다.

분포 전 세계

구분 곤충기생균

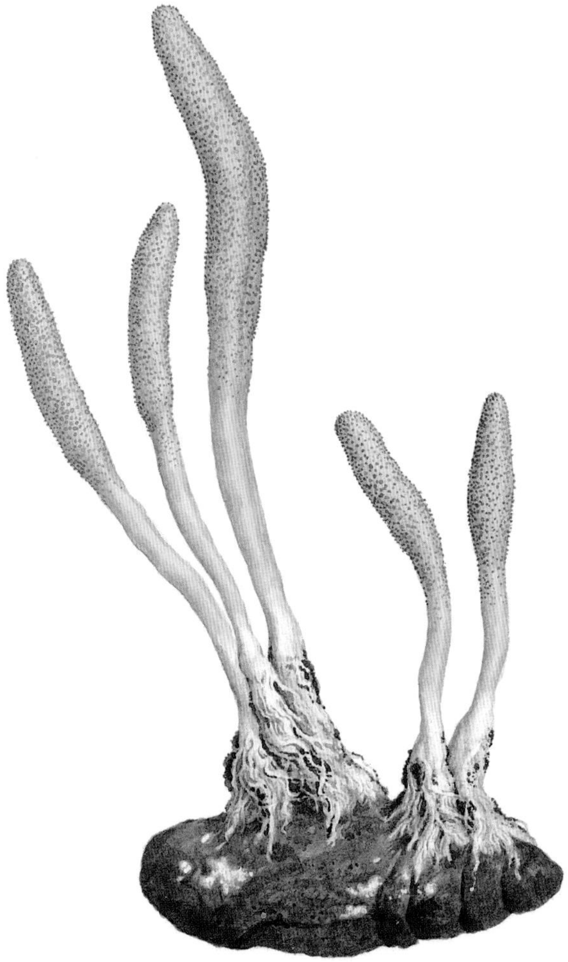

동충하초 *Cordyceps militaris*

동충하초목
동충하초과
나방꽃동충하초속

나방꽃동충하초

Isaria japonica Yasuda

나방꽃동충하초는 다른 동충하초와 달리 자낭에서 포자를 만들지 않고 균사가 세포 분열을 해서 분생 포자*를 만드는 불완전 세대 균류로 나비나 나방의 몸에서 자실체가 여러 개 모여 난다. 자실체는 나뭇가지나 산호처럼 생겼는데 그 끝에 새하얀 포자를 덮어쓰고 있는 모습이 마치 나뭇가지에 눈꽃이 핀 것 같다고 눈꽃동충하초라고도 한다.

여름부터 가을까지 활엽수 숲 속 낙엽이 두껍게 쌓인 곳이나 이끼 사이에서 흔히 볼 수 있다. 땅 위에는 1~4cm밖에 드러나지 않는 작은 버섯이지만 생김새가 특이해서 눈에 쉽게 띈다. 우리나라에 나는 동충하초 가운데 가장 흔한 버섯이다.

약용 버섯으로 면역력을 높여 주며 항암 성분이 있다. 약재로 쓰기 위해 인공 재배도 한다.

생김새 자실체는 머리와 대 부분으로 이루어져 있다.
나방꽃동충하초는 땅속 썩은 나무 속 또는 낙엽 아래에 묻혀 있는 나비나 나방의 번데기, 애벌레 또는 어른벌레 몸에 포자가 붙어 몸속으로 균사를 뻗어서 단백질을 얻으며 자란다. 한 해 때로는 여러 해 동안 벌레 몸속에서 균사 덩이를 만들다가 자라기 좋은 환경이 되면 몸 밖으로 자실체를 뻗어 낸다. 숙주 하나에 자실체를 한 개 또는 대여섯 개쯤 뻗는 다른 동충하초류와 달리 많은 자실체를 뻗는데, 때로 20개가 넘는 자실체가 나기도 한다. 흔히 온도가 높고 습기가 많은 여름 장마철 무렵부터 나기 시작해서 가을까지 자란다.
대는 조금 붉은빛을 띤 연한 노란색이고 약간 납작하며 겉은 매끈하다. 대 하나가 쭉 뻗다가 위쪽에서 여러 번 가지를 나눈다. 그 가지 끝에 머리가 있는데 머리에는 하얀 포자 덩이가 덮여 있다. 아주 고운 가루여서 조금 흔들리거나 약한 바람에도 연기처럼 날아올라 사방으로 포자를 퍼뜨린다.
포자는 분생 포자로 긴 타원형 또는 가운데가 약간 잘록한 원통 모양이다. 포자 무늬는 흰색이다.

* 분생 포자(conidium) : 균류에서 볼 수 있는 무성 생식 포자로 분생자라고도 한다. 균사 가지 끝이 끊기거나 포자 안에 있는 세포질이 분열해서 생기는 포자로 새로운 균사로 자란다.

크기 자실체 20~75×1~2.5mm 소형
포자 분생 포자 3.2~4.8×1.5~2㎛
특징 포자는 분생 포자다.
분포 우리나라, 일본, 중국, 대만, 네팔
구분 곤충기생균

나방꽃동충하초 *Isaria japonica*

붉은사슴뿔버섯

Podostroma cornu-damae (Pat.) Boedijn

생김새가 사슴뿔을 닮았고 붉은빛을 띠고 있어서 붉은사슴뿔버섯이라는 이름이 붙었다. 종소명 cornu-damae도 '사슴뿔'이라는 뜻이다.

여름부터 가을까지 숲 속 너도밤나무 같은 활엽수의 썩은 나무 그루터기나 그 둘레 땅 위에 홀로 나거나 무리 지어 나는데 때로 침엽수에 나기도 한다. 드물게 나는 버섯이다.

독성분이 아주 강한 버섯이다. 붉은사슴뿔버섯에는 여섯 종류나 되는 트리코테센trichothecene류의 독성분이 들어 있는데 이 독성분은 생화학 무기에 쓰는 것과 비슷한 것으로 버섯이 갖고 있는 독 가운데 가장 강하다. 건강한 어른이 3g만 먹어도 하루 안에 죽고, 1g쯤 먹어도 죽거나, 죽지 않더라도 후유증으로 정상적인 생활이 힘들다. 자극성이 매우 강하니 절대 맨손으로 만져서는 안 되고, 만졌다면 바로 물로 씻어 내야 한다.

아주 드물게 나고 생김새도 이상해서 먹는 사람이 별로 없어서인지 중독 사고는 자주 일어나지 않는다. 다만 어린 버섯은 불로초와 생김새가 닮아서 불로초로 잘못 알고 달여 먹어 중독 사고가 난 사례가 있으니 주의해야 한다.

생김새 자실체는 어릴 때는 반듯이 선 원기둥꼴이다가 자라면서 윗부분이 나뭇가지처럼 갈라져서 손가락 모양, 사슴뿔 모양, 산호 모양, 닭 볏 모양 들이 된다. 자실체 끝은 조금 뭉툭하거나 뾰족하다. 겉은 주황빛을 띤 선명한 붉은색인데 위로 가면서 짙어지고 밑동은 노란색을 띤다. 때로 그 반대인 것도 있고 오래되면 색이 바래서 자주색을 띤다. 몸 전체가 가죽질로 매끈하면서 반들거리거나 고운 가루가 조금 붙어 있다. 오래되면 광택이나 탄력이 없어진다. 자실체 위쪽 겉면에는 자낭각이 고루 퍼져 있는데 깊이 파묻혀 있어 도드라지지 않고 매끈하다. 포자가 익어 자낭각의 공구가 열리면 약간 거칠어진다. 자낭각 안에는 자낭이 빽빽하게 들어 있고 그 속에 포자 16개를 가지고 있다. 살은 흰색이고 가느다란 작은 녹갈색 점이 흩어져 있으며 단단하고 탄력이 있다. 포자는 세모꼴 또는 네모꼴이고 겉은 작은 가시 모양 돌기가 빽빽하다. 포자 무늬는 흰색이다.

크기 자실체 30~130×5~15mm 중형~대형

포자 4~6.5×4~4.5㎛

특징 맹독 버섯이다.

분포 우리나라, 일본, 유럽, 북아메리카

구분 분해균

붉은사슴뿔버섯 *Podostroma cornu-damae*

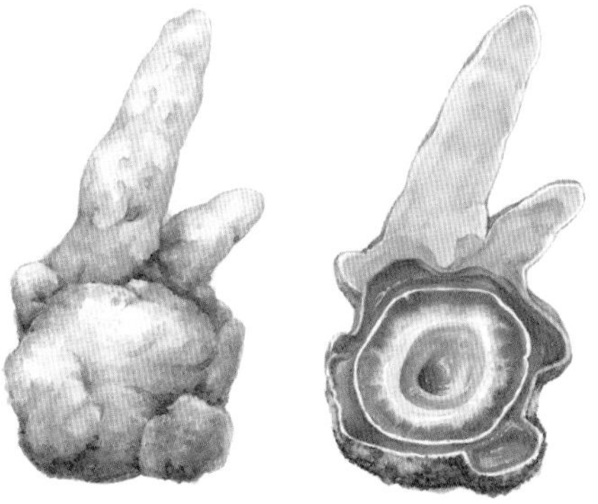

말뚝사슴뿔버섯 *Podostroma solmsii* (E. Fishich.) S. Imai
알처럼 생긴 어린 말뚝버섯에 붙어 난다. 우리나라 버섯 가운데 다른 버섯의 몸에 기생하는 버섯은 덧부치버섯과 말뚝사슴뿔버섯 둘 뿐이다. 지금까지 우리나라와 일본에서만 발견된 희귀한 버섯이다.

동충하초목
잠자리동충하초과
포식동충하초속

벌포식동충하초

Ophiocordyceps sphecocephala (Klotzsch ex Berk.) G. H. Sung, J. M. Sung, Hywel-Jones & Spatafora

벌포식동충하초는 죽은 벌의 몸에서 난다고 벌동충하초라고도 한다. 북녘에서는 벌버섯이라고 한다. 최근까지 동충하초과 동충하초속Cordyceps으로 분류해 왔으나 새 분류에서 잠자리동충하초과 포식동충하초속으로 따로 나누었다.

여름과 이른 가을에 낙엽이나 땅에 묻혀 있는 죽은 벌의 몸에서 난다. 벌의 머리나 가슴 부분에서 자실체 한 개가 나는데 드물게 두세 개가 뭉쳐서 나기도 한다. 벌의 몸은 키틴질로 이루어진 딱딱한 껍질에 싸여 있는데, 껍질에 들러붙은 포자는 효소를 내뿜어 딱딱한 껍질을 녹이고 벌 몸속으로 파고든다. 몸속에서 단백질을 얻으면서 균사를 뻗다가 몸이 균사 덩이로 가득 차게 되면 자실체를 만들어 몸 밖으로 뻗어 나온다. 자실체는 다 자라서 포자를 퍼뜨리고 나면 썩어 없어진다. 때로 파리 몸에서도 자란다.

생김새 자실체는 머리와 대로 이루어져 있지만 뚜렷하게 구별되어 있지 않다. 머리와 대 굵기가 1~2mm이고 전체 길이가 긴 것은 10cm에 이르러 마치 가느다란 실처럼 생겼다.
머리는 연한 주황색 또는 황토색이다. 가느다란 둥근 막대 모양이며 꼭대기는 둥그스름하다. 겉에는 아주 작은 자낭각이 촘촘하게 퍼져 있는데 비스듬하면서도 깊이 박혀 있어 두드러지지 않는다. 자낭각 안에는 둥근 기둥처럼 생긴 자낭이 들어 있고 그 속에 포자가 8개 들어 있다. 자낭 둘레에는 홈이 파인 그물 무늬가 있고 작은 얼룩이 많다.
대는 실처럼 가늘고 아주 길며 구불구불하다. 겉은 매끈하나 때로 약간 꼬여 있으며 가죽처럼 질기다. 색은 갓과 같지만 조금 연하다.
자낭 포자는 좁은 방추형이고 겉은 아주 작은 돌기가 싸고 있다. 포자 무늬는 흰색이다. 시간이 지나면 수많은 격막이 만들어져서 원통형의 2차 포자가 된다.

크기 머리 6~10×1~2mm, 대 35~85×1mm 소형

자낭 포자 640~690×6.5~7.5㎛ **2차 포자** 9~12×1.5~2㎛

특징 자실체는 실처럼 가늘고 길다.

분포 우리나라, 일본, 중국, 라틴 아메리카

구분 곤충기생균

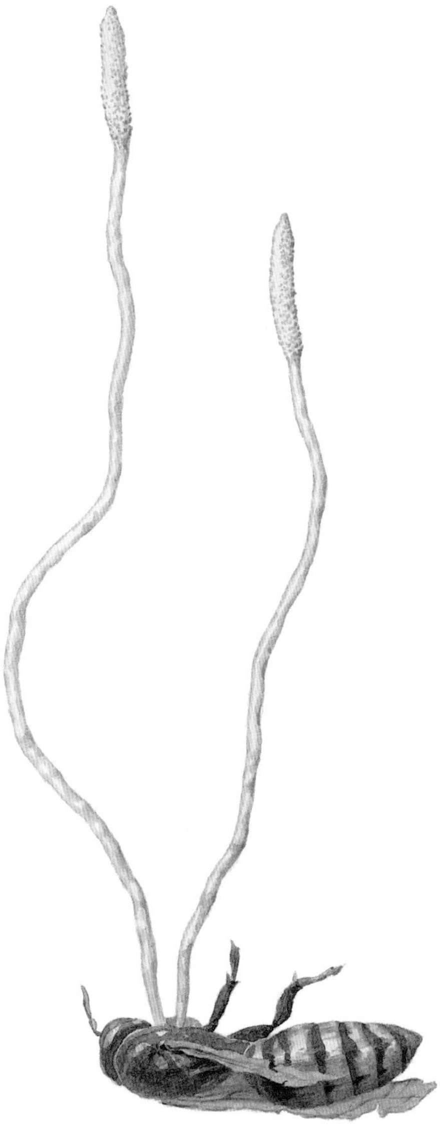

벌포식동충하초 *Ophiocordyceps sphecocephala*

큰매미포식동충하초

Ophiocordyceps heteropoda (Kobayasi) G. H. Sung, J. M. Sung, Hywel-Jones & Spatafora

큰매미포식동충하초는 매미의 몸 또는 땅속에 묻혀 있는 죽은 매미 몸에 붙어 자란다. 그래서 큰매미동충하초 또는 큰매미기생동충하초라고도 한다.

매미 몸은 키틴질이라는 단단한 껍질에 싸여 있는데, 포자가 매미 몸에 붙어 효소를 내뿜어 딱딱한 껍질을 녹이고 몸속으로 균사를 뻗어 들어간다. 균사는 매미의 살을 먹고 자라다가 시간이 지나면 몸 밖으로 자실체를 피워 내는데 흔히 머리 쪽에서 한 개, 때로 두세 개가 나기도 한다. 매미 몸은 균사에서 나오는 항생 물질 때문에 썩지 않고 그대로 남아 있다가 자실체를 피워 포자를 퍼뜨리고 나면 함께 썩어 없어진다.

봄부터 여름까지 숲 속이나 들판에 사는 유지매미, 깽깽매미, 참매미의 몸 또는 땅속에 묻혀 있는 죽은 매미 몸에 붙어 자란다. 자실체는 10~12cm로 길지만 숙주가 땅속에 깊이 파묻혀 있어 땅 위에는 2~4cm쯤 거의 머리만 드러난다.

면역력을 키워 주는 펩타이드peptide 성분이 있어 흔히 약으로 쓰며 술에 넣어 먹기도 한다. 부작용이 거의 없는 방충제 성분을 지니고 있어 프랑스에서는 환경 오염을 줄일 수 있는 친환경 생물 농약으로 개발하고 있다고 한다.

생김새 자실체는 가늘고 긴 대 위에 둥그스름한 머리가 달려 있어 면봉 또는 창처럼 생겼다.
머리는 둥그스름하고 약간 울퉁불퉁하며 연한 갈색 또는 황갈색이다. 겉에는 곡식 알갱이처럼 생긴 자낭각이 촘촘하게 박혀 있지만 완전히 묻혀 있어 도드라지지 않고 작은 점이 찍혀 있는 것처럼 보인다. 자낭각에는 자낭이 들어 있어 그 속에서 포자를 만든다. 살은 흰색이고 단단하다.
대는 길고 흰색 또는 미색으로 머리와 뚜렷이 구별된다. 땅속에 묻힌 부분은 땅 위로 드러난 부분보다 훨씬 가는데 돌이나 나뭇가지를 피해 땅 위로 올라오느라 구불구불하고 거칠다. 땅속에 있는 벌레 몸과 대에서 뿌리처럼 생긴 균사 다발이 땅 위로 향해 가지처럼 여러 개 뻗어 있다.
달걀 모양으로 생긴 자낭각 안에는 자낭이 들어 있다. 시간이 지나면 수많은 격막이 만들어져서 타원형의 2차 포자가 된다.

크기 머리 20×7~9mm, 대 80~100mm 소형

자낭 250~300×5~7㎛ **2차 포자** 6~8×1㎛

특징 머리는 둥그스름하고 붉은빛을 띤 갈색이다.

분포 우리나라, 일본, 중국, 동남아시아

구분 곤충기생균

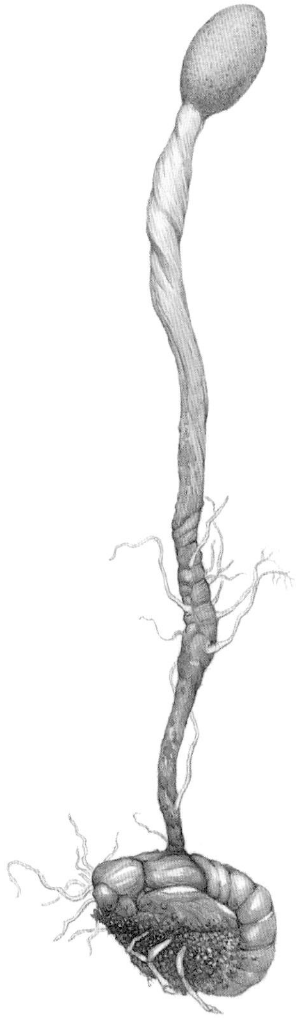

큰매미포식동충하초 *Ophiocordyceps heteropoda*

담자균문

버섯은 거의가 담자균이다. 담자기에서 포자 4개를 만들며 생김새는 우산, 공, 산호 모양 들로 다양하다. 송이, 표고, 느타리를 비롯한 주름버섯류가 가장 많고 싸리버섯, 꾀꼬리버섯, 말징버섯, 목이, 불로초 들이 있다.

주름버섯

Agaricus campestris L.

주름버섯은 흰주름버섯과 닮았고 나는 곳도 비슷하나 크기가 약간 작다. 북녘에서는 벼짚버섯이라 하는데 흰주름버섯의 북녘 이름인 큰들버섯에 견주어 들버섯이라고도 한다. 종소명 campestris는 '평지의, 들판의' 라는 뜻이다.

여름부터 가을까지 풀밭, 잔디밭, 목장같이 풀이 많고 거름기가 많은 땅에 무리 지어 난다. 때로 버섯고리를 이루기도 한다.

먹는 버섯으로 맛도 좋고 향도 좋아 서양에서는 오래전부터 먹어 왔다. 주름살 색이 흰색이거나 연분홍빛을 띠는 어린 버섯을 먹는다. 야생 버섯은 살이 두껍지 않아서 씹어 먹는 요리보다는 수프나 소스처럼 끓여서 맛을 내는 요리에 좋다. 야생 버섯보다 재배한 버섯을 많이 먹는다.

생김새 갓은 어릴 때는 공이나 둥근 산 모양이고 갓 끝이 안쪽으로 말려 있다. 자라면서 넓고 판판하게 피는데 다 피면 갓 지름이 대 길이보다 넓다. 겉은 거의 흰색이지만 차차 연한 노란빛을 띤다. 겉은 매끈하거나 실 같은 비늘 조각으로 덮여 있는데 말랐을 때는 비단처럼 반들거린다. 살은 흰색이며 두껍고 단단하다. 상처를 내 보면 약간 붉은빛을 띠다가 검붉은 색으로 변한다.
주름살은 흰색 또는 연분홍색이다. 자라면서 차차 자줏빛을 띤 갈색이 되었다가 마침내는 검은 갈색이 된다. 빽빽하며 대에 떨어진형으로 붙어 있다. 주름살 날에는 고운 가루가 붙어 있다.
대는 위아래 굵기가 같거나 아래가 약간 굵다. 흰색이고 자라면서 연한 갈색이 된다. 싱싱한 것은 문지르면 연한 붉은색으로 변한다. 겉에는 가는 비늘 조각이 붙어 있다. 속은 어릴 때는 차 있고 단단하지만 다 자라면 약간 빈다. 종이처럼 얇고 하얀 턱받이는 대 위쪽 또는 중간쯤에 붙어 있는데 쉽게 떨어져 나간다.
포자는 타원형이나 알 모양이고 겉은 매끈하다. 포자 무늬는 자줏빛을 띤 갈색이다.

* 담자기(basidium) : 담자균류에서 포자를 만드는 곤봉처럼 생긴 세포. 이 담자기 하나에서 4개의 담자 포자를 만든다. 흔히 포자라고 하는 것은 이 담자 포자를 이르는 것이다.

크기 갓 35~105mm, 대 35~86×5~18mm 중형

포자 5.6~7.4×3.8~4.7㎛

특징 갓을 베어 보면 붉게 변한다.

분포 거의 전 세계

구분 분해균

주름버섯 *Agaricus campestris*

흰주름버섯

Agaricus arvensis Schaeff.

주름버섯류 가운데 가장 큰 버섯에 들어간다. 갓 지름과 키가 20cm에 이를 만큼 큰 것도 있어서 넓은 풀밭에서도 우뚝 솟아 눈에 잘 띈다. 북녘에서는 들에 나는 키가 큰 버섯이라고 큰들버섯이라 하고, 서양에서는 말 방목장에 흔히 난다고 Horse mushroom말버섯이라고 한다.

늦여름부터 가을까지 거름기가 많은 풀밭, 목장, 숲 언저리 길가에 홀로 나거나 무리 지어 나며 때로 버섯고리를 이루기도 한다. 드물게 숲 속에도 난다. 흔히 나는 버섯이다.

먹는 버섯으로 서양에서는 오래전부터 먹어 왔다. 맛과 향이 좋고 씹는 맛이 쫄깃쫄깃하다. 갓이 반쯤 핀 어린 것이나 주름살이 흰색 또는 살구색인 것을 먹는다. 다만 날것을 먹거나 덜 익혀 먹으면 위장 장애를 일으킬 수 있다. 암을 막아 주는 성분이 들어 있으며 한방에서는 관절염에 약재로 쓴다. 지금은 상업적으로 재배되어 고급 변종 버섯으로 시장에 나오고 있다.

생김새 갓은 어릴 때는 둥글거나 둥근 산 모양이고 갓 끝이 안쪽으로 말려 있다. 갓이 피면서 판판해지는데 가운데는 약간 볼록하다. 흰색이고 가운데는 연한 노란빛을 띠는데 문질러 보면 노란색으로 변한다. 겉은 가늘고 긴 실 같은 작은 비늘이 있어서 매끄럽고 반들거린다. 자라면서 겉이 갈라져 납작하게 누운 비늘 조각을 만든다. 비늘 조각은 우산살 모양으로 퍼져 있다. 갓 끝에는 주름살을 싸고 있던 내피막* 자투리가 남아 너덜너덜 붙어 있기도 한다. 살은 단단하며 갓 가운데 부분은 두껍고 가장자리는 얇다. 흰색인데 문지르면 연한 노란색으로 변한다.

주름살은 흰색이다가 포자가 익으면서 연한 살구색이 되고 나중에는 어두운 적갈색이 된다. 빽빽하며 대에 떨어진형으로 붙어 있다. 주름살 날은 매끈하나 때로 매끈하지 않은 것도 있다.

대는 원통형으로 밑동이 약간 부풀었다. 갓과 같은 색이며 겉은 턱받이보다 위쪽은 매끈하고 아래쪽은 가는 비늘 조각이 붙어 있다. 대 위쪽에는 희고 커다란 턱받이가 늘어져 붙어 있는데 종이처럼 얇고 드물게 두 겹인 것도 있다. 속은 차 있으나 차차 빈다.

포자는 타원형이고 겉은 매끈하다. 포자 무늬는 검붉은 갈색이다.

* 내피막(inner veil) : 주름버섯류에서 어린 버섯의 주름살이나 관공을 싸고 있는 막. 갓이 피면서 찢어져 턱받이가 되거나 갓 끝에 자투리로 남는다.

크기 갓 80~200mm, 대 75~145×4.8~20mm 중형~대형

포자 7~9.5×4~5㎛

특징 문지르면 노란색으로 변한다.

분포 전 세계

구분 분해균

흰주름버섯 *Agaricus arvensis*

말징버섯

Calvatia craniiformis (Schwein.) Fr.

말발굽에 박는 징처럼 생겼다고 말징버섯이라는 이름이 붙었다. 종소명 craniiformis는 '머리뼈'라는 뜻으로 자실체 머리가 사람 머리뼈처럼 둥그스름하게 생긴 데서 온 것이다. 다 자라면 머리 겉면에 뇌 주름 모양 쭈글쭈글한 주름이 생긴다고 북녘에서는 두뇌버섯 또는 두뇌먼지버섯이라고 한다.

여름부터 가을까지 활엽수 숲 속 거름기가 많은 땅에 홀로 나거나 무리 지어 난다.

먹는 버섯으로 생김새와는 달리 살이 부드럽고 맛이 좋다. 속살이 희고 탱탱한 어린 것을 먹는데 끓는 물에 살짝 데쳐 껍질을 벗겨 내고 조리한다. 맛은 약간 맵다. 포자는 피를 멎게 하는 성질이 있다고 알려져서 옛날에는 상처가 나서 피나 진물이 날 때 포자를 발랐고, 코피가 날 때 버섯으로 콧구멍을 막기도 했다고 한다.

생김새 자실체는 둥글넓적한 머리와 가늘고 짤막한 대로 이루어져 있어 알전구처럼 생겼다. 높이와 지름이 10cm쯤으로 거의 비슷하다. 말불버섯과 닮았으나 훨씬 크고 머리에 가시 같은 돌기가 없다.

머리는 공 모양인데 큰 것은 어른 주먹만 하다. 어린 버섯은 희고 반들반들하나 자라면서 가장자리에서부터 불규칙한 주름이 생긴다. 겉껍질은 종이처럼 얇고 매끈하거나 아주 고운 가루 같은 비늘 조각이 덮여 있고 흰색에서 연한 황갈색을 거쳐 암갈색이 된다. 겉껍질 아래에는 황갈색 속껍질이 있다. 속껍질 안에는 희고 탱탱한 살(기본체*)이 차 있는데, 차차 황갈색으로 변했다가 고약한 냄새를 풍기면서 녹는다. 물기가 마르면 칙칙한 갈색을 띠는 솜 부스러기 같은 포자 덩이가 되고 껍질이 위쪽에서부터 찢어지면서 겉으로 드러나 바람에 포자를 날린다.

대는 짧고 굵으며 밑동은 가늘다. 황갈색이고 겉은 매끈하다. 머리 부분이 다 부스러져 없어져도 대는 처음 모습 그대로 오래도록 남는다. 속은 희고 구멍이 많아 스펀지 같다.

포자는 둥글며 겉에는 아주 작고 뾰족한 돌기가 흩어져 있다. 종종 포자에 꼬리가 붙어 있다. 포자 무늬는 칙칙한 갈색이다.

* 기본체(gleba) : 자실체 안에 있는 유성 포자를 만드는 조직. 주로 공처럼 생겼고 껍질에 싸인 버섯류에서 볼 수 있다.

크기 자실체 56~105×45~85mm 중형~대형

포자 3.5~4.2㎛

특징 자실체가 알전구처럼 생겼다.

분포 우리나라, 일본, 중국, 북아메리카

구분 분해균

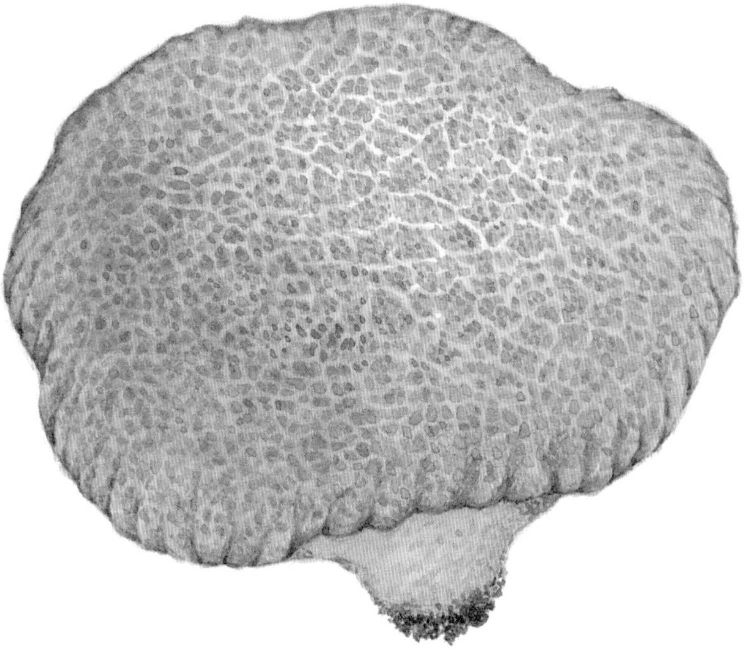

밀징버섯 *Calvatia craniiformis*

다 자라면 껍질이 위쪽에서부터 찢어지면서
포자가 겉으로 드러난다.

먹물버섯

Coprinus comatus (O.F. Müll.) Pers.

주름살이 시커멓게 먹물같이 녹아내린다고 먹물버섯이라는 이름이 붙었다. 북녘에서는 비늘먹물버섯이라고 한다. 옛날 유럽에서는 이 물을 받아 잉크로 써서 Inky Cap잉크버섯이라 하고, 갓 생김새가 옛날 서양 법정에서 법관이 쓰던 가발을 닮았다고 Lowyer's Wig변호사의 가발라고도 한다. 종소명 comatus도 '머리털이 많은'이라는 뜻이다. 독버섯인 두엄먹물버섯과 닮았고 녹아내리는 모습도 비슷하지만 두엄먹물버섯은 갓이 회색 또는 회갈색이고 비늘이 없다.

봄부터 가을까지 풀밭이나 길가 거름기가 많은 곳이나 썩은 나무가 묻혀 있는 땅 위에 무리지어 나거나 뭉쳐난다. 쓰레기 더미나 오염된 땅에서도 잘 자라는데, 오염된 땅의 비소나 수은 같은 중금속을 흡수해서 환경을 정화하는 역할도 한다.

갓이 피지 않은 어린 버섯을 먹는데 말랑말랑한 갓 부분이 맛이 좋다. 혈당을 낮춰 주고 항균 성분과 항암 성분이 있어 병을 예방하거나 치료하는 데도 쓴다. 약한 독성분이 있으므로 반드시 익혀 먹어야 하고 술과 함께 먹지 않도록 한다. 인공 재배도 하는데 자연산보다 크고 단단하다.

생김새 어릴 때는 달걀이나 솜방망이를 세워 놓은 것처럼 생겼고 갓이 대를 반 이상 덮고 있다. 갓은 흰색이나 허연색이고 겉에는 연한 황토색을 띠는 손거스러미 같은 커다란 비늘이 덮여 있다. 자라면서 아래쪽이 펴져서 종 모양이 되고 비늘은 조각조각 갈라져 그 사이로 하얀 실 같은 바닥이 드러난다. 가장자리에는 파인 줄무늬가 두드러진다. 살은 얇고 흰색이다.
주름살은 처음에는 흰색이지만 살구색, 갈색을 거쳐 검은색이 된다. 검게 변한 주름살은 갓 끝에서부터 갓과 함께 녹아내리는데 하룻밤 사이에 다 녹아 하얀 대만 남는다. 이 검은 물 안에 포자가 있는데, 벌레 몸이나 풀잎에 묻어서 이곳저곳으로 퍼진다. 주름살은 빽빽하며 대에 끝붙은형 또는 떨어진형으로 붙어 있다. 주름살 날에는 가루가 붙어 있다.
대는 밑동이 굵고 위로 가면서 가늘어진다. 흰색이고 겉에는 가는 세로줄이 있다. 속은 비어 있다. 턱받이는 고리처럼 둥글고 위아래로 움직일 수 있다. 포자가 떨어져 검게 보이기도 한다.
포자는 타원형이고 겉은 매끈하다. 포자 무늬는 검은색이다.

크기 갓 45~104×25~52mm, 대 145~250×5.4~13mm 중형

포자 13~14.8×6.7~7.8㎛

특징 갓이 먹물처럼 녹아내린다.

분포 전 세계

구분 분해균

먹물버섯 *Coprinus comatus*

좀주름찻잔버섯

Cyathus stercoreus (Schwein.) De Toni

좀주름찻잔버섯은 찻잔처럼 생긴 1cm가 채 안 되는 아주 작은 버섯이다. 종소명 stercoreus는 '똥, 또는 똥 냄새가 나는' 이라는 뜻으로 좀주름찻잔버섯 포자가 붙어 있는 풀을 뜯어 먹은 동물이 여기저기 똥을 누어서 포자를 퍼뜨린다고 붙은 것이다. 북녘에서는 생김새가 작은 독을 닮았다고 밭도가니버섯이라고 한다.

초여름부터 가을까지 잘 썩은 나무, 거름기가 많은 땅, 소나 말의 똥, 왕겨 또는 퇴비를 쌓아 둔 곳에 여러 개가 무리 지어 난다. 숲에서는 거의 볼 수 없고 사람이 사는 곳 가까이에 흔히 난다.

약용 버섯으로 옛날에는 소화가 잘 안 되거나 위가 쓰릴 때 달여 마시거나 가루로 만들어 먹었다. 최근 항산화 작용을 하는 성분이 발견되어 화장품, 식품, 의약품으로 개발하고 있다.

생김새 어릴 때는 공처럼 생겼고 딱딱한 껍질에 싸여 있다. 어린 버섯은 세 겹으로 되어 있는데, 겉껍질은 빳빳한 황갈색 털로 빽빽하게 덮여 있고 자라면서 꼭대기에 있는 구멍이 점점 벌어지면서 찻잔 모양이 된다. 다 자라면 구멍을 덮고 있던 하얀 막이 찢어지면서 속이 드러난다. 더 자라면 겉껍질의 털이 떨어져 나가면서 적갈색 또는 흑갈색 중간 껍질이 드러난다. 중간 껍질은 가죽질로 되어 있다. 맨 안쪽 면에 있는 속껍질은 푸르스름한 회색이고 반들반들하다. 바닥에는 지름이 1.5~2mm쯤 되는 아주 작고 동글납작한 까만 알이 30~35개 들어 있다.

알은 소피자peridiole라고 하는데 얇은 막으로 싸여 있고 속에는 포자가 들어 있다. 알은 반들반들하며 뒷면 가운데에 붙어 있는 끈끈한 줄로 자실체 안쪽 면에 붙어 있다. 자실체 속에 빗방울이 떨어지면 알이 공중으로 튕겨 나가 둘레에 있는 풀에 들러붙는다. 포자가 묻은 풀을 동물들이 먹고 여기저기 똥을 누면서 멀리까지 퍼지기도 한다. 알 껍질은 얇아서 쉽게 분해되어 포자가 퍼진다.

포자는 둥그스름하거나 짧은 타원형이고 겉은 매끈하다. 포자 무늬는 흰색이다.

크기 자실체 5~8mm × 5~12mm 소형

포자 22~34 × 15~22㎛

특징 찻잔처럼 생겼고 속에 까만 알이 들어 있다.

분포 전 세계

구분 분해균

좀주름찻잔버섯 *Cyathus stercoreus*

참낭피버섯

Cystoderma amianthinum (Scop.) Fayod

참낭피버섯은 갓과 대에 노란색 가루 같은 알갱이가 붙어 있는 특이한 버섯이다. 자라면서 갓에 우산살 모양의 뚜렷한 주름이 생긴다고 북녘에서는 주름우산버섯이라고 한다.

갓에 알갱이가 있는 닮은 버섯들 가운데 가장 많이 나는 버섯으로 흔하게 볼 수 있다.

여름부터 가을까지 이끼에 덮인 목초지나 잔디밭에 홀로 나거나 적은 수가 모여 난다. 때로 둥글게 버섯고리를 이루기도 한다. 잣나무, 전나무, 가문비나무 같은 침엽수가 자라는 숲 속 썩은 낙엽 위에도 흔히 난다.

독성분은 없지만 살이 잘 부스러지고 맛도 별로 없는 데다가 크기도 작아 먹을 만한 버섯이 못 된다.

생김새 갓은 어릴 때는 원뿔이나 둥근 산 모양이다. 자라면서 가장자리가 펴져 판판해지는데 가운데는 여전히 볼록하게 남는다. 밝은 황토색 또는 황갈색으로 광택이 없고 겉에는 같은 색 가루 같은 작은 알갱이가 빽빽하게 붙어 있다. 자라면서 점점 우산살 모양으로 뚜렷한 주름이 생긴다. 갓 끝에는 톱니 모양으로 찢어진 하얀 내피막 자투리가 너덜너덜 붙어 있다. 살은 얇고 연한 노란색이다.

주름살은 흰색이고 점점 연한 노란색이 된다. 빽빽하며 대에 끝붙은형 또는 완전붙은형으로 붙어 있다. 주름살 날은 매끈하다.

대는 위아래 굵기가 비슷하거나 아래가 약간 굵다. 턱받이 위쪽은 흰색이고 겉에는 솜 부스러기 같은 것이 붙어 있다. 턱받이 아래쪽은 갓과 색이 같고, 갓에 있는 것과 같은 작은 알갱이가 빽빽하게 붙어 있다. 속은 차 있다. 턱받이는 대 위쪽에 붙어 있는데 뚜렷하지 않고 만지면 쉽게 떨어져 나간다.

포자는 타원형 또는 알 모양이고 겉은 매끈하다. 포자 무늬는 흰색 또는 연한 노란색이다. 담자기에 포자가 2개 또는 4개 들어 있다.

크기 갓 14~45mm, 대 25~56×2~7mm 소형

포자 5~6×2.5~3.5㎛

특징 갓과 대에 가루 같은 알갱이가 붙어 있다.

분포 우리나라, 동아시아, 유럽, 북아메리카, 호주, 아프리카

구분 분해균

참낭피버섯 *Cystoderma amianthinum*

말불버섯

Lycoperdon perlatum Pers.

먼지버섯이라고도 한다. 생김새도 특이하지만 포자를 퍼뜨리는 방법도 특이하다. 속명 Lycoperdon은 '늑대 방귀'라는 뜻인데 다 자란 버섯이 머리 꼭대기에 난 작은 구멍으로 먼지 같은 포자를 내뿜는 모습이 늑대가 방귀 뀌는 것 같다고 붙은 것이다. 북녘에서는 머리 꼭대기가 살짝 솟은 모습이 꽃봉오리를 닮았다고 봉오리먼지버섯이라고 한다.

여름부터 늦가을까지 숲 속 땅 위, 풀밭, 밭, 길가 어디에나 흔히 나는 버섯으로 흩어져 나거나 무리 지어 난다.

먹는 버섯으로 매운맛이 나지만 맛이 좋다. 살이 희고 탱탱한 어린 버섯을 먹는다. 가끔 어린 광대버섯을 말불버섯으로 잘못 알고 먹어서 중독 사고가 일어나기도 한다. 포자는 피를 멎게 하는 성질이 있다고 알려져 상처나 화상에 썼다고 한다. 겉껍질도 제일 차 세계 대전 때까지 붕대가 모자랄 때 상처를 싸는 데 썼다. 한편으로는 포자가 눈이나 코에 염증을 일으키기도 하고 많은 양을 마시면 폐에 알레르기 반응을 일으키기도 한다.

생김새 자실체는 어릴 때는 새하얗고 둥그런 머리에 비교적 긴 대가 붙어 있다. 말징버섯과 닮았으나 크기가 훨씬 작고 머리 꼭대기에 뾰족한 돌기가 있다. 옆면과 아래쪽에는 세로 주름이 있고 알갱이나 가루 같은 작은 돌기가 붙어 있다.

머리는 둥글며 가운데가 조금 볼록하다. 흰색이고 자라면서 회색빛이 도는 갈색으로 변한다. 머리는 두 겹의 껍질에 싸여 있다. 겉껍질 윗면에는 가시처럼 뾰족하게 생긴 크고 작은 암갈색 돌기가 붙어 있는데, 특히 꼭대기 쪽에 빽빽하게 모여 있다. 돌기는 쉽게 떨어져 나가는데, 그 흔적이 곰보 자국처럼 남아 그물 무늬를 이룬다. 속껍질 안 윗부분에 기본체인 살이 들어 있다. 살은 어릴 때는 희고 탱탱하나 차차 푸르스름한 갈색으로 변하고 고약한 냄새를 풍기면서 녹는다. 물기가 마르면 솜 부스러기 같은 회갈색 포자 덩이가 된다. 버섯이 다 자라면 머리 꼭대기에 동그란 작은 구멍이 생기는데, 바람이 불 때나 손으로 누르면 이 구멍에서 포자가 연기처럼 나온다.

대는 흰색이고 속은 구멍이 많아 마치 스펀지 같다.

포자는 둥글고 겉에 작은 돌기가 있다. 포자 무늬는 갈색이다.

크기 자실체 20~43×28~64mm 소형

포자 3~4㎛

특징 먼지 같은 포자를 내뿜는다.

분포 전 세계

구분 분해균

말불버섯 *Lycoperdon perlatum*

큰갓버섯

Macrolepiota procera (Scop.) Singer

갓버섯이라고도 한다. 반듯한 우산 모양이고 큰 것은 갓 지름이 30cm나 되고 키도 40cm가 넘을 정도로 아주 큰 버섯이다. 종소명 procera는 '키가 크다'라는 뜻이다. 생김새가 우산 같다고 서양에서는 Parasol mushroom우산버섯이라고 한다. 북녘에서는 큰우산버섯 또는 종이우산버섯이라고 한다.

여름부터 가을까지 숲 언저리, 풀밭, 목장, 대숲의 땅 위에 홀로 나거나 흩어져 난다. 말똥이나 소똥 위에 나기도 한다. 우리나라 어디에서나 볼 수 있는 흔한 버섯이며 특히 제주도에서 많이 난다.

먹는 버섯으로 맛이 꽤 좋고 향도 진하며 씹는 맛이 쫄깃쫄깃하다. 체했을 때 큰갓버섯을 호박잎에 싸 먹으면 좋다. 그러나 날것을 먹으면 복통이나 설사를 일으키거나 알레르기 증상이 일어날 수 있으니 반드시 익혀 먹어야 한다. 독버섯인 독흰갈대버섯과 나는 시기와 장소가 비슷하고 생김새도 닮아서 중독 사고가 많이 일어난다. 문지르거나 상처를 내 보면 큰갓버섯은 색이 변하지 않으나 독흰갈대버섯은 적갈색으로 변하는 것으로 구별한다.

생김새 갓은 어릴 때는 달걀이나 공 모양이다. 자라면서 가장자리가 판판하게 피는데 가운데는 볼록하다. 연한 황갈색이나 회갈색이고 가운데는 진한 갈색이다. 갓이 펴지면서 암갈색 겉껍질이 터져 크고 작은 비늘 조각이 되어 가장자리 쪽으로 흩어진다. 살은 희고 두꺼우며 다 자라면 솜처럼 바뀌면서 탄력이 생긴다.

주름살은 흰색이며 자라서 색이 바래면 약간 연한 노란빛을 띤다. 빽빽하며 대에 떨어진형으로 붙어 있다. 주름살 날에는 가루가 조금 붙어 있다.

대는 가늘고 길며 밑동이 크고 둥글게 부풀었다. 갈색 또는 회갈색 겉껍질이 터지면서 얼룩덜룩한 뱀 껍질 무늬를 이룬다. 속은 비어 있다. 턱받이는 대 위쪽에 붙어 있는데 윗면은 희고 솜털 모양이며 아랫면은 회갈색이고 매끄럽다. 고리처럼 생긴 두꺼운 턱받이는 손으로 잡고 위아래로 움직일 수 있다.

포자는 알 모양 또는 타원형이고 겉은 매끈하다. 포자 무늬는 흰색이다.

크기 갓 70~200mm, 대 150~300×6~25mm 대형

포자 16~23.5×10~13.1㎛

특징 키가 아주 크고 대에 얼룩무늬가 있다.

분포 전 세계

구분 분해균

큰갓버섯 *Macrolepiota procera*

독흰갈대버섯 *Chlorophyllum neomastoideum* (Hongo) Vellinga

독흰갈대버섯은 독성분이 강한 버섯으로 한두 개만 먹어도 몇 시간 안에 토하거나 설사를 한다. 큰갓버섯과 닮았으나 갓이 작고 갓 가운데에 꽃잎처럼 생긴 커다란 비늘 조각이 있다. 상처를 내면 적갈색으로 변한다.

개나리광대버섯

Amanita subjunquillea S. Imai

노란 갓 색이 개나리꽃 색을 닮았다고 개나리광대버섯이라는 이름이 붙었다. 알광대버섯아재비라고도 한다.

여름부터 가을까지 침엽수 숲 속 가문비나무나 활엽수 숲 속 너도밤나무, 자작나무 둘레 땅 위에 홀로 나거나 흩어져 난다. 드물게 나는 버섯이다.

독버섯으로 중독되면 목숨을 잃을 수도 있는 아주 위험한 버섯이다. 아마톡신amatoxin이라는 강한 독성분이 들어 있는데 높은 열에 강해 익혀도 독이 없어지지 않는다. 버섯을 먹은 지 6~24시간이 지나면 콜레라 증상처럼 심한 복통과 함께 토하거나 설사를 한다. 이런 증상이 나타나면 이미 온몸에 독이 퍼진 것이니 빨리 병원으로 옮겨 치료를 받아야 한다. 그렇지 않으면 간세포가 파괴되어 콩팥과 간 기능에 이상이 생기고, 심하면 혼수상태에 빠지거나 목숨을 잃을 수도 있다.

생김새 어린 버섯은 작은 알 모양인데 껍질 꼭대기 부분이 찢어지면서 갓과 대가 나온다.
갓은 원뿔 모양이다가 둥근 산 모양을 거쳐 판판하게 피는데 가운데는 약간 볼록하다. 노란색이며 가운데는 조금 칙칙한 주황색 또는 황토색을 띤다. 겉에는 실 같은 비늘 조각이 빗으로 빗어 놓은 것처럼 가지런하게 갈라져 있고 물기를 머금으면 조금 끈적거린다. 때로 갓 끝에 내피막 자투리가 남아 붙어 있다. 살은 희고 얇으며 단단하다. 껍질 밑은 겉과 같은 색을 띤다.
주름살은 흰색이며 약간 빽빽하다. 대에 떨어진형으로 붙어 있다. 주름살 날에는 가루가 조금 붙어 있다.
대는 가늘고 길며 밑동이 둥글게 부풀었다. 흰색 또는 연한 노란색이고 턱받이 아래쪽은 겉에 노란색 또는 황갈색 실 같은 비늘 조각이 퍼져 있다. 희고 얇은 턱받이는 대 위쪽에 붙어 있다. 흰색 또는 연한 갈색 대주머니가 밑동을 싸고 있다. 속은 비어 있다.
포자는 둥그스름하거나 둥글다. 겉은 매끈하다. 포자 무늬는 흰색이다.

크기 갓 34~78mm, 대 54~115×6~10mm 중형

포자 6.3~8.9×5.5~7.5㎛

특징 갓 가운데는 칙칙한 황토색을 띤다.

분포 우리나라, 일본, 중국, 러시아 연해주

구분 공생균

개나리광대버섯 *Amanita subjunquillea*

노란달걀버섯 *Amanita javanica* (Corner & Bas) T. Oda, C. Tanaka & Tsuda
개나리광대버섯을 식용 버섯인 노란달걀버섯으로 잘못 알고 먹어서 중독 사고가 많이 난다. 노란달걀버섯은 개나리광대버섯보다 갓이 크고 갓 가장자리에 우산살 모양 선이 있으며, 턱받이가 노란색이고 두껍다.

고동색광대버섯

Amanita fulva Fr.

우산광대버섯과 닮았고 갓 색이 고동색이라고 고동색광대버섯이라는 이름이 붙었다. 하지만 이름과 달리 갓 색은 고동색이라기보다는 오히려 황갈색에 가깝다. 종소명 fulva도 '황갈색의' 라는 뜻을 지녔다. 북녘에서는 밤색학버섯이라고 한다. 광대버섯이지만 턱받이가 없는 것이 특징이다.

여름부터 가을까지 활엽수 숲이나 침엽수가 섞여 자라는 숲 속 땅 위에 홀로 나거나 두세 개씩 모여 난다. 드물게는 버섯고리를 만들기도 한다. 나무와 공생하는 버섯으로 소나무, 너도밤나무, 졸참나무, 상수리나무 둘레에 흔히 난다.

먹을 수 있는 버섯으로 알려져 있지만 독버섯인 큰우산광대버섯과 닮았고, 적혈구를 파괴하는 독성분이 있어서 날것을 먹으면 중독될 수 있으니 되도록 먹지 않는 것이 좋다.

생김새 어린 버섯은 알처럼 둥글며 껍질을 찢고 갓과 대가 나온다. 갓은 둥근 산 모양을 거쳐 판판해지는데 가운데는 약간 볼록하다. 다 피면 가장자리가 위로 젖혀져 우묵한 접시 모양이 되기도 한다. 갓 가운데는 붉은빛을 띤 진한 갈색이고 가장자리로 갈수록 색이 연해져 황갈색이나 연한 갈색이 된다. 가장자리에는 길고 뚜렷한 줄무늬가 있다. 겉은 물기를 머금으면 끈적끈적해지고 마르면 반들거린다. 살은 흰색이며 물러서 잘 부스러진다.

주름살은 흰색이다. 약간 빽빽하며 대에 떨어진형으로 붙어 있다. 주름살 날에는 가루가 붙어 있다.

대는 가늘고 길며 아래로 가면서 약간 굵어진다. 대 꼭대기 부분은 약간 넓다. 갓보다 조금 색이 연하고 겉에는 실 또는 손거스러미 같은 비늘 조각이 붙어 있다. 속이 깊은 대주머니가 밑동을 싸고 있는데 아래쪽 반쯤은 대에 붙어 있고 위쪽은 대에서 떨어져 있다. 대주머니 겉은 갓과 같은 색이고 안쪽은 흰색이다. 속은 자라면서 차차 빈다. 턱받이는 없다.

포자는 둥글고 매끈하다. 포자 무늬는 흰색이다.

크기 갓 43~95mm, 대 74~125×5~12mm 중형

포자 9~12㎛

특징 대주머니 겉이 갓과 같은 색이다.

분포 한국, 동아시아, 유럽, 북아메리카, 북아프리카

구분 공생균

고동색광대버섯 *Amanita fulva*

긴골광대버섯아재비

Amanita longistriata S. Imai

갓 가장자리에 골처럼 깊게 파인 긴 줄무늬가 있다고 긴골광대버섯아재비라는 이름이 붙었다. 종소명 longistriata도 '긴 선이 있는'이라는 뜻이다.

여름부터 가을까지 활엽수 숲 속 또는 소나무가 섞여 자라는 숲 속 땅 위에 홀로 나거나 흩어져 난다. 졸참나무, 종가시나무 같은 활엽수 숲에 흔히 난다.

독성분은 밝혀지지 않았으나 먹으면 복통, 구토, 설사 같은 중독 증상이 나타나므로 독버섯으로 분류한다. 생김새가 맹독 버섯인 턱받이광대버섯*Amanita spreta*과 닮았는데 회색빛이 도는 긴골광대버섯아재비와 달리 턱받이광대버섯은 노란빛이 돌고 하얀 주름살이 분홍색으로 변하지 않는다. 긴골광대버섯아재비나 턱받이광대버섯은 식용 버섯인 우산광대버섯*Amanita vaginata*과 생김새가 닮아서 특히 주의해야 한다. 우산광대버섯은 턱받이가 없는 것으로 구별할 수 있다.

생김새 어린 버섯은 희고 작은 알 모양이다. 껍질 꼭대기 부분이 찢어지면서 갓과 대가 나온다. 갓은 종 모양이나 둥근 산 모양을 거쳐 판판하게 펴진다. 다 자라면 가장자리가 위로 젖혀져 가운데가 조금 오목한 접시 모양이 되기도 한다. 어릴 때는 연한 회갈색이다가 점점 거무스름한 갈색으로 변한다. 가장자리는 색이 연하고 조금 붉은빛을 띠며, 우산살 모양으로 뚜렷하게 파인 긴 줄무늬가 있다. 겉은 매끈하나 물기를 머금으면 약간 끈적거린다. 살은 얇고 흰색인데 껍질 밑은 회색빛을 띤다. 상처 난 부분이 공기에 닿으면 희미하게 붉은색을 띤다.

주름살은 흰색이고 자라면서 연분홍빛을 띤다. 약간 빽빽하거나 약간 성글며 대에 떨어진형으로 붙어 있다. 주름살 폭이 1.2cm쯤으로 넓고 주름살 날에는 고운 가루가 붙어 있다.

대는 위아래 굵기가 거의 같거나 위로 가면서 약간 가늘어진다. 겉은 흰색이고 거의 매끈한데 턱받이 아래쪽에는 세로로 찢어진 손거스러미 같은 비늘 조각이 붙어 있다. 속은 비어 있다. 얇고 하얀 턱받이는 대 위쪽에 붙어 있다. 속이 깊은 대주머니가 밑동을 싸고 있는데 아래쪽 반쯤은 대에 붙어 있고 위쪽은 대에서 떨어져 있다. 대주머니는 흰색이고 두껍다.

포자는 넓은 타원형이며 겉은 매끈하다. 포자 무늬는 흰색이다.

크기 갓 25~65mm, 대 45~110×4~8mm 소형~중형

포자 9.8~13.5×6.6~9.2㎛

특징 갓 가장자리에 뚜렷하게 파인 긴 줄무늬가 있다.

분포 우리나라, 동아시아, 러시아, 유럽, 북아메리카

구분 공생균

긴골광대버섯아재비 *Amanita longistriata*

주름버섯목
광대버섯과
광대버섯속

달걀버섯

Amanita hemibapha (Berk. & Broome) Sacc.

희고 동그스름한 어린 버섯이 달걀을 닮았다고 달걀버섯이라는 이름이 붙었다. 북녘에서도 닭알버섯이라고 한다. 유럽에서 나는 민달걀버섯*Amanita caesarea**과 생김새가 매우 닮아서 옛날에는 달걀버섯 학명을 *Amanita caesarea*로 같이 불렀다. 지금은 우리나라, 일본 같은 동아시아 지역에 나는 달걀버섯은 학명을 *Amanita hemibapha*로 구별해서 부른다.

여름부터 가을까지 여러 가지 나무가 섞여 자라는 숲 속 땅 위에 홀로 나거나 흩어져 난다. 때로 버섯고리를 이루기도 한다. 상수리나무, 너도밤나무, 구실잣밤나무, 전나무, 솔송나무 둘레에 흔히 난다. 살아 있는 나무와 양분을 주고받으며 자라는 공생균이다.

색이 화려해서 독버섯으로 잘못 알기 쉽지만 맛과 향이 아주 좋은 먹는 버섯이다.

생김새 어린 버섯은 희고 두꺼운 껍질에 싸인 높이가 3cm쯤 되는 알 모양인데, 껍질 꼭대기 부분을 찢고 붉은 갓과 하얀 대가 나와 자란다.
갓은 둥근 산 모양이다가 자라면서 판판하게 펴지는데 가운데는 볼록하다. 화려한 붉은색 또는 주황색이며 겉은 매끈하고 반들거린다. 가장자리는 색이 연하고 조금 노란빛을 띠며 우산살 모양으로 뚜렷하게 파인 긴 줄무늬가 있다. 살은 연한 노란색이며 얇고 무르다.
주름살은 노란색이고 약간 빽빽하다. 대에 떨어진형으로 붙어 있다. 주름살 날에는 노란 가루가 조금 붙어 있다.
대는 아래로 가면서 약간 굵어진다. 바닥은 연한 노란색이고 주황색 겉껍질이 터지면서 뱀 껍질 같은 얼룩덜룩한 무늬가 생긴다. 주황색 턱받이는 대 위쪽에 붙어 있다. 희고 커다란 대주머니가 밑동을 싸고 있는데 오래도록 남는다. 다 자라면 속이 빈다.
포자는 넓은 타원형이고 겉은 매끈하다. 포자 무늬는 흰색이다.

* 민달걀버섯은 남유럽과 지중해 연안에 주로 난다. 달걀버섯과 닮았으나 갓이 주황색이고 줄무늬가 짧으며, 대가 짧고 얼룩덜룩한 무늬가 없는 점, 포자에 클램프clamp가 없는 점으로 달걀버섯과 구별한다. 종소명 caesarea는 '황제' 라는 뜻인데, 맛이 버섯 가운데 최고라는 데서, 또는 황제가 좋아했던 버섯이라는 데서 왔다고 한다. 고대 로마 시대의 네로 황제가 이 버섯을 매우 좋아해서 이 버섯을 따다 바치는 사람에게는 상으로 버섯 무게만큼 금을 주었다는 이야기도 있다. 지금도 유럽에서는 송로버섯과 함께 고급 요리 재료로 쓴다.

크기 갓 50~150mm, 대 100~170×6~20mm 중형~대형

포자 7.8~10.4×6.1~7.8㎛

특징 색이 매우 화려하고 아름다운 버섯이다.

분포 우리나라, 일본, 중국, 스리랑카

구분 공생균

달걀버섯 *Amanita hemibapha*

어린 버섯은 하얀 알 모양이다. 껍질 꼭대기 부분을 찢고 붉은 갓과 하얀 대가 나온다.

독우산광대버섯

Amanita virosa Bertill.

독우산광대버섯은 눈부시게 하얀 모습이 마치 천사같이 신비롭고 아름답지만 무서운 독을 지니고 있어서 서양에서는 Destroying Angel죽음의 천사이라고 부른다. 북녘에서는 학독버섯이라고 한다. 종소명 virosa도 '독이 있는'이라는 뜻이다.

여름부터 가을까지 활엽수나 침엽수가 섞여 자라는 숲 속 땅 위에 홀로 나거나 무리 지어 난다. 특히 떡갈나무, 벚나무, 너도밤나무 둘레에 흔히 난다.

새하얗고 먹음직스러워 보이지만 한두 개만 먹어도 목숨을 잃을 만큼 우리나라에서 나는 광대버섯 가운데 독성분이 가장 강한 버섯이다. 강한 독성분인 아마톡신이 들어 있는데 익혀도 없어지지 않는다. 중독 증상이 늦게 나타나는 것이 특징인데, 먹은 지 10시간쯤 지나면 심한 구토, 복통, 설사가 시작되면서 탈수 증상과 경련이 일어나고 2~3일 안에 목숨을 잃는다. 알 모양인 어린 버섯일 때는 식용인 말불버섯과 닮았고, 갓이 핀 것은 흰주름버섯과 닮아서 중독 사고가 많이 나기 때문에 매우 주의해야 한다.

생김새 어린 버섯은 알처럼 둥글며 껍질을 찢고 갓과 대가 나온다. 갓은 피면서 원뿔이나 둥근 산 모양이 되었다가 차차 판판해지는데 가운데는 조금 볼록하다. 자실체 전체가 눈이 부실 정도로 새하얀 것이 특징이지만 갓 가운데는 살짝 연분홍빛이나 연한 노란빛을 띤다. 겉은 매끄럽고 물기를 머금으면 끈적끈적해진다. 가장자리에 줄무늬는 없다. 살은 얇고 무르며 흰색이다.
주름살은 흰색이며 약간 빽빽하다. 대에 떨어진형으로 붙어 있다. 주름살 날에는 하얀 가루가 붙어 있다.
대는 위로 가면서 가늘어지며 밑동은 둥글게 부풀었다. 겉은 흰색이며 턱받이 아래쪽은 손거스러미 같은 비늘 조각이 붙어 있다. 속은 차 있다가 차차 빈다. 얇고 하얀 턱받이는 대 위쪽에 붙어 있다. 밑동을 싸고 있는 희고 커다란 대주머니는 곧 부스러진다.
포자는 둥글거나 둥그스름하고 겉은 매끈하다. 포자 무늬는 흰색이다.

크기 갓 56~145mm, 대 85~210×7~18mm 중형~대형

포자 6.8~10.5×6.1~9.4㎛

특징 독성분이 가장 강한 버섯이다.

분포 북반구 일대, 호주

구분 공생균

독우산광대버섯 *Amanita virosa*

주름버섯목
광대버섯과
광대버섯속

마귀광대버섯

Amanita pantherina (DC.) Krombh.

광대버섯 무리 가운데 가장 큰 버섯이다.

허연 외피막이 조각조각 갈라져 더덕더덕 붙어 있는 어린 버섯의 모습이 마귀 같다고 마귀광대버섯이라는 이름이 붙었다. 서양에서는 갓 무늬가 표범 무늬 같다고 Panther cap검은표범버섯이라고 한다. 종소명 pantherina도 '표범'이라는 뜻이다. 북녘에서는 점갓닭알독버섯이라고 한다.

여름부터 가을까지 흔히 너도밤나무, 상수리나무, 졸참나무가 자라는 활엽수 숲 속 땅 위에 홀로 나거나 무리 지어 난다. 그 밖에도 침엽수 숲, 공원, 아파트 풀밭, 집 안 정원까지 어디에나 가리지 않고 나는 흔한 버섯이다.

환각, 환청을 일으키는 독버섯이다. 예전에는 소금에 절였다가 먹기도 했지만 절대 먹어서는 안 된다. 이보텐산ibotenic acid과 무스카린muscarine을 비롯한 여러 가지 강한 독성분이 들어 있어 중독되면 헛것이 보이기도 하고 흥분 또는 현기증 같은 환각 증상과 호흡 곤란, 저혈압, 중추 신경 마비, 근육 경련 들이 일어난다. 며칠 지나면 중독 증상은 사라지지만 많은 양을 한 번에 먹으면 죽음에 이를 수도 있다. 유럽에서는 파리를 잡는 데 쓰기도 했다.

생김새 갓은 어릴 때는 둥글거나 둥근 산 모양이다. 자라면서 판판하게 피는데 가운데는 오목하거나 볼록하다. 암갈색 또는 회갈색이며 가장자리는 색이 연하고 우산살 모양으로 파인 짧은 줄무늬가 있다. 겉은 물기를 머금으면 조금 끈적거린다. 가루 덩이 같은 희고 작은 비늘 조각이 여기저기 흩어져 붙어 있다가 빗물에 떨어져 나간다. 살은 희고 두껍다.

주름살은 흰색이며 약간 빽빽하다. 대에 떨어진형으로 붙어 있다. 주름살 날은 약간 톱날처럼 생겼다.

대는 길고 약간 휘었으며 밑동은 둥글게 부풀었다. 겉은 희고 턱받이 아래쪽에는 손거스러미 같은 비늘 조각이 붙어 있다. 속은 차차 빈다. 하얀 턱받이는 대 위쪽에 붙어 있다. 대주머니 흔적이 밑동 윗부분에 고리 모양으로 2~4개 남아 있다.

포자는 넓은 타원형이고 겉은 매끈하다. 포자 무늬는 흰색이다.

크기 갓 36~213mm, 대 55~250mm × 8~28mm 대형

포자 8~12 × 6~9㎛

특징 대주머니가 고리 모양으로 남아 있다.

분포 우리나라, 동아시아, 유럽, 북아메리카, 북아프리카

구분 공생균

마귀광대버섯 *Amanita pantherina*

뱀껍질광대버섯

Amanita spissacea S. Imai

대에 회갈색 비늘 조각이 얼룩덜룩 붙은 모습이 뱀 껍질 같다고 뱀껍질광대버섯이라는 이름이 붙었다. 북녘에서는 나도털자루닭알버섯이라고 한다.

여름부터 가을까지 소나무가 섞여 자라는 숲이나 너도밤나무, 졸참나무, 모밀잣밤나무 같은 활엽수가 자라는 숲 속 땅 위, 숲 언저리 풀밭에 홀로 나거나 모여 난다.

위장과 소화기에 자극을 주는 독성분인 아마톡신을 지닌 버섯으로 중독되면 구역질이 나거나 헛것이 보인다. 때로 혼수상태에 빠지기도 하지만 하루 이틀 지나면 괜찮아진다. 하지만 몸속에 오랫동안 머물면서 장기들을 손상시키는 경우도 있으니 병원에 가서 치료를 받는 것이 좋다.

생김새 갓은 어릴 때는 둥근 산 모양이다가 피면서 판판해진다. 다 피면 가장자리가 위로 젖혀져 가운데가 조금 오목해지기도 한다. 갈색 또는 암갈색이며 겉은 끈적거림이 없고 흑갈색 겉껍질에 싸여 있다. 갓이 피면서 겉껍질이 터져 크고 작은 비늘 조각이 되어 흩어지는데, 갓 가운데는 빽빽하고 가장자리로 갈수록 성글다. 비늘 조각은 가루로 된 사마귀 모양으로 비를 맞거나 하면 잘 떨어져 나간다. 줄무늬는 없다. 드물게 갓 끝에 내피막 자투리가 남아 붙어 있기도 한다. 살은 흰색이고 단단하며 두껍다.

주름살은 흰색이며 빽빽하다. 대에 떨어진형 또는 내린형으로 붙어 있다. 주름살 날에는 가루가 조금 붙어 있다.

대는 짧고 위로 가면서 가늘어진다. 흰색이며 턱받이 아래쪽은 작은 회갈색 비늘 조각으로 덮여 있는데 겉껍질이 터지면서 뱀 껍질 같은 얼룩덜룩한 무늬가 나타난다. 속은 차 있다. 희고 얇은 턱받이는 대 위쪽에 붙어 있는데 윗면에는 가는 줄무늬가 있고 가장자리에는 흑갈색 가루가 붙어 있다. 밑동은 알뿌리처럼 둥글게 부풀었고, 윗부분에는 가루 같은 흑갈색 고리가 2~5개 붙어 있다.

포자는 둥그스름하거나 넓은 타원형이며 겉은 매끈하다. 포자 무늬는 흰색이다.

크기 갓 36~132mm, 대 55~165×6~15mm 중형~대형

포자 7.5~9.6×6.3~7.5㎛

특징 대의 비늘 조각들이 뱀 껍질 무늬를 이룬다.

분포 우리나라, 일본, 중국

구분 공생균

뱀껍질광대버섯 *Amanita spissacea*

붉은점박이광대버섯

Amanita rubescens Pers.

갓이나 주름살을 문지르거나 상처를 내 보면 붉게 변한다고 북녘에서는 색갈이닭알버섯이라고 한다. 종소명 rubescens도 '붉게 되는'이라는 뜻이다. 서양에서는 Blusher연지라고 하는데 갓 위에 가루 덩이 같은 자잘한 붉은색 비늘 조각이 붙어 있는 모습에서 온 것이다.

여름부터 가을까지 소나무, 일본잎갈나무, 너도밤나무, 졸참나무 같은 침엽수와 활엽수가 섞여 자라는 숲 속 땅 위에 홀로 나거나 몇 개씩 흩어져 난다.

살이 단단하고 익히면 맛도 좋아 예전에는 먹기도 했다. 그러나 독성분이 있다고 밝혀지면서 지금은 독버섯으로 분류한다. 특히 날것을 먹으면 중독되기 쉽다. 중독되면 심한 복통, 설사, 두통 들을 일으킨다. 강한 독성분을 지닌 마귀광대버섯과 생김새가 꼭 닮아서 잘못 먹으면 목숨을 잃을 수도 있으니 특히 주의해야 한다.

생김새 갓은 어릴 때는 종 모양이고 자라면서 차차 판판해지는데 가장자리는 조금 위로 젖혀진다. 어릴 때는 연한 황토색이고 자라면서 적갈색이나 암갈색이 되는데 가장자리는 색이 연하다. 겉에는 회색 또는 붉은색 가루 덩이 같은 비늘 조각이 더덕더덕 붙어 있으나 곧 떨어져 나간다. 가장자리에 줄무늬는 없고 물기를 머금으면 끈적거린다. 살은 흰색인데 문지르거나 칼로 베어 보면 그 자리가 붉게 변한다.

주름살은 흰색인데 상처가 나거나 다 자라면 적갈색 얼룩이 생긴다. 약간 빽빽하며 대에 떨어진형으로 붙어 있다. 주름살 날은 매끈하다.

대는 위아래 굵기가 비슷하거나 아래가 약간 굵다. 연한 적갈색인데 아래쪽이 약간 진하다. 속은 비어 있다. 얇고 하얀 턱받이는 대 위쪽에 붙어 있다. 밑동은 둥글게 부풀었고 부스러진 대주머니 조각 몇 개가 고리 모양으로 붙어 있다가 곧 떨어져 나간다.

포자는 알 모양 또는 넓은 타원형이고 겉은 매끈하다. 포자 무늬는 흰색이다.

크기 갓 52~150mm, 대 80~200×8~20mm 중형~대형

포자 7.5~9.8×5.6~7.2㎛

특징 상처 난 자리가 붉은색으로 변한다.

분포 우리나라, 동아시아, 유럽, 북아메리카, 북아프리카

구분 공생균

붉은점박이광대버섯 *Amanita rubescens*

비탈광대버섯

Amanita abrupta Peck

종소명 abrupta는 '갑작스럽게 가파른'이란 뜻으로 대 밑동이 갑자기 부푼 모습에서 온 것이다. 대 밑동이 양파처럼 생겼다고 양파광대버섯이라고도 부른다. 자실체 전체가 새하얀 색이고, 갓과 둥글게 부푼 밑동에 뾰족한 돌기가 더덕더덕 붙어 있어서 쉽게 알아볼 수 있다.

여름부터 가을까지 너도밤나무, 물참나무, 졸참나무, 모밀잣밤나무, 떡갈나무, 소나무 같은 여러 가지 나무들이 섞여 자라는 숲 속 땅 위에 홀로 나거나 흩어져 난다. 드물게 나는 버섯이다.

독버섯으로 여러 가지 강한 독성분이 들어 있다. 그 가운데 아직까지 해독제가 없는 독성분이 있어서 절대로 먹어서는 안 된다. 특히 아마톡신은 두세 개만 먹어도 목숨을 잃을 만큼 많은 양이 들어 있다. 중독되면 콜레라 증상과 같은 심한 복통, 설사, 위경련 들이 일어나고 간과 콩팥 조직이 파괴되어 1~3일 안에 죽음에 이른다.

생김새 갓은 어릴 때는 둥근 산 모양이다가 다 자라면 거의 판판해진다. 때로 가운데가 볼록하게 솟거나 가장자리가 위로 젖혀지기도 한다. 흰색이고 다 자라면 색이 바래 약간 갈색을 띠기도 한다. 겉에는 삼각뿔같이 생긴 작고 뾰족한 하얀 돌기가 고리 모양으로 가득 붙어 있다가 곧 떨어져 나가고 매끈해진다. 갓이 처음 펴질 때 갓 끝에 내피막 자투리가 남아 붙어 있기도 하나 곧 떨어져 나간다. 살은 흰색이고 얇다. 상처가 나면 연한 갈색으로 변한다.
주름살은 흰색이고 다 자라도 색이 변하지 않는다. 빽빽하며 대에 떨어진형으로 붙어 있다. 주름살 날에는 가루가 붙어 있다.
대는 길며 위아래 굵기가 거의 같거나 위가 조금 가늘다. 흰색이고 겉에는 손거스러미 같은 비늘 조각이 붙어 있다. 밑동은 크게 부풀었는데 약간 동글납작하고 대주머니가 뚜렷하지 않다. 밑동 윗부분에는 갓에 있는 것과 같은 돌기가 붙어 있다. 턱받이는 대 위쪽에 붙어 있는데 오래도록 남는다. 희고 얇으며 윗면에 우산살 모양 줄무늬가 있다.
포자는 둥그스름하고 겉은 매끈하다. 포자 무늬는 흰색이다.

크기 갓 35~75mm, 대 72~136×5~10mm 소형~중형

포자 7.2~9.2×7.5~8.6㎛

특징 밑동이 동글납작하다.

분포 우리나라, 일본, 북아메리카 동부

구분 공생균

비탈광대버섯 *Amanita abrupta*

주름버섯목
광대버섯과
광대버섯속

파리버섯

Amanita melleiceps Hongo

파리약이 없던 옛날에 이 버섯으로 파리를 잡아서 파리버섯이라는 이름이 붙었다. 파리버섯으로 파리를 잡은 것은 우리나라뿐이어서, 학명이나 다른 나라 이름에는 전혀 그런 뜻이 들어 있지 않다. 종소명 melleiceps는 '꿀 색'이라는 뜻으로 버섯 갓 색이 연한 꿀 색을 닮았다고 붙은 것이다.

여름에서 가을까지 바람이 잘 통하고 건조한 소나무 숲이나 졸참나무, 모밀잣밤나무, 상수리나무 같은 활엽수가 자라는 숲 속 땅 위에 흩어져 난다.

파리버섯은 특히 파리한테 독성이 강한 버섯이다. 으깬 버섯을 밥에 비벼 넓적한 물그릇 한가운데 놓아두면 파리가 이것을 먹고 물그릇 속에 떨어져 죽는다. 그러나 파리를 죽이는 독성분은 아직 밝혀지지 않았다. 이보텐산, 무시몰muscimol 같은 독성분이 들어 있어 사람이 먹으면 20분에서 2시간이 지나 중독 증상이 나타난다. 술에 취한 느낌이 들면서 중추 신경이 마비되고 근육 경련, 메슥거림, 탈진 들이 나타나며 헛것이 보이기도 하는데 며칠 지나면 괜찮아진다.*

생김새 갓은 어릴 때는 둥근 산 모양이다. 자라면서 판판해지는데 가운데는 조금 오목해진다. 연한 노란색 또는 황토색이며 겉에는 흰색 또는 연한 노란색 가루 덩이 같은 돌기가 군데군데 퍼져 있다. 가장자리는 색이 연하며 우산살 모양으로 뻗은 줄무늬가 있다. 살은 허연색 또는 연한 노란색이고 얇아서 잘 부스러진다.

주름살은 흰색이며 약간 성글다. 대에 떨어진형으로 붙어 있다. 주름살 날은 약간 매끈하다.

대는 위가 약간 가늘고 밑동은 둥글게 부풀었다. 겉에는 흰색 또는 연한 노란색 가루가 붙어 있고 다 자라면 속이 빈다. 대주머니 흔적이 밑동 윗부분에 연한 노란색 가루 모양으로 남아 있는데 시간이 지나면 떨어져 없어진다. 턱받이는 없다.

포자는 넓은 타원형이고 겉은 매끈하다. 포자 무늬는 흰색이다.

* 파리버섯은 환각 증상을 일으키는 것으로 알려져 기원전 2000년 무렵부터 이미 종교 의식에 쓰이기도 했다. 이보텐산이라는 독성분이 환각 증상을 일으키는 것으로 알려져 있다.

크기 갓 27~56mm, 대 33~58×3~6mm 소형

포자 7.8~11.2×5.6~8.1㎛

특징 갓에 가루 덩이 같은 돌기가 퍼져 있다.

분포 우리나라, 일본, 중국

구분 공생균

파리버섯 *Amanita melleiceps*

자주국수버섯

Clavaria purpurea Fr.*

가늘고 길게 뻗어 나는 모습이 국수 가락을 닮았고 자줏빛을 띠고 있어서 자주국수버섯이라는 이름이 붙었다. 북녘에서도 자주색국수버섯이라고 한다. 종소명 purpurea는 '자줏빛의'라는 뜻이다.

가을에 침엽수 숲 속 땅 위나 풀밭에 홀로 나거나 다발 모양으로 뭉쳐난다. 다발 하나에 20대나 뭉쳐나기도 하는데 종종 수백 대가 무리 지어 나기도 한다. 특히 소나무 둘레에 많이 난다. 살아 있는 침엽수의 뿌리와 영양분을 주고받으며 공생하는 버섯이다. 키는 흔히 5cm쯤 되는데 큰 것은 15cm나 되는 것도 있다.

독성분은 없지만 크기가 작고 살도 무른 데다가 특별한 향이나 맛이 있는 것도 아니어서 잘 먹지 않는다. 색이 고와서 맑은 국물 요리에 띄우거나 샐러드 같은 요리에 넣어 꾸미는 데 쓰기도 한다.

생김새 자실체는 둥글고 긴 막대기처럼 생겼다. 가지는 갈라지지 않고 끝이 뾰족한데 흔히 가운데 부분이 굵고 꼭대기와 밑동 부분은 가늘다. 부추처럼 한 면이 납작하게 눌리거나 드물게 약간 비틀린 것도 있다. 색은 연하고 고운 자주색인데 다 자라면 색이 바래서 자줏빛을 띤 회색이나 갈색이 된다. 겉은 매끈하며 가운데에는 세로로 얕게 파인 선이 있다. 살은 허연색이다가 연한 자주색이 되며 무르다. 속은 비어 있고 잘 부스러진다.
자실층은 자실체 겉면에 고루 퍼져 있다.
대는 뚜렷하게 구별되지 않는다. 밑동 부분은 흰색을 띠며 짧은 균사가 빽빽하게 붙어 있다.
포자는 타원형 또는 긴 타원형이고 겉은 매끈하다. 포자 무늬는 흰색이다.

* 자주국수버섯은 다른 국수버섯류와는 좀 다른 특징이 있다. 침엽수 숲에 나고, 다른 국수버섯류에서 볼 수 없는 현미경적인 특징을 지니고 있어 Index Fungorum에서는 Alloclavaria속으로 분류하고 *Alloclavaria purpurea* (Fr.) Dentinger & D.J. McLaughlin을 공식 학명으로 표기하고 있다. *Clavaria purpurea* Fr.는 기초 이명으로 표기하고 있으나 아직 Alloclavaria속을 이르는 한글 이름과 목, 과가 정해지지 않아 이 책에서는 일단 학명을 *Clavaria purpurea* Fr.로 표기하고 Clavaria속으로 분류해 두었다.

크기 자실체 25~78×1.5~5mm 소형

포자 6.5~9.8×3.5~5.2㎛

특징 국수 가락처럼 가늘고 길게 뻗어 난다.

분포 우리나라, 일본, 유럽, 북미

구분 공생균

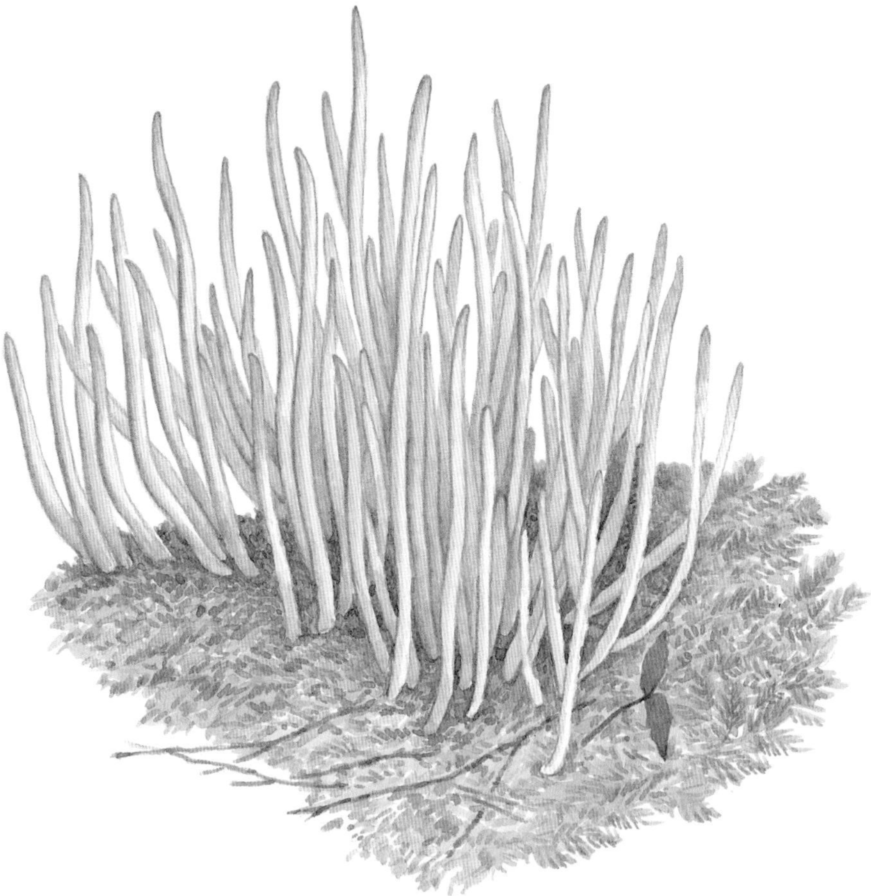

자주국수버섯 *Clavaria purpurea*

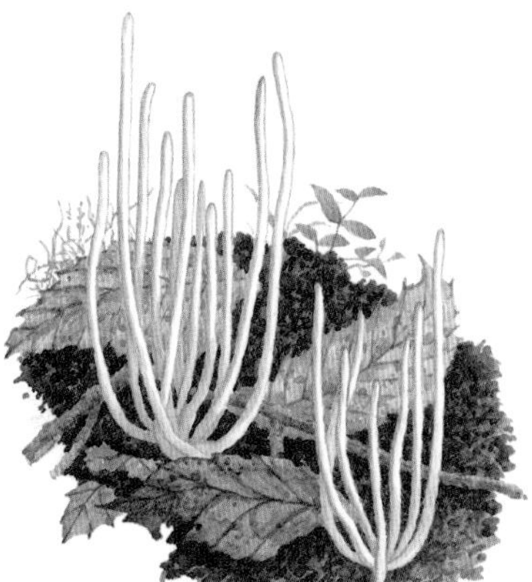

국수버섯 *Clavaria fragilis* Holmsk.

국수버섯은 자실체가 흰색이고 활엽수 숲에 난다.

쇠뜨기버섯

Ramariopsis kunzei (Fr.) Corner

쇠뜨기를 닮았다고 쇠뜨기버섯이라는 이름이 붙었다. 하얀 산호초나 사슴뿔하고도 닮았다. 같은 국수버섯과에 들어 있는 국수버섯이지만 자주국수버섯이나 국수버섯이 줄기 하나하나를 쭉쭉 뻗는 것과 달리, 쇠뜨기버섯은 가지가 여러 갈래로 거듭해서 갈라져 뭉툭한 빗자루 모양이 된다. 높이나 너비가 2~7cm쯤 되는 작은 버섯이지만 때로 너비가 10cm가 넘는 큰 것도 있다. 나는 곳에 따라 크기나 생김새가 다양한 버섯이다.[*1]

여름부터 가을까지 침엽수 숲 땅 위나 숲 언저리 풀밭 또는 이끼 사이에 홀로 나거나 무리 지어 난다. 종종 썩은 나무줄기에서도 자란다. 아주 드물게 나는 버섯이다.

독성분은 없지만 별다른 맛이나 향이 없고, 드물게 나기 때문에 잘 알려지지 않아 거의 먹지 않는다.

생김새 자실체는 가늘고 짧은 대에서 나온 가지가 여러 갈래로 갈라지고, 위로 가면서 두세 번 더 갈라진 다음 맨 끝은 둘로 갈라져 빗자루 모양이 된다. 대와 가지는 모두 가늘고 종종 굽어 있다. 싸리버섯만큼 가지가 많이 갈라지지는 않아 생김새가 엉성하다.
어릴 때는 가지 끝이 뭉툭하나 자라면서 침처럼 뾰족해진다. 처음에는 새하얗고 투명하나 차차 연한 미색이 된다. 물기가 마르면 가지 끝부터 연한 황토색 또는 갈색이 된다. 드물게 연한 분홍빛이나 살굿빛을 띠는 것[*2]도 있다. 겉은 매끈하다. 살은 흰색이고 탱탱하면서 탄력이 있지만 부드러워서 잘 부스러진다.
자실층은 밑동을 뺀 나머지 자실체 겉면에 고루 퍼져 있다.
대 밑동에는 짧고 부드러운 털이 덮여 있는데 자라면서 떨어져 나간다.
포자는 둥글거나 타원형이고 겉에는 뾰족한 가시 모양 작은 돌기가 있다. 포자 무늬는 흰색이다.

*1 커다란 장미꽃 모양 자실체는 드물게 목초지에서 나고 키가 큰 자실체는 숲 속 땅 위에 나며 작은 것은 풀밭에서도 난다.
*2 쇠뜨기버섯은 특별한 냄새가 없는 버섯이지만 분홍빛이나 살굿빛을 띠는 것은 강한 향기가 있다고 한다.

크기 자실체 25~60(120)×20~70mm 소형~중형
포자 3~5.5×2.3~4.5㎛
특징 가지가 엉성하게 여러 갈래로 갈라진다.
분포 전 세계
구분 공생균

쇠뜨기버섯 *Ramariopsis kunzei*

검은띠말똥버섯

Panaeolus subbalteatus (Berk. & Broome) Sacc.

가장자리에 둥그렇게 검은 띠가 생긴다고 검은띠말똥버섯이라는 이름이 붙었다. 북녘에서는 테두리웃음버섯이라고 한다. 종소명 subbalteatus에도 '띠 모양'이라는 뜻이 들어 있다.

여름부터 가을까지 소똥이나 말똥 위, 거름을 준 밭이나 두엄 더미 위에 다발로 나거나 무리 지어 난다. 흔한 버섯이다.

독버섯으로 사일로사이빈psilocybin 성분이 들어 있어 환각 증상을 일으킨다. 중독되면 헛것이 보이고 술에 취한 것처럼 춤을 추거나 화를 내며 운다. 독성분은 강하지 않아 하루쯤 지나면 괜찮아진다.

생김새 갓은 어릴 때는 둥그스름하거나 달걀 모양이다. 자라면서 종 또는 둥근 산 모양을 거쳐 판판하게 피는데 가운데는 볼록하다. 테두리는 물결치듯 구불거린다. 물기를 많이 머금으면 진한 적갈색이다가 마르면 가운데서부터 색이 연해지면서 연한 회갈색이 된다. 그러나 가장자리는 진한 색이 그대로 남아서 마치 둥근 띠를 두른 것처럼 보인다. 겉은 매끈하나 마르면 우산살 모양으로 주름이 생기고 다 자라면 겉껍질이 갈라져 아주 작은 비늘 조각이 생기기도 한다. 살은 얇고 회색빛을 띠는 연한 붉은색이다.

주름살은 회색이다가 포자가 익으면서 검붉은 얼룩이 생기고 나중에는 전체가 검은색이 된다. 약간 빽빽하며 대에 완전붙은형으로 붙어 있다. 주름살 날에는 하얀 가루가 붙어 있다.

대는 가늘고 길며 약간 휘었다. 연한 갈색이고 차차 암갈색이 된다. 겉에는 희고 고운 가루가 덮여 있고 밑동에는 흰색 균사가 빽빽하게 붙어 있다. 속은 비어 있고 잘 부러진다.

포자는 레몬형 또는 타원형이고 겉은 매끈하다. 포자 무늬는 흑갈색이나 검은색이다.

검은띠말똥버섯, 말똥버섯, 갈황색미치광이버섯 들과 같이 사일로사이빈 성분이 들어 있는 버섯들은 통증을 없애 줄 뿐만 아니라 환각 증세도 일으키기 때문에 오래전부터 인디언 무당들은 만병통치약으로 쓰거나 종교 의식에 써 왔다. 최근 이 성분은 말기 암 환자들의 고통과 불안을 없애 편안하게 죽음을 맞이하는 데 도움을 준다는 연구 결과가 나왔다.

크기 갓 15~45mm, 대 45~85×2~5mm 소형

포자 11.7~15.1×6.8~10.5㎛

특징 갓 가장자리에 검은 띠무늬가 나타난다.

분포 전 세계

구분 분해균

검은띠말똥버섯 *Panaeolus subbalteatus*

말똥버섯

Panaeolus papilionaceus (Bull.) Quél.

이전에는 말똥버섯과 좀말똥버섯을 다른 종으로 분류했으나, 새 분류에서는 같은 종으로 보고 함께 말똥버섯으로 부른다. 환각 작용이 있어 먹으면 흥분해서 날뛰거나 지나치게 웃는다고 북녘에서는 웃음버섯이라고 한다. 종소명 papilionaceus는 '나비 같은'이란 뜻으로, 중독되면 마치 눈앞에 나비가 날아다니는 것처럼 어지럼증이나 환각 증상이 일어나서 붙은 것이다.

봄부터 가을까지 목초지, 소똥이나 말똥이 쌓인 곳에 홀로 나거나 무리 지어 나는데 특히 말똥이 쌓인 곳에 많이 난다.

독버섯으로 사일로사이빈이라는 독성분이 들어 있다. 중독되면 헛것이 보이고 술에 취한 것같이 몽롱해지는데, 독성분은 그다지 강하지 않아서 하루쯤 지나면 괜찮아진다.

생김새 갓은 어릴 때는 달걀처럼 생겼다. 자라면서 차차 갓이 펴져 종 또는 둥근 산 모양이 된다. 갓 꼭대기에 젖꼭지처럼 생긴 돌기가 붙어 있는 것도 있다. 연한 회색으로 가운데로 가면서 연한 황토색이나 갈색을 띤다. 처음에는 매끈하다가 자라면서 거북등무늬같이 갈라지기도 한다. 갓 끝은 주름살 끝보다 더 뻗어 나가 갓 깃을 만드는데, 톱니처럼 가지런히 갈라지고 위로 살짝 말린 모습이 마치 레이스 장식 같다. 살은 아주 얇고 흰색이나 옅은 노란빛을 띤다.

주름살은 회색이나 회백색이다. 포자가 익으면서 검은색 얼룩이 생기고 나중에는 전체가 검은색이 된다. 약간 빽빽하고 대에 끝붙은형으로 붙어 있다. 주름살 날에는 하얀 가루가 붙어 있다.

대는 가늘고 길다. 붉은빛을 띠는 연한 갈색이고 겉에는 하얀 가루 같은 비늘 조각이 붙어 있다. 다 자라면 회갈색이나 암갈색이 되고 매끈해진다. 속은 비어 있고 잘 부러진다.

포자는 위에서 보면 레몬형, 옆에서 보면 타원형이며 겉은 매끈하다. 포자 무늬는 흑갈색 또는 검은색이다.

초식 동물의 똥 위에 나는 버섯들은 흔히 포자가 바람을 타고 날아가다 풀잎에 묻게 되는데, 그 풀을 먹은 소나 말이 똥을 누면 그 속에 섞여 몸 밖으로 나오게 된다. 이때 온도와 습도가 알맞으면 포자가 싹 튼다. 동물의 배 속을 거치지 않고 바로 땅에 떨어진 포자들은 싹 트지 못하고 죽는다.

크기 갓 15~40mm, 대 45~135mm×2~3mm 소형

포자 11.7~15.1×6.8~10.5㎛

특징 갓 끝에 하얀 갓 깃이 달려 있다.

분포 전 세계

구분 분해균

말똥버섯 *Panaeolus papilionaceus*

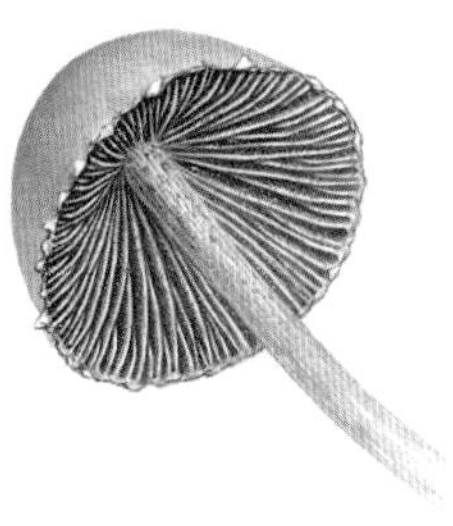

주름살은 회색이나 회백색인데 포자가 익으면서 검은색 얼룩이 생기고 나중에는 전체가 검은색이 된다. 주름살 날에는 하얀 가루가 붙어 있다.

삿갓외대버섯

Entoloma rhodopolium (Fr.) P. Kumm.

삿갓외대버섯은 어릴 때 흰색이던 주름살이 차차 연한 살구색으로 변하는 것이 특징이다. 종소명 rhodopolium은 '장밋빛이 도는 회색'이라는 뜻으로 주름살 색에서 온 것이다. 북녘에서는 검은활촉버섯이라고 한다.

맹독 버섯으로 1~3개만 먹어도 중독되고 심하면 목숨을 잃을 수 있다. 복통, 구토, 설사 같은 소화기 계통 중독 증상뿐만 땀, 눈물, 침을 심하게 흘리며 혈압이 낮아지고 심장 박동 수가 떨어져 심하면 죽기도 한다. 먹는 버섯인 외대덧버섯*과 닮아서 중독 사고가 많이 나는 버섯이다.

늦여름부터 가을까지 활엽수 숲 또는 소나무가 섞여 자라는 숲 속 땅 위에 홀로 나거나 흩어져 난다. 적은 수가 무리 지어 나기도 한다. 너도밤나무, 졸참나무, 상수리나무, 종가시나무 둘레에 흔히 난다.

생김새 갓은 어릴 때는 종 모양이고 갓 끝은 안쪽으로 말려 있다. 자라면서 판판해지는데 가운데는 약간 볼록하다. 때로 가운데가 살짝 꺼지면서 가장자리가 위로 젖혀지고 물결치듯 구불거린다. 겉은 물을 빨아들이는 성질이 있고 회색 또는 회색빛이 도는 황토색인데 물기를 많이 머금으면 가장자리에 분홍빛을 띠는 가는 줄무늬가 나타난다. 마르면 색이 옅어지고 비단실같이 반들거린다. 살은 흰색이고 껍질 밑은 회색빛을 띤다. 얇고 무르며 밀가루 냄새가 난다.

주름살은 흰색이다가 포자가 익으면서 연한 살구색(분홍색)이 된다. 약간 빽빽하며 어릴 때는 대에 완전붙은형으로 붙어 있다가 자라면서 끝붙은형 또는 홈파인형이 된다. 주름살 날은 불규칙하게 갈라져 있다.

대는 위아래 굵기가 비슷하거나 위가 약간 가늘다. 종종 비틀린 것도 있다. 겉은 흰색인데 위쪽은 가루 모양이고 중간부터 아래쪽은 세로로 가는 줄무늬가 있고 반질반질하다. 속은 스펀지같이 구멍이 숭숭 나 있어 손으로 살짝 잡아도 쉽게 부스러진다.

포자는 다면체이고 겉은 매끈하다. 포자 무늬는 연한 분홍색이다.

* 외대덧버섯*Entoloma sarcopum*은 독버섯인 삿갓외대버섯과 생김새뿐만 아니라 주름살 색까지 닮아서 헷갈리기 쉽다. 그러나 삿갓외대버섯과 달리 갓 겉면에 얼룩이 있고 실 같은 하얀 비늘 조각이 덮여 있다. 대는 굵고 단단하며 속이 꽉 차 있다.

크기 갓 28~80mm, 대 40~105×5~15mm 소형~중형

포자 7.3~10.3㎛

특징 주름살이 흰색이었다가 살구색으로 변한다.

분포 북반구 일대

구분 공생균

삿갓외대버섯 *Entoloma rhodopolium*

노란꼭지버섯

Inocephalus murrayi (Berk. & M.A. Curtis) Rutter & Watling

자실체 전체가 노란빛을 띠고 갓 꼭대기에 연필심처럼 생긴 작은 돌기가 뾰족하게 솟아 있어 노란꼭지버섯이라는 이름이 붙었다. 북녘에서는 뾰족한 돌기가 활촉을 닮았다고 노란활촉버섯이라고 한다. 서양에서는 돌기가 뿔처럼 솟은 모습이 유니콘을 닮았고 주름살이 분홍색으로 변한다고 Unicon Pinkgill분홍주름유니콘이라고도 한다. 종소명인 murrayi는 미국 뉴잉글랜드 지역에서 이 버섯을 최초로 채집한 데니스 머리Dennis Murray를 기리는 뜻에서 붙은 것이다.

여름부터 가을까지 숲 속 축축한 땅 위나 썩은 낙엽 사이에 홀로 나거나 흩어져 난다. 몇 개씩 무리 지어 나기도 한다.

독성분은 밝혀지지 않았으나 가까운 종인 붉은꼭지외대버섯이 독버섯이어서 이 버섯에도 독성분이 있을 것으로 짐작된다. 먹으면 배탈 증상 같은 소화기 장애를 일으킨다.

생김새 갓은 어릴 때는 원뿔이나 종 모양이다. 갓 꼭대기 한가운데는 연필심처럼 생긴 작은 돌기가 붙어 있으나 쉽게 떨어져 나가 없는 것도 있다. 자라서 갓이 다 피면 가장자리가 물결치듯 크게 주름지면서 삿갓 모양이 된다. 겉은 매끈하고 반들거리지만 물기를 많이 머금으면 노란빛을 띠고 가장자리에 가는 줄무늬가 나타난다. 마르면 색이 바래서 연한 노란색이 된다. 살은 얇고 연한 노란색인데 마르면 흰색이 된다.

주름살은 연한 노란색이다가 차차 연한 분홍색이나 살구색으로 변한다. 성글며 대에 끝붙은형 또는 완전붙은형으로 붙어 있다. 주름살 날은 매끈하다.

대는 위아래 굵기가 비슷하거나 아래가 조금 가늘다. 종종 비틀리거나 굽어 있고 납작하게 눌린 것도 있다. 갓과 같은 색이며 밑동은 희다. 겉은 반들반들하며 세로로 실 같은 줄무늬가 있다. 속은 비어 있는데 갓 꼭대기에 있던 돌기가 떨어지고 나면 꼭대기에서부터 대 밑동까지 뚫린 긴 구멍이 생긴다.

포자는 한 면이 네모꼴인 육면체이고 겉은 매끈하다. 포자 무늬는 살구색이다.

크기 갓 8~45mm, 대 15~75×2~4mm 소형

포자 9.7~13.4㎛

특징 갓 꼭대기에 뾰족한 돌기가 있다.

분포 우리나라, 동아시아, 유럽, 북아메리카 동부, 하와이

구분 공생균

노란꼭지버섯 *Inocephalus murrayi*

붉은꼭지외대버섯 *Entoloma quadratum* (Berk. & M.A. Curtis) E. Horak
진한 살구색이지만 색이 바래면 노란꼭지버섯과 비슷해져서 구별하기 어렵다. 우리나라를 비롯한 동아시아 지역에 흔히 난다.

자주졸각버섯

Laccaria amethystina Cooke

자실체 전체가 자수정 같은 고운 자줏빛을 띠고 있는 버섯이다. 종소명 amethystina도 '자수정색의' 라는 뜻이다. 북녘에서는 보라빛깔때기버섯이라고 한다. 마르거나 오래되어 색이 허옇게 바래면 다른 졸각버섯류와 비슷해지지만 주름살은 색이 변하지 않고 진한 자주색 그대로 남는 것으로 구별할 수 있다. 그래서 북녘에서는 리면자색버섯이라고도 부른다.

여름부터 가을까지 숲 속 땅 위나 길가, 정원, 햇볕이 잘 드는 돌 틈, 물기가 있는 곳에 홀로 나거나 무리 지어 난다. 평지에서 고산 지대까지, 활엽수 숲과 침엽수 숲, 거친 땅이나 오염된 땅을 가리지 않고 어디에나 잘 자라는 버섯으로 우리나라 전국 곳곳에서 볼 수 있는 흔한 버섯이다.

먹는 버섯으로 쫄깃하고 맛이 담백하지만 크기가 작아 그다지 먹지 않는다. 면역력을 높여 주고 종양을 억제하는 성분이 들어 있어서 약재로도 쓴다.

생김새 갓은 어릴 때는 둥근 산처럼 생겼는데 가운데가 배꼽처럼 옴폭 파여 있고 갓 끝이 안쪽으로 말려 있다. 자라면서 갓이 펴져 판판해지는데 갓 가운데는 그대로 오목하다. 갓이 다 피면 갓 가장자리가 위쪽으로 뒤집어져 깔때기꼴이 되는데 드물게는 물결치듯 크게 주름지기도 한다. 어릴 때는 진한 자주색을 띠며 물기를 머금으면 가장자리에 줄무늬가 나타난다. 마르거나 오래되면 색이 바래 연한 회갈색을 거쳐 연한 황갈색이 된다. 겉은 물기가 있으면 매끈하고 마르면 비듬 같은 비늘 조각이 생긴다. 살은 얇고 탄력이 있으며 연한 자주색이다.
주름살은 갓보다 진한 자주색을 띠는데, 마르거나 오래되어 갓 색이 거의 허옇게 되어도 주름살은 진한 자주색 그대로 오래도록 남는다. 주름살은 두껍고 성글며 대에 끝붙은형 또는 짧게 내린형으로 붙어 있다. 주름살 사이는 가는 연결맥*으로 이어져 있다. 주름살 날은 매끈하지 않다.
대는 원통형으로 위아래 굵기가 비슷하거나 아래가 약간 굵고 흔히 구부러져 있다. 갓과 같은 색이며 대 꼭대기 부분은 주름살 같은 진한 자주색이다. 겉에는 실같이 가는 흰색 줄무늬가 있다. 밑동은 허연색인데 연한 자주색 균사가 붙어 있다. 속은 차 있다가 차차 빈다.
포자는 공처럼 둥글고 겉은 가시 같은 돌기가 빽빽하다. 포자 무늬는 흰색이다.

* 연결맥(intervenose) : 주름버섯류에서 주름살 사이를 연결하는 가는 주름살. 연락맥 또는 간맥이라고도 한다.

크기 갓 15~36(50)mm, 대 23~57(75)×2~5mm 소형

포자 7.5~9.9×7.1~9.2㎛

특징 온몸이 고운 자주색이다.

분포 거의 전 세계

구분 공생균

자주졸각버섯 *Laccaria amethystina*

졸각버섯

Laccaria laccata (Scop.) Cooke

졸각버섯은 서양에서 The Deceiver사기꾼라는 이름으로 부를 정도로 환경에 따라 놀랄 만큼 색 변화가 심한 버섯이다. 말랐을 때, 촉촉할 때, 비에 젖었을 때에 따라 모습이 크게 달라져 버섯을 찾는 사람들 눈을 잘 속인다고 붙은 이름이다. 일본에서는 여우 털 빛깔과 닮았다고 キツネタケ여우버섯라고 하며 북녘에서는 자실체가 살색(살구색)을 띤다고 살색깔때기버섯이라고 한다.

여름부터 가을까지 여러 가지 나무가 섞여 자라는 숲 속 땅 위나 길가에 무리 지어 나거나 흩어져 난다. 우리나라 어디에서나 나는 아주 흔한 버섯이다. 색시졸각버섯, 자주졸각버섯과 함께 나기도 한다.

먹는 버섯으로 살이 부드러우면서도 쫄깃쫄깃하고 맛도 꽤 좋다. 하지만 크기가 아주 작고 살도 얇아 잘 먹지 않는다. 월계수잎 같은 향이 나서 피클을 만들 때 월계수잎 대신 넣기도 한다. 소화가 안 될 때 약으로 먹기도 한다. 암을 막아 주는 성분이 들어 있다.

생김새 갓은 어릴 때는 둥근 산 모양이고 자라면서 판판해진다. 다 피면 가운데가 오목해지고 가장자리가 넓게 펴져 물결치듯 구불거린다. 살구색이나 갈색을 띤 연분홍색인데 가운데는 색이 짙고 비듬 같은 가는 비늘 조각이 촘촘하게 펴져 있다. 물기를 머금으면 반투명한 적갈색이 되면서 가장자리에 파인 줄무늬가 나타난다. 마르면 색이 바래서 불투명한 연한 황갈색이 된다. 살은 아주 얇고 질기며 갓과 같은 색이다.

주름살은 살구색이고 성글다. 대에 끝붙은형 또는 짧게 내린형으로 붙어 있다. 주름살 날은 매끈하다.

대는 위아래 굵기가 비슷하며 종종 휘거나 납작하게 눌린 것도 있다. 갓과 같거나 약간 연한 색이며 아래쪽은 갈색을 띤다. 겉에는 세로로 가는 줄무늬가 있고 질기며 속은 차 있다가 차차 빈다. 밑동에는 짧고 부드러운 하얀 균사가 붙어 있다.

포자는 넓은 타원형이며 겉은 가시 같은 돌기가 빽빽하다. 포자 무늬는 흰색이다.

크기 갓 15~35mm, 대 20~54×2~4mm 소형

포자 7.5~8.9×5.2~7.1㎛

특징 환경에 따라 색 변화가 심하다.

분포 거의 전 세계

구분 공생균

졸각버섯 *Laccaria laccata*

색시졸각버섯 *Laccaria vinaceoavellanea* Hongo

색시졸각버섯은 졸각버섯보다 크기가 크고 갓 가운데가 배꼽처럼 옴폭 들어갔다. 색이 바랜 듯하고 칙칙하다.

배불뚝이연기버섯

Ampulloclitocybe clavipes (Pers.) Redhead, Lutzoni, Moncalvo & Vilgalys

송이과 깔때기버섯속Clitocybe에 있을 때는 배불뚝이깔때기버섯으로 불렸으나, 새 분류에서 벚꽃버섯과 연기버섯속으로 분류하면서 이름도 배불뚝이연기버섯으로 바꾸었다. 종소명 clavipes는 '곤봉 같은 다리(대)'라는 뜻으로 대 밑동이 크게 부푼 모습에서 온 것이다. 북녘에서는 검은깔때기버섯이라고 한다.

여름부터 가을까지 침엽수 숲 속 땅 위 또는 썩은 낙엽 위에 흩어져 나거나 무리 지어 난다. 때로 버섯고리를 이루기도 한다. 특히 소나무나 일본잎갈나무 둘레에 많이 난다.

맛이 좋고 쫄깃쫄깃해서 널리 먹는 버섯이다. 그러나 사람에 따라 술과 함께 먹으면 중독 증상이 나타나기도 한다. 중독되면 술에 취한 것 같이 얼굴이 붉어지고 현기증이 나며 맥박이 빨라지고 심장이 두근거린다. 심하면 호흡 곤란이 오면서 의식을 잃기까지 한다. 이런 증상은 두엄먹물버섯에 들어 있는 코프린coprine이라는 독성분이 일으키는 증상과 비슷하다. 독성분이 몸속에 오래 남으므로 이 버섯을 먹고 나서 당장 중독 증상이 나타나지 않더라도 적어도 일주일쯤은 술을 먹지 않는 것이 좋다.

생김새 갓은 어릴 때는 둥근 산 모양이고 자라면서 판판해지거나 가운데가 눌린 것처럼 살짝 꺼져 얕은 깔때기 모양이 된다. 갓 끝은 오래도록 안쪽으로 말려 있다. 겉은 매끈하고 붉은 기가 있는 갈색에서부터 회갈색, 어두운 황갈색까지 색이 다양한데 가운데 부분은 색이 짙고 가장자리는 연하다. 살은 흰색이고 갓 가운데 부분은 두껍다.
주름살은 흰색 또는 연한 노란색이며 약간 성글다. 대에 아주 길게 내린형으로 붙어 있다.
대는 뭉툭한데 밑동은 지름이 2cm나 될 만큼 크게 부풀어 마치 곤봉같이 생겼다. 갓보다 조금 연한 색인데 밑동은 조금 짙다. 겉은 매끈하며 실 같은 가는 비늘 조각이 붙어 있다. 속은 차 있다.
포자는 긴 타원형이고 매끈하다. 포자 무늬는 흰색이다.

크기 갓 25~50(70)mm 대 35~65×5~8mm 소형~중형

포자 5~7×3~4㎛

특징 대 밑동이 곤봉처럼 크게 부풀었다.

분포 우리나라, 일본, 중국, 북반구 온대 지역

구분 분해균

배불뚝이연기버섯 *Ampulloclitocybe clavipes*

꽃버섯

Hygrocybe conica (Schaeff.) P. Kumm.

붉은산무명버섯 또는 붉은산벚꽃버섯으로 불렀으나 꽃버섯속 기준종이므로 이름을 꽃버섯으로 바꾸었다. 종소명 conica는 '원뿔꼴'이라는 뜻인데 갓 꼭대기가 원뿔처럼 뾰족하게 생긴 모습에서 온 것이다. 북녘에서는 갓이 고깔처럼 생겼다고 붉은고깔버섯이라고 한다. 빛깔이 선명하고 고운 버섯이지만 다 자라면 자실체 전체가 시커멓게 변하는 특징이 있다.

여름부터 가을까지 풀밭, 숲 속 길가, 대밭이나 여러 가지 나무가 섞여 자라는 숲 속 땅 위에 홀로 나거나 무리 지어 난다. 우리나라 어디에서나 흔히 볼 수 있는 버섯이다.

어린 버섯은 색이 고와 일본에서는 샐러드 같은 요리에 넣어 먹기도 한다. 하지만 체질에 따라 중독되는 경우가 있으므로 주의해야 한다. 아직까지 독성분은 밝혀지지 않았지만 독버섯으로 분류하기도 한다.

생김새 갓은 어릴 때는 꼭대기가 뾰족하거나 약간 뭉툭한 원뿔꼴이다. 자라면서 판판하게 펴지나 가운데는 여전히 볼록하다. 드물게 가장자리가 넓게 펴지면서 물결치듯 구불거리기도 한다. 붉은색, 등황색 또는 노란색이며 가장자리는 색이 연하다. 어릴 때는 색이 곱고 선명하지만 자라면서 차차 옅은 회색이나 검은색을 띠어 다 자라면 검은색이 된다. 겉은 처음에는 매끈하나 차차 실처럼 갈라져 우산살 모양 줄무늬가 나타난다. 물기를 머금으면 약간 끈적거린다. 살은 갓과 같은 색 또는 조금 연한 색이며 얇고 잘 부스러진다. 문지르거나 상처를 내 보면 검은색으로 변한다.

주름살은 약간 성글고 가는 연결맥으로 이어져 있으며 대에 완전붙은형 또는 떨어진형으로 붙어 있다. 흰색 또는 연한 노란색인데 차차 회색빛을 띠어 녹갈색이나 녹황색이 되고 다 자라거나 상처가 나면 검은색으로 변한다. 주름살은 벌똥 같은 반들거리는 물질로 싸여 있어 문질러 보면 양초를 문지르는 느낌이 난다. 주름살 날은 매끈하나 약간 구불구불하다.

대는 원통형으로 위아래 굵기가 비슷하다. 노란색이나 등황색을 띠며 아래로 갈수록 색이 옅어져서 밑동은 거의 흰색이다. 다 자라거나 상처가 나면 검은색으로 변한다. 겉은 매끄럽고 마른 느낌이며 세로로 실 같은 줄무늬가 있는데 비틀린 것이 많다. 속은 차 있으나 차차 빈다.

포자는 넓은 타원형이나 타원형이며 겉은 매끈하다. 포자 무늬는 흰색이다.

크기 갓 15~35mm, 대 43~105×4~8mm 소형

포자 10.2~14.2×5.2~7.5㎛

특징 다 자라면 온몸이 검은색이 된다.

분포 한국, 동아시아, 유럽, 북아메리카

구분 공생균

꽃버섯 *Hygrocybe conica*

이끼꽃버섯 *Hygrocybe psittacina* var. *psittacina* (Schaeff.) P. Kumm.
이끼 사이에 흔히 나는 버섯이다. 어릴 때는 두꺼운 초록색 점액에 싸여 있어 초록색 또는 황록색으로 보인다. 점액이 마르면 주황색 바닥이 드러난다. 물기가 있으면 끈적거리고 갓에 흐릿하게 줄무늬가 나타난다. 대는 갓보다 색이 조금 연하다.

다색벚꽃버섯

Hygrophorus russula (Schaeff.) Kauffman

밤나무 둘레에 많이 나서 밤버섯이라고도 부른다. 북녘에서는 붉은무리버섯이라고 한다.

벚꽃버섯속의 기준종인 상아색벚꽃버섯*Hygrophorus eburneus*을 벚꽃버섯으로 이름을 바꾸게 되면서 이제까지 벚꽃버섯이라고 부르던 *Hygrophorus russula*는 다색벚꽃버섯*으로 이름을 바꾸었다. 종소명 russula는 '붉은색의' 라는 뜻이다.

가을철에 상수리나무, 졸참나무, 너도밤나무 같은 활엽수 숲 속 땅 위에 무리 지어 나는데, 흔히 버섯고리를 이루어 난다. 해를 거듭하면서 버섯고리가 점점 커져 산등성이 너머까지 퍼져 가기도 한다. 활엽수와 침엽수가 섞여 자라는 숲에 나기도 한다.

쓴맛이 있지만 부드럽고 씹는 맛이 매우 좋아 흔히 볶음이나 탕 요리에 쓴다.

생김새 갓은 어릴 때는 둥근 산처럼 생겼고 가장자리가 안으로 말려 있으나 자라면서 가장자리가 펴져 판판해진다. 갓 가운데는 볼록하거나 살짝 오목하다. 다 자라면 가장자리가 넓게 펴져 물결치듯 크게 구불거리거나 위쪽으로 젖혀져 깔때기꼴이 되기도 한다. 갓 가운데는 암갈색이나 붉은 자주색인데 가장자리로 가면서 색이 옅어져 연한 분홍색이 되고 오래되면 어두운 적갈색 얼룩이 생긴다. 겉은 물기가 있을 때는 끈끈하지만 잘 마른다. 살은 두껍고 흰색 또는 연한 분홍색을 띠며 상처를 내 보면 천천히 암갈색 얼룩이 생긴다. 약간 쓴맛이 난다.

주름살은 흰색이다가 자라면서 차차 암갈색 얼룩이 생긴다. 대에 완전붙은형 또는 내린형으로 붙어 있다. 약간 빽빽하다.

대는 원통형으로 위아래 굵기가 비슷하거나 위 또는 아래로 가면서 가늘며 종종 휘어 있다. 턱받이는 없다. 겉은 흰색이다가 갓과 비슷한 색이 되면서 얼룩이 생긴다. 속은 꽉 차 있으나 살이 물러서 잘 부스러진다.

포자는 타원형이며 겉은 매끈하다. 포자 무늬는 흰색이다.

* 《한국의 버섯 목록》(한국균학회, 2013)에는 다색벚꽃버섯으로 되어 있으나, 종소명 russula가 '붉은색의' 라는 뜻을 지니고 있고 갓도 다색(茶色 ; 갈색)보다는 자주색에 가까운 색이므로 앞으로 이름을 자색벚꽃버섯 또는 자주색벚꽃버섯으로 바꾸는 것이 바람직하다.

크기 갓 40~130(180)mm, 대 32~104×8~28mm 중형

포자 5.8~7.8×3.5~4.6㎛

특징 가을에 송이가 날 무렵 활엽수 숲에 난다.

분포 우리나라, 중국, 일본, 러시아, 북아메리카

구분 공생균

다색벚꽃버섯 *Hygrophorus russula*

솔땀버섯

Inocybe rimosa (Bull.) P. Kumm.

땀버섯류는 거의 독성분을 지니고 있는데 잘못 먹고 중독되면 땀을 많이 흘려서 땀버섯이라고 한다. 땀버섯속 버섯으로 갓 가운데가 볼록 솟아 있고 겉이 우산살 모양으로 가늘게 갈라진 모습이 솔을 닮아서 솔땀버섯이라는 이름이 붙었다. 종소명 rimosa도 '갈라진'이라는 뜻이다. 북녘에서는 땀독버섯이라고 한다.

여름부터 가을까지 활엽수, 침엽수 또는 여러 나무가 섞여 자라는 숲 속 땅 위나 길가에 흩어져 나거나 적은 수가 무리 지어 난다. 특히 너도밤나무과 나무 둘레에 많이 난다.

독버섯으로 중독되면 땀이 많이 나고 나중에는 침과 눈물도 나온다. 심하면 구토, 복통, 설사를 하거나 맥박이 느려지고 숨쉬기가 힘들어지며 앞이 잘 안 보이기도 한다. 이런 증상들은 무스카린muscarine이라는 독성분 때문에 나타나는데, 적은 양이 들어 있어서 대개 두어 시간쯤 지나면 괜찮아진다.

생김새 갓은 어릴 때는 종처럼 생겼고 갓 끝은 안쪽으로 말려 있다. 자라면서 가장자리가 판판하게 펴지고 다 자라면 가장자리가 위로 살짝 젖혀지기도 하지만 가운데는 여전히 볼록하게 솟아 있다. 황토색 또는 황토갈색이고 가운데는 색이 조금 진하다. 겉은 마른 느낌이고 실 모양 선이 뚜렷하다. 갓이 펴지면서 우산살 모양으로 갈라져 그 사이로 속살이 드러난다. 갓 끝에는 주름살을 싸고 있던 거미집 모양 내피막이 너덜너덜 달려 있다가 곧 떨어져 나간다. 살은 흰색이다.
주름살은 어릴 때는 허연색이다. 자라면서 연한 황토색을 띤다. 빽빽하며 대에 완전붙은형 또는 끝붙은형으로 붙어 있다. 주름살 날에는 하얀 가루가 붙어 있다.
대는 위아래 굵기가 같거나 아래쪽이 약간 굵고 밑동은 약간 부풀었다. 허연색이나 연한 노란색이다. 겉에는 아주 가는 실 모양 줄무늬가 있고 대 꼭대기 부분에는 하얀 가루가 붙어 있다. 속은 차 있다.
포자는 타원형이며 겉은 매끈하다. 포자 무늬는 황토색을 띤 연한 갈색이다.

크기 갓 20~76mm, 대 28~85×3~8mm 소형

포자 9.3~13.2×4.8~7.2㎛

특징 갓 겉면이 실 모양으로 갈라진다. 중독되면 땀을 많이 흘린다.

분포 거의 전 세계

구분 공생균

솔땀버섯 *Inocybe rimosa*

털땀버섯 *Inocybe maculata* Boud.

갓은 암갈색이고 가운데에 하얀 비늘 조각이 붙어 있다.

주름살은 연한 회갈색이고 주름살 날에는 하얀 가루가 붙어 있다.

활엽수 숲에 흔히 난다. 독버섯이다.

덧부치버섯

Asterophora lycoperdoides (Bull.) Ditmar

다른 버섯의 몸에 붙어 자란다고 덧부치버섯이라는 이름이 붙었다. 북녘에서는 덧붙이애기버섯 또는 밤별버섯이라고도 한다. 종소명 lycoperdoides는 '말불버섯을 닮은'이라는 뜻인데 말불버섯처럼 살에서 포자를 만든다고 붙은 것이다. 서양에서는 Powder cap가루버섯이라고 한다.

덧부치버섯은 다른 버섯에 붙어사는 까닭에 짧은 시간에 자손을 많이 퍼뜨려야 한다. 그래서 주름살에 있는 담자기에서뿐만 아니라 갓에서도 포자를 만든다. 갓에서 만드는 포자는 주름살에서 만드는 담자 포자와 달리 아주 두꺼운 껍질에 싸여 있어 후막 포자*라고 한다. 후막 포자를 현미경으로 보면 뾰족뾰족한 돌기에 싸여 있어 꼭 별사탕처럼 생겼다.

여름부터 가을까지 오래되거나 썩은 절구무당버섯, 젖버섯, 애기무당버섯, 흑갈색무당버섯의 갓 위에 뭉쳐나거나 무리 지어 난다. 우리나라에서는 절구무당버섯과 애기무당버섯에 흔히 난다.

먹을 수 있는지 또는 독성분이 있는지는 아직 알려지지 않았다.

생김새 갓은 어릴 때는 공처럼 생겼고 자라면서 둥근 산 모양을 거쳐 거의 판판해진다. 처음에는 새하얗고 겉이 매끈하다. 가운데서부터 차차 황토색 가루 덩이로 변해 후막포자를 만들고 버섯을 싸고 있던 겉껍질이 부스러지면서 포자가 밖으로 드러나 바람에 날려 사방으로 흩어진다.
주름살은 흰색이고 두껍다. 성글며 대에 끝붙은형으로 붙어 있다.
대는 짧고 가늘며 종종 굽어 있다. 흰색이고 아래로 가면서 연한 갈색을 띤다. 겉은 가루 또는 실 모양이다. 속은 차 있다가 자라면서 빈다. 드물게 대가 없는 것도 있다.
포자는 타원형 또는 알 모양이며 겉은 매끈하다. 포자 무늬는 흰색이다. 후막 포자는 길고 뾰족한 돌기에 싸여 있다.

덧부치버섯은 왜 무당버섯과 버섯에서만 자랄까? 무당버섯과 버섯은 다른 버섯에 비해 천천히 자라서 덧부치버섯이 붙어서 살기에 시간이 충분하고, 갓 가운데가 움푹 들어가 있어서 포자가 자리를 잘 잡을 수 있기 때문이다.

* 후막 포자(chlamydospore) : 일부 균류에서 무성 생식으로 만들어진 두꺼운 세포벽을 지닌 포자. 균사의 끝 또는 중간 부분에 만들어지며 담자 포자보다 훨씬 커서 거대 포자라고도 한다.

크기 갓 5~25(40)mm, 대 5~60×2~5mm 소형

포자 3.5~4.5×2.5~3㎛ **후막 포자** 16.5~21㎛

특징 살과 주름살에서 포자를 만든다.

분포 우리나라, 일본, 유럽, 북아메리카

구분 기생균

덧부치버섯 *Asterophora lycoperdoides*

덧부치버섯은 절구무당버섯이나 젖버섯 같은 무당버섯과 버섯의 갓 위에 붙어 자란다.

잿빛만가닥버섯

Lyophyllum decastes (Fr.) Singer

잿빛만가닥버섯은 방망이만가닥버섯이라고도 한다. 종소명 decastes는 '열 개가 모인'이라는 뜻으로 많은 대가 빽빽하게 무리 지어 난다고 붙은 것이다. 북녘에서는 무리버섯이라고 한다. 많은 양이 어디서나 흔히 나서 지방에서는 무데기버섯, 천덕쟁이라고도 부른다. 씹는 맛이 닭고기 같이 쫄깃쫄깃해서 서양에서는 Fried Chicken Mushroom튀긴닭버섯이라고 부른다. 땅찌만가닥버섯*Lyophyllum shimeji*과 생김새가 닮아 한때 같은 종으로 나누기도 했으나 땅찌만가닥버섯이 나무와 공생하는 공생균인 것과 달리 땅속에 묻힌 나무 따위를 썩혀 양분을 얻는 분해균이다.

여름부터 늦가을까지 숲 속 풀밭이나 땅 위, 죽은 나무의 뿌리나 땅에 묻힌 나무에서 빽빽하게 뭉쳐나거나 무리 지어 난다. 땅에 떨어진 나뭇가지나 쌓인 낙엽에서도 자란다.

먹는 버섯으로 맛이 좋아 일본이나 중국에서는 즐겨 먹고, 대량으로 재배해서 수출도 하고 있다. 다른 지역에서도 야생 버섯을 널리 먹고 있지만 야생 버섯은 약한 독성분이 있어서 사람에 따라 중독될 수 있다. 면역력을 높여 주고, 암과 고혈압 예방에 도움을 주는 약용 버섯이기도 하다.

생김새 갓은 어릴 때는 둥근 산 모양이고 갓 끝은 안쪽으로 말려 있다. 자라면서 판판해지는데 다 자라면 가운데가 약간 오목해지고 가장자리는 물결치듯 구불거린다. 어두운 녹갈색이나 회갈색이며 오래되면 약간 색이 연해진다. 환경에 따라 색이나 형태가 많이 다른데 습기가 많고 그늘진 곳에서는 색이 연하다. 겉에는 솜털 같은 하얀 비늘 조각이 덮여 있어 매끈하고 반들거린다. 살은 희고 단단하며 밀가루 냄새가 난다.

주름살은 흰색 또는 회백색이고 오래되면 희미하게 갈색을 띤다. 빽빽하며 대에 완전붙은형 또는 짧게 내린형으로 붙어 있다. 주름살 날은 매끈하다.

대는 위아래 굵기가 같거나 밑동이 조금 부풀었고 종종 비틀리거나 휜 것도 있다. 흰색 또는 갓보다 조금 연한 색이고 꼭대기 부분에는 가루 같은 하얀 비늘 조각이 붙어 있다. 몇 개 또는 많은 대가 밑동에서 합쳐져 큰 기둥 모양을 이루기도 하며 밑동 아래에는 뿌리 같은 긴 균사 다발이 붙어 있다.

포자는 둥그스름하며 겉은 매끈하다. 포자 무늬는 흰색이다.

크기 갓 40~90mm, 대 40~80×5~12.5mm 중형

포자 5.5~7.7×5.1~6.8㎛

특징 많은 대가 빽빽하게 뭉쳐난다.

분포 북반구 온대 지역

구분 분해균

잿빛만가닥버섯 *Lyophyllum decastes*

종이꽃낙엽버섯

Marasmius pulcherripes Peck

갓이 종이처럼 얇고 꽃처럼 고운 붉은색을 띠고 있어서 종이꽃낙엽버섯이라는 이름이 붙었다. 갓의 붉은색이 앵둣빛을 닮았다고 앵두낙엽버섯이라고도 한다. 종소명 pulcherripes는 '아름다운 대를 지닌'이라는 뜻으로 대가 가늘고 길며 반들반들하다고 붙은 것이다.

큰낙엽버섯*Marasmius maximus*과 닮았지만 갓 색이 붉고 크기가 아주 작다. 다른 낙엽버섯류와 마찬가지로 아무리 건조한 날씨가 오래 지속되어도 죽지 않고 있다가 비가 내리면 곧 되살아난다. 그래서 포자가 싹 트기에 알맞은 축축한 조건이 되면 곧바로 포자를 내보낸다.

여름부터 가을까지 활엽수나 침엽수가 섞여 자라는 숲 속 썩은 낙엽 사이나 떨어진 가지에 무리 지어 나거나 흩어져 난다. 아주 작은 버섯이지만 색이 곱고 많은 수가 무리 지어 나기 때문에 눈에 잘 띈다.

독성분은 없으나 작고 살도 얇고 질겨서 먹지 않는다.

생김새 갓은 어릴 때는 종 또는 둥근 산 모양이다. 자라면서 판판해지는데 가운데에 볼록하게 솟은 돌기가 있어 마치 우산같이 생긴 것도 많다. 갓 끝은 위로 말려 있다. 겉은 끈적거림 없이 마른 느낌이고 우산살 모양으로 뚜렷하게 파인 줄무늬가 있다. 갓이 점점 펴지면 줄무늬는 더 깊게 파이고 가장자리는 물결치듯 구불구불해진다. 볼록 솟은 가운데 부분의 둘레는 종이를 구겨 놓은 것처럼 쭈글쭈글하다. 담홍색이나 꽃분홍색 또는 노란색이나 회색을 띤 붉은색이며 가운데는 색이 진하다. 살은 종잇장같이 아주 얇고 가죽처럼 질기다. 마르면 줄어들었다가 물을 머금으면 다시 본디 모습으로 돌아간다.

주름살은 새하얀 색이고 자라면서 담홍색이 된다. 주름살 수가 아주 적어 16~19개밖에 안 된다. 아주 성글며 대에 완전붙은형 또는 떨어진형으로 붙어 있다.

대는 아주 가늘고 길며 반들반들해서 말총이나 검은 철사 같다. 진한 흑갈색이며 위로 가면서 색이 연해진다. 속은 비어 있다.

포자는 긴 타원형이며 매끈하다. 포자 무늬는 흰색이다.

크기 갓 8~15mm, 대 30~80×1mm 소형

포자 11~15.5×3.5~4㎛

특징 갓이 고운 붉은색이고 아주 얇다.

분포 우리나라, 동아시아, 북아메리카 동부

구분 분해균

종이꽃낙엽버섯 *Marasmius pulcherripes*

애기낙엽버섯 *Marasmius siccus* (Schwein.) Fr.

종이꽃낙엽버섯과 생김새가 꼭 닮아서 오랫동안 혼동되어 왔다.

현미경으로 살펴보면 종이꽃낙엽버섯보다 포자가 조금 더 크고 길다.

갓은 황토색 또는 적갈색이다.

큰낙엽버섯

Marasmius maximus Hongo

낙엽버섯속 버섯 가운데 가장 커서 큰낙엽버섯이라는 이름이 붙었다. 북녘에서는 큰가랑잎버섯이라고 한다. 종소명 maximus도 '가장 크다' 라는 뜻이다.

봄부터 가을까지 삼나무 숲이나 여러 가지 나무가 섞여 자라는 숲, 대숲, 정원 같은 곳에 쌓인 썩은 낙엽 사이에 무리 지어 난다. 때로 버섯고리를 이루기도 한다. 특히 이른 여름에 많이 나는 흔한 버섯이다.

독성분은 없으나 맛도 없고 살이 질겨서 먹지 않는다.

생김새 갓은 어릴 때는 종 또는 둥근 산 모양이다. 자라면서 가운데는 조금 볼록한 채로 판판하게 피는데 때로 가운데가 오목한 것도 있다. 가운데서부터 우산살 모양으로 길고 뚜렷하게 파인 줄무늬가 뻗어 나가면서 주름 모양을 이루며, 갓 가운데 부분은 종이를 구겨 놓은 것처럼 약간 쭈글쭈글하다. 갓 끝은 날카롭다. 갓이 활짝 피면 가장자리가 위로 젖혀지면서 물결치듯 구불거린다. 겉은 끈적거림이 없고 어릴 때는 매끈하다. 물기를 머금었을 때는 가운데는 진한 갈색이고 가장자리는 칙칙한 연한 노란색이나 연한 황갈색이다. 오래되거나 마르면 색이 바래서 허연색이 된다. 살은 흰색이며 아주 얇고 단단하며 가죽처럼 질기다. 갓 가운데 부분은 때로 두껍다.
주름살은 흰색 또는 갓보다 조금 연한 색이고 폭이 7mm쯤으로 넓다. 주름살은 두드러지게 성글고 주름살끼리는 가는 연결맥으로 이어져 있다. 주름살은 대에 끝붙은형 또는 떨어진형으로 붙어 있다.
대는 위아래 굵기가 같으며 가늘고 힘줄처럼 아주 질긴 세로줄이 빽빽하게 있다. 갓과 색이 거의 같고 대 위쪽은 가루로 덮여 있다. 밑동은 솜털 같은 하얀 균사가 싸고 있다. 균사는 낙엽 사이로 넓게 뻗어 나가며 낙엽을 뒤덮는다. 속은 차 있으나 다 자라면 빈다.
포자는 타원형이고 매끈하다. 포자 무늬는 흰색이다.

크기 갓 40~90mm, 대 50~110×3~5mm 소형~중형

포자 7~9×3~4㎛

특징 주름살이 아주 성글고 폭이 넓다.

분포 우리나라, 일본, 중국

구분 분해균

큰낙엽버섯 *Marasmius maximus*

맑은애주름버섯

Mycena pura (Pers.) P. Kumm.

맑은애주름버섯은 갓이 여러 가지 색을 띠면서 잘 변하는 성질이 있다. 그래서 북녘에서는 색갈이줄갓버섯이라고 한다. 자주색에서부터 분홍색, 칙칙한 노란색에 이르기까지 아주 폭넓은 색을 지닌 버섯이다. 그 가운데 특히 흔히 볼 수 있는 것은 자주색, 분홍색, 연보라색이다. 종소명 pura는 '맑은, 순수한'이라는 뜻이다.

여름부터 가을까지 활엽수 숲이나 여러 가지 나무가 자라는 숲 속 낙엽이나 썩은 나무 위에 홀로 나거나 무리 지어 난다. 우리나라 어디에서나 볼 수 있는 흔한 버섯이다.

적은 양이기는 하지만 광대버섯에 들어 있는 것과 같은 독성분 무스카린이 들어 있어 독버섯으로 분류한다. 중독되면 땀이 많이 나고 헛것이 보인다. 설사, 구토, 복통이 일어나고 맥박이 느려지며, 심하면 호흡이 가빠지면서 경련이 일어나 죽기도 한다.

생김새 갓은 어릴 때는 종처럼 생겼고 자라면서 판판해지는데 가운데는 볼록하다. 드물게는 볼록 솟은 부분의 둘레가 약간 오목한 것도 있다. 가장자리가 더 넓게 펴지면 물결치듯 구불거리거나 위로 젖혀지기도 한다. 겉은 매끈하며 분홍색, 자주색, 자줏빛을 띤 갈색, 연보라색, 보랏빛을 띤 회색, 드물게는 칙칙한 황갈색, 새파란 색, 새하얀 색 등 여러 가지 색으로 변하며 가장자리는 색이 연하다. 물기를 머금었을 때는 우산살 모양 줄무늬가 나타나고 마르면 종종 갓 끝에 하얀 테가 나타난다. 살은 아주 얇고 분홍색이나 연보라색을 띠며 무나 순무 같은 맛과 향이 난다.
주름살은 새하얀 색 또는 갓과 거의 같은 색이다. 폭이 넓고 약간 성글며 주름살 사이는 가는 연결맥으로 이어져 있다. 대에 완전붙은형, 끝붙은형 또는 홈형으로 붙어 있다. 주름살 날에는 고운 가루가 붙어 있다.
대는 길고 가늘며 위아래 굵기가 같거나 아래가 조금 굵고, 드물게 납작하게 눌린 것도 있다. 갓과 같은 색이거나 위쪽이 조금 옅은 색이다. 겉은 반들반들하며 세로로 실 같은 줄무늬가 있다. 밑동에는 하얀 균사가 빽빽하게 덮여 있다. 다 자라면 속이 빈다.
포자는 긴 타원형이고 겉은 매끈하다. 포자 무늬는 흰색이다.

크기 갓 15~45mm, 대 34~58×2~7mm 소형

포자 6.1~7.3×3.2~4.1㎛

특징 갓이 여러 가지 색을 띠고 잘 바뀐다.

분포 우리나라, 동아시아, 유럽, 북아메리카, 북아프리카

구분 분해균

맑은애주름버섯 *Mycena pura*

적갈색애주름버섯

Mycena haematopus (pers.) P. Kumm.

적갈색애주름버섯은 자실체에 상처를 내 보면 피처럼 검붉은 물이 배어 나오는 특징을 지니고 있다. 종소명 haematopus는 '피'라는 말과 '대'라는 말이 합쳐진 것으로 대를 잘랐을 때 이런 특징이 가장 뚜렷하게 나타나기 때문에 붙은 것이다. 갓 겉면과 주름살에도 핏빛 같은 적갈색 얼룩이 있다. 북녘에서는 피빛줄갓버섯 또는 피빛버섯이라고 한다.

여름부터 가을까지 살아 있는 활엽수의 썩은 부분이나 그루터기, 쓰러진 나무 들에 뭉쳐나거나 무리 지어 난다. 때로 홀로 나기도 한다. 전 세계에 널리 퍼져 있는 버섯으로 우리나라에서도 전국 어디서나 흔히 볼 수 있다.

독성분은 밝혀지지 않았으나 살이 얇고 크기가 작아서 먹지 않는다.

생김새 갓은 어릴 때는 종처럼 생겼고 자라면서 삿갓 모양이 된다. 갓 가운데가 꼭지처럼 볼록하게 튀어나온 것도 있다. 갓 끝은 자잘한 톱니 모양이다. 적갈색 또는 붉은 자주색이며 가장자리로 갈수록 색이 연해진다. 겉은 물기를 잘 빨아들이는 성질이 있어 물기를 머금었을 때는 색이 진해지고 우산살 모양 긴 줄무늬가 나타난다. 마르면 거의 흰색이 되고 매끈해진다. 살은 아주 얇고 투명하다.

주름살은 어릴 때는 흰색이다가 차차 살구색이나 연한 자주색으로 변하고 적갈색 얼룩이 생긴다. 약간 성글고 대에 완전붙은형 또는 짧게 내린형으로 붙어 있다.

대는 가늘고 길며 약간 구부러져 있다. 겉은 어릴 때는 고운 가루를 바른 것 같은 느낌이 들지만 차차 매끈해지고 갓과 같은 색이 된다. 종종 꼬인 줄무늬가 나타나기도 한다. 위쪽은 조금 연하다. 밑동에는 거친 흰색 균사가 빽빽하게 붙어 있다. 속은 비어 있어 가는 관같이 생겼고 잘 꺾인다. 싱싱한 버섯은 대 속에 핏빛 같은 검붉은 물이 차 있어서 상처를 내 보면 피처럼 배어 나온다. 오래되어 버섯이 마르면 검붉은 물은 나오지 않는다.

포자는 타원형이며 겉은 매끈하다. 포자 무늬는 흰색 또는 연한 미색이다.

크기 갓 10~35mm, 대 20~130×1.5~3mm 소형

포자 7.5~10×7.5㎛

특징 대를 베어 보면 핏빛 물이 나온다.

분포 우리나라, 북아시아, 유럽, 북아메리카

구분 분해균

적갈색애주름버섯 *Mycena haematopus*

이끼살이버섯

Xeromphalina campanella (Batsch) Kühner & Maire

죽은 나무나 베어 낸 나무줄기 위 이끼가 있는 곳에 흔히 난다고 이끼살이버섯이라는 이름이 붙었다. 빳빳한 털처럼 생긴 노란색 균사가 대 밑동을 둥그렇게 싸고 있는 것이 특징이다. 갓은 작고 볼록한데, 가운데가 배꼽처럼 옴폭하게 꺼져 있어서 북녘에서는 밤색애기배꼽버섯이라고 한다. 속명에 들어 있는 omphalina라는 말도 갓 가운데가 배꼽처럼 옴폭 들어가 있는 것을 나타낸다. 종소명 campanella는 '작은 종'이라는 뜻으로 어린 버섯의 갓이 종처럼 생긴 데서 온 것이다.

여름부터 가을까지 침엽수 숲의 썩은 나무, 그루터기 또는 썩은 나무줄기를 덮고 있는 이끼 위에 많은 수가 뭉쳐나거나 수백 개씩 무리 지어 난다. 때로 물이끼 사이나 이끼가 덮여 있는 살아 있는 나무줄기에서도 난다. 우리나라 어디에서나 볼 수 있는 흔한 버섯이다.

먹을 수 있는 버섯이지만 크기가 아주 작고 살도 얇아서 잘 먹지 않는다. 약용 버섯으로 암을 막아 주는 성분이 들어 있다.

생김새 갓은 어릴 때는 종 또는 둥근 산 모양이나 나중에 가운데가 옴폭하게 꺼진다. 노란빛이나 붉은빛을 띤 갈색인데 가운데 부분은 진하고 가장자리는 연하다. 겉은 반들반들하고 물기를 머금으면 가장자리에 우산살 모양 줄무늬가 나타난다. 살은 아주 얇고 갓과 같은 색이다.
주름살은 성글고 연한 노란색이다가 연한 등황색이 된다. 대에 완전붙은형 또는 내린형으로 붙어 있다. 주름살 사이는 가는 연결맥으로 이어져 있다.
대는 아주 가늘고 종종 구부러져 있다. 위쪽은 노란색이고 아래로 가면서 갈색을 띤다. 시간이 지나면 전체가 암갈색이 된다. 겉은 매끈하고 단단하며 속은 차 있다. 밑동에는 연한 노란빛을 띤 빳빳한 털이 있다.
포자는 긴 타원형이고 겉은 매끈하다. 포자 무늬는 연한 노란빛을 띤 흰색이다.

크기 갓 8~20mm, 대 10~30×0.5~2mm 소형

포자 6~7.5×3~3.5㎛

특징 갓 가운데가 배꼽처럼 옴폭 들어가 있다.

분포 우리나라, 동아시아, 유럽, 북아메리카

구분 분해균

이끼살이버섯 *Xeromphalina campanella*

밀꽃애기버섯

Gymnopus confluens (Pers.) Antonín, Halling & Noordel.

이전에는 송이과 애기버섯속Collybia에 두었으나 새 분류에서 솔밭버섯과로 옮기고 꽃애기버섯속으로 분류했다. 종소명 confluens는 '여럿이 하나로 합쳐진' 이란 뜻으로 자실체가 뭉쳐나는 모습에서 온 것이다. 낙엽을 분해하는 힘이 아주 강한 버섯으로 낙엽이 쌓인 곳에 많이 난다. 북녘에서는 나도락엽버섯이라고 한다.

여름부터 가을까지 침엽수 숲 또는 여러 가지 나무가 섞여 자라는 숲 속 낙엽이 많이 쌓인 곳에 뭉쳐나거나 무리 지어 난다. 때로 버섯고리를 이루기도 한다. 특히 너도밤나무 둘레에 많이 나며 썩은 나무, 정원, 잔디밭 같은 곳에서도 볼 수 있는 아주 흔한 버섯이다.

먹는 버섯으로 살짝 단맛이 나지만 살이 얇고 크기도 작은 데다가 사람에 따라 날것을 먹으면 중독될 수도 있으니 주의해야 한다. 항생 물질이 들어 있어 약재로 쓰기도 한다.

생김새 갓은 어릴 때는 둥근 산 모양이고 갓 끝이 안쪽으로 말려 있다가 자라면서 판판하게 펴진다. 가장자리는 때로 구불거리거나 위로 젖혀지기도 한다. 적갈색이며 가장자리는 색이 연하고 짧고 가는 선이 있다. 자라면서 색이 바래서 연한 황갈색이나 회색빛을 띤 연한 분홍색이 되는데 드물게는 거의 허연색이 된다. 가운데는 진한 색이 그대로 남는다. 겉은 매끈하며 가는 줄무늬 또는 주름이 있다. 살은 흰색 또는 연한 노란색이고 아주 얇다.

주름살은 흰색이고 자라면서 점점 살구색이 된다. 폭이 아주 좁고 빽빽하며 대에 완전붙은형 또는 끝붙은형으로 붙어 있다. 때로 떨어진형으로 붙어 있는 것도 있다. 주름살 날은 매끈하거나 가루가 조금 붙어 있다.

대는 위아래 굵기가 비슷하다. 가끔 비틀리거나 살짝 눌린 것도 있다. 갓과 같은 색이며 겉에는 희고 짧은 털이 빽빽하게 덮여 있다. 밑동에는 솜털 모양 균사가 있어서 낙엽에 붙는다. 속은 자라면서 차차 빈다.

포자는 긴 타원형이고 겉은 매끈하다. 포자 무늬는 흰색이나 연한 노란색이다.

크기 갓 8~28mm, 대 33~85×1.5~4mm 소형

포자 6.2~8.6×3.2~4.1㎛

특징 대에 짧은 털이 빽빽하다.

분포 북반구 일대, 아프리카

구분 분해균

밀꽃애기버섯 *Gymnopus confluens*

표고

Lentinula edodes (Berk.) pegler

표고버섯이라고도 한다. 참나뭇과 나무에 많이 난다고 북녘에서는 참나무버섯이라고 한다. 이전에는 표고속Lentinula을 낙엽버섯과로 분류해 왔으나 새 분류에서 솔밭버섯과로 분류했다. 종소명 edodes는 '에도 시대의' 또는 '먹을거리'라는 뜻이다.

한 해에 두 번, 봄과 가을에 죽은 상수리나무, 졸참나무, 너도밤나무 같은 활엽수의 줄기나 나뭇가지, 그루터기에 홀로 나거나 무리 지어 난다. 드물게 나는 버섯이라 흔히 길러 먹는다. 참나뭇과 나무 들을 베어 내 줄기에 구멍을 뚫고 그 속에 표고 균사를 심어 기른다. 요즈음은 톱밥을 써서 대량으로 재배하는데 맛과 향이 야생종이나 나무*에서 기른 것만 못하다.

맛과 향이 좋고 영양분도 많아 우리나라 사람이 가장 즐겨 먹는 버섯이다. 햇볕에 말리면 맛과 향이 더 좋아지고 표고에 특히 많이 들어 있는 에고스테롤ergosterol이 비타민 D_2로 변한다. 혈압을 낮춰 주는 에리타데닌eritadenine을 비롯해 칼슘, 구리, 철분, 인 같은 몸에 좋은 성분이 많이 들어 있어 약재로도 쓴다. 최근에 암을 막아 주는 렌티난lentinan이 들어 있는 것이 밝혀져 미국식품의약국(FDA)에서는 10대 항암 식품으로 권장하고 있다. 조선 시대 《동의보감》과 《본초강목》에도 약재로 쓴 기록이 나온다.

생김새 갓은 둥근 산 모양이고 갓 끝이 강하게 안쪽으로 말려 있으나 자라면서 판판해진다. 갈색이나 흑갈색이고 겉에는 실 같은 비늘 조각이 덮여 있다. 마르면 거북등무늬처럼 터지기도 한다. 가장자리에는 하얀 솜털이 붙어 있다가 곧 없어진다. 살은 흰색이며 마르면 연한 노란색이 된다. 두껍고 탱탱하며 짙은 향이 난다.

주름살은 흰색이며 빽빽하다. 대에 홈형 또는 끝붙은형으로 붙어 있다. 주름살 날은 톱니 모양이다.

대는 원통형이며 종종 밑동 부분이 가늘거나 한쪽으로 구부러져 있다. 흰색이며 아래로 가면서 갈색을 띤다. 솜털 같은 턱받이는 대 위쪽에 붙어 있다가 곧 떨어져 나간다. 턱받이 아래쪽에는 실 같은 비늘 조각이 붙어 있다.

포자는 타원형이며 겉은 매끈하다. 포자 무늬는 흰색이다.

* 버섯나무. 농가에서는 흔히 골목榾木이라고 한다. 통나무를 적당한 크기로 잘라 구멍을 여러 개 뚫고 그 속에 종균을 심어 버섯을 키운다. 표고를 키우는 나무는 따로 표고목이라고도 한다.

크기 갓 35~130(200)mm, 대 23~87×8~20(35)mm 중형

포자 4.8~6.3×3~3.6㎛

특징 한 해에 두 번 난다.

분포 우리나라, 동아시아, 유럽, 뉴질랜드

구분 분해균

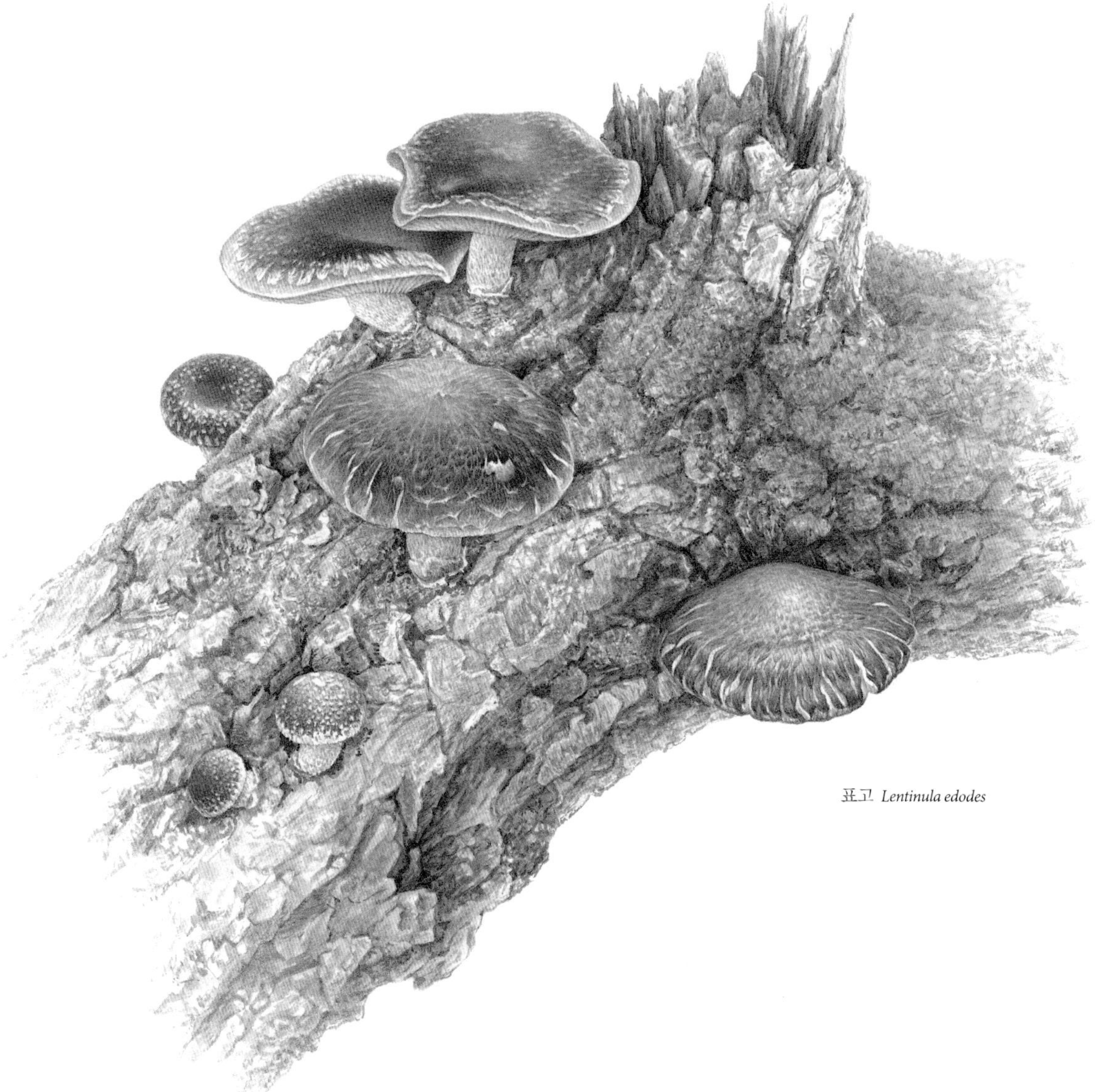

표고 *Lentinula edodes*

주름버섯목
솔밭버섯과
솔밭버섯속

화경버섯

Omphalotus japonicus (Kawam.) Kirchm. & O.K. Mill.

학자에 따라 낙엽버섯과나 송이과로 분류하기도 하나 새 분류에서는 솔밭버섯과 솔밭버섯속으로 분류했다. 밤에 푸르스름한 빛을 낸다고 달버섯이라고도 한다. 느타리와 닮은 독버섯이라고 북녘에서는 독느타리버섯이라고 한다.

이른 여름부터 가을까지 서어나무, 너도밤나무, 고로쇠나무 같은 죽은 활엽수 나무줄기에 무리 지어 나거나 겹쳐 난다. 우리나라에서는 해마다 광릉에서 볼 수 있고, 지리산과 설악산에서는 드물게 볼 수 있다. 멸종위기종으로 지정되어 있는 희귀한 버섯이다.

독버섯으로 먹은 지 30분쯤 지나면 복통, 구토, 설사 같은 중독 증상이 나타나는데 심하면 죽기도 할 만큼 강한 독을 지녔다. 표고나 느타리와 닮아서 헷갈리기 쉽지만 대를 세로로 잘라 보아 밑동에 검붉은 얼룩이 있는 것으로 구별한다. 일본에서는 흔히 나는 버섯이라 중독 사고가 많이 나지만 우리나라에서는 아주 드물게 나서 중독 사고가 거의 나지 않는다. 다만 옛날 궁중에서 사약 재료 가운데 하나로 화경버섯을 썼다는 기록이 있다. 최근 화경버섯에 들어 있는 독성분 람프테롤lampterol이 항암 효과가 있다는 것이 밝혀지면서 암 치료제로 개발하고 있다.

생김새 갓은 둥근 산 모양이다가 자라면서 판판해져 반원이나 조개 모양이 된다. 갓 끝은 오래도록 안쪽으로 말려 있다. 황갈색이며 겉에는 그보다 짙은 작은 비늘 조각이 있다. 다 자라면 자줏빛을 띤 갈색이나 암갈색이 되고 비늘 조각이 떨어져 나가 밀랍을 바른 것처럼 반들반들해진다. 살은 희고 축축한 느낌이 있으며, 갓 가운데는 아주 두껍고 가장자리는 얇다.
주름살은 어릴 때는 연한 노란빛을 띠나 다 자라면 흰색이 된다. 약간 빽빽하며 대에 내린형으로 붙어 있다. 주름살과 포자는 푸르스름한 빛을 내어 벌레들을 꾀어 들여 포자를 퍼뜨린다. 낮에도 빛을 내지만 주위가 밝아서 눈에 보이지 않고 밤이나 어두운 곳에서만 빛을 내는 것이 보인다.
대는 짧고 굵으며 흔히 갓 가장자리에 붙는다. 갓보다 색이 조금 연하고 주름살과 만나는 곳에 턱받이 흔적이 볼록하게 띠 모양으로 남아 있다. 세로로 잘라 보면 밑동에 검붉은 얼룩이 있다.
포자는 둥글고 겉은 매끈하다. 포자 무늬는 흰색이다.

크기 갓 67~225mm, 대 12~27×15~32mm 대형

포자 10.8~14.5㎛

특징 주름살과 포자가 푸르스름한 빛을 낸다.

분포 우리나라, 일본, 러시아 연해주

구분 분해균

화경버섯 *Omphalotus japonicus*

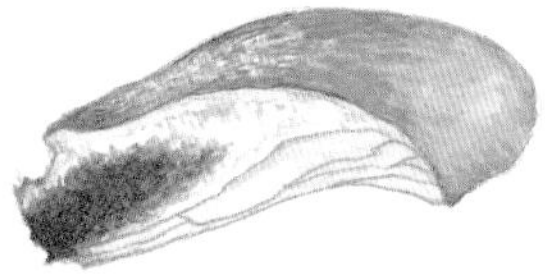

화경버섯 단면

반으로 잘라 보면 대 밑동에 검붉은 얼룩이 있다.

뽕나무버섯

Armillaria mellea (Vahl) P. Kumm.

뽕나무버섯은 갓 색이 꿀이나 꿀밀 색을 닮았다고 꿀밀버섯이라고도 한다. 종소명 mellea는 '꿀색을 지닌' 이란 뜻이다. 서양에서는 Honey mushroom꿀버섯이라고 한다. 북녘에서는 개암나무버섯 또는 개암버섯[*1]이라고 한다. 강원도 지역에서는 글쿠버섯 또는 글코버섯이라고 부른다.

여름부터 가을까지 활엽수나 침엽수의 밑동, 베어 낸 그루터기, 쓰러진 나무줄기, 죽은 가지에 무리 지어 나거나 뭉쳐난다. 때로 살아 있는 나무 밑동에 나기도 한다.

맛과 향이 아주 좋고 살이 단단해 씹는 맛이 쫄깃쫄깃하다. 하지만 날것을 먹거나 익힌 것이라도 한 번에 많이 먹으면 중독될 수 있으니 끓는 물에 데쳐서 물은 버리고 먹는 것이 좋다.

생김새 갓은 어릴 때는 둥근 산 모양이고 안으로 굽어 있다. 자라면서 판판해지는데 가운데는 약간 오목하다. 연한 갈색이나 연한 황갈색이고 가운데에는 빳빳하게 선 가늘고 거친 흑갈색 비늘 조각이 빽빽하게 덮여 있다. 가장자리에는 우산살 모양 가는 줄무늬가 있고 갓 끝에는 내피막 자투리가 남아 붙어 있기도 한다. 살은 흰색이나 분홍빛을 띤 흰색이고 두꺼우며 잘 부스러진다.

주름살은 흰색이며 차차 연한 적갈색 얼룩이 생긴다. 약간 성글고 대에 내린형으로 붙어 있다. 주름살 날은 매끈하다.

대는 위아래 굵기가 비슷하거나 아래가 약간 부풀었다. 뚜렷한 턱받이가 대 위쪽에 붙어 있는데 턱받이 위쪽은 흰색이고 파인 갈색 줄무늬가 주름살에 이어져 있다. 턱받이 아래쪽은 연한 갈색이고 아래로 갈수록 검다. 밑동에는 철사처럼 빳빳한 검은색 균사 다발(실뿌리균사속rhizomorph)[*2]이 붙어 있다. 이 균사 다발은 스스로 빛을 내기 때문에 캄캄한 밤에 뽕나무버섯 균사가 파고든 나무를 보면 초록빛을 띤 하얀 빛이 난다. 속은 차 있다가 차차 빈다.

포자는 타원형이며 겉은 매끈하다. 포자 무늬는 흰색 또는 연한 노란색이다.

*1 남녘에서는 *Hypholoma lateritium*을 개암버섯이라고 부른다.

*2 뽕나무버섯의 균사다발은 땅 위 또는 땅속으로 아주 빠르게 퍼져 가는데, 주변에 죽은 나무가 없을 때는 살아 있는 나무를 공격해서 해를 입힌다. 특히 벚나무, 일본잎갈나무, 느티나무, 소나무, 편백 뿌리에 파고들어 뿌리를 썩혀 죽게 하는데 이것을 '뽕나무병' 이라고 한다. 균사 다발은 두꺼운 껍질에 싸여 있어서 어떤 환경에서도 잘 견디고 100m도 넘게 멀리 뻗어 온 산을 뒤덮기도 한다. 이렇게 한번 숲에 퍼지면 손쓸 방법이 없다. 맛있는 버섯인데도 뽕나무버섯을 재배하지 않는 이유는 이처럼 생명력이 강해서 숲에 피해를 주기 때문이다.

크기 갓 33~102mm, 대 45~105×5~13mm 소형~중형

포자 6.7~8.3×4.8~6.2㎛

특징 검은 균사 다발이 나무뿌리를 썩힌다.

분포 전 세계

구분 기생균

뽕나무버섯 *Armillaria mellea*

어린 버섯

뽕나무버섯부치

Armillaria tabescens (Scop.) Emel

뽕나무버섯부치는 뽕나무버섯과 생김새가 아주 닮았으나 대에 턱받이가 없다. 그래서 서양에서는 Ringless Honey Fungus턱받이가 없는 뽕나무버섯라고 부른다. 충청도에서는 참나무가다발, 가다발, 가다바리, 참나무버섯 들로 부른다. 북녘에서는 나도개암버섯이라고 한다.

여름부터 가을까지 죽은 활엽수의 그루터기, 쓰러진 나무, 살아 있는 나무의 밑동이나 껍질에 뭉쳐나거나 무리 지어 난다. 때로 침엽수에도 난다. 뽕나무버섯같이 검은 철사처럼 생긴 균사 다발이 나무뿌리에 파고들어 양분을 뺏으며 자라는데 특히 벚나무에 병을 잘 일으킨다.

먹는 버섯으로 씹는 맛이 쫄깃쫄깃하고 좋다. 독성분이 조금 있어서 날것을 먹거나 익힌 것이라도 많은 양을 한 번에 먹으면 위장 장애와 알레르기 증상이 나타난다. 쌉싸래한 맛이 있어서 소금물에 데쳐 맑은 물에 여러 번 헹궈 먹는다.

생김새 갓은 어릴 때는 둥근 산 모양이다. 자라면서 판판해지는데 가운데가 오목하게 들어가면서 얕은 깔때기 모양이 되기도 한다. 연한 황토색이나 연한 노란색이고 가운데에는 가는 갈색 비늘 조각이 빽빽하게 덮여 있다. 우산살 모양으로 작은 주름이 있고 가장자리에는 가늘고 긴 줄무늬가 있다. 살은 흰색이고 얇다.
주름살은 흰색이며 차차 갈색 얼룩이 생긴다. 약간 성글고 대에 완전붙은형 또는 짧게 내린형으로 붙어 있다. 주름살 날은 매끈하다.
대는 길고 굽었거나 종종 비틀려 있다. 어릴 때는 갓과 거의 같은 색이다가 밑동 쪽에서부터 차차 암갈색이 된다. 겉에는 세로로 가는 힘줄이 있고 대 꼭대기 부분에는 파인 줄무늬가 주름살에 이어져 있다. 속은 차 있다가 차차 빈다. 밑동에는 검고 빳빳한 균사 다발이 붙어 있다.
포자는 넓은 타원형이고 겉은 매끈하다. 포자 무늬는 흰색 또는 연한 노란색이다.

한약재로 많이 쓰는 천마는 뿌리와 엽록소가 없기 때문에 혼자 자랄 수 없어 다른 생물과 양분을 주고받으며 살아간다. 흔히 뽕나무버섯과 뽕나무버섯부치가 천마와 공생하는 것으로 알려졌으나 실제로 천마 재배에 쓰는 버섯은 흔히 천마버섯이라고 불리는 곤봉뽕나무버섯*Armillaria gallica*이다. 생김새가 뽕나무버섯부치와 비슷하기 때문에 구별하기 쉽지 않다.

크기 갓 25~54mm, 대 45~105×4~10mm 소형~중형

포자 6.2~7.6×4.6~5.6㎛

특징 뽕나무버섯과 닮았지만 턱받이가 없다.

분포 북반구 온대 지역

구분 기생균

뽕나무버섯부치 *Armillaria tabescens*

팽나무버섯

Flammulina velutipes (Curtis) Singer

팽나무버섯은 팽이버섯*이라고도 한다. 대에 아주 짧고 가는 털이 덮여 있어 마치 벨벳 같다. 종소명 velutipes는 '벨벳 같은'이라는 뜻으로 대의 이런 생김새와 감촉에서 온 것이다. 서양에서는 추운 겨울에도 난다고 Winter mushroom겨울 버섯이라고 한다.

늦가을부터 이른 봄까지 느릅나무, 팽나무, 미루나무, 버드나무, 감나무, 뽕나무 등 여러 가지 활엽수의 베어 낸 나무줄기나 죽은 나뭇가지에 뭉쳐나거나 무리 지어 난다. 느타리와 함께 겨울에 나는 대표적인 버섯으로 추운 겨울에 쌓인 눈 속에서도 난다.

달콤한 향이 나고 맛도 부드러워 즐겨 먹는 버섯이다. 몸에 좋은 아미노산, 비타민, 무기질 같은 영양소와 암을 막아 주거나 치료하는 성분이 많이 들어 있다. 식탁에 자주 오르는 팽이버섯은 야생 팽나무버섯을 흰색으로 키워 낸 것으로 생김새가 많이 다르다. 잘 구운 빵처럼 황갈색을 띤 둥글넓적한 야생종과는 달리 재배종은 갓이 작고 콩나물처럼 대가 길쭉하다. 맛과 향도 야생종에는 못 미치지만 쉽게 구할 수 있고 오래 두고 먹을 수 있어서 좋다.

생김새 갓은 어릴 때는 둥근 산 모양이고 갓 끝이 안쪽으로 말려 있다. 자라면서 판판해지는데 다 피면 위로 젖혀지면서 구불구불해진다. 황갈색이나 밤색이고 가장자리는 색이 연하다. 겉은 매끈하나 젤라틴질이 있어 물기를 머금으면 끈적거리고 짧은 선이 나타난다. 살은 흰색이나 연한 황백색이며 부드럽고 두껍다. 짙은 버섯 향이 난다.

주름살은 처음에는 새하얀 색이다가 차차 연한 노란색을 띤다. 약간 빽빽하고 대에 끝붙은형 또는 홈형으로 붙어 있다. 주름살끼리는 가는 연결맥으로 이어져 있다. 주름살 날은 매끈하다.

대는 길며 위아래 굵기가 비슷하거나 아래가 굵고 종종 납작하게 눌린 것도 있다. 처음에는 노란색을 띠지만 차차 황갈색이 되고 나중에는 밑동에서부터 흑갈색이 된다. 겉은 갈색 또는 암갈색 짧은 털이 빽빽하게 덮고 있어 마치 벨벳 같다. 속은 차 있으나 차차 빈다.

포자는 타원형 또는 방추형이고 겉은 매끈하다. 포자 무늬는 흰색이다.

* 흔히 인공 재배한 것을 팽이버섯이라고 부르는데 자연에서 나는 것도 팽이버섯이라고 함께 부른다. 1945년 일본에서 처음 재배하기 시작했다. 처음에는 나무에다 재배했으나 지금은 톱밥을 써서 병 재배를 한다. 본디 빛이 있는 곳에서 길러 야생 버섯같이 황갈색을 띠었으나 1960년대에 전체가 흰색을 띠는 팽이버섯 새 품종이 개발되었다.

크기 갓 15~65mm, 대 20~78×2~8mm 소형

포자 4.5~7×3~4.5㎛

특징 겨울철에도 난다.

분포 우리나라, 동북아시아, 유럽, 북아메리카

구분 분해균

팽나무버섯 *Flammulina velutipes*

나무줄기의 썩은 부분이나 베어 낸 그루터기에 뭉쳐나거나 무리 지어 난다. 둥글넓적하고 반들거리는 황갈색 갓은 잘 구운 빵처럼 생겼다.

끈적끈끈이버섯

Oudemansiella mucida (Schrad.) Höhn.

끈적끈끈이버섯은 끈적끈적한 점액에 덮여 있는 희고 아름다운 버섯이다. 북녘에서는 진득고리버섯이라고 한다. 종소명 mucida는 '끈적끈적하다'라는 뜻이다. 최근까지 끈적민뿌리버섯이라고 불렀는데, 속명 Oudemansiella를 끈끈이버섯속으로 바꾸어 부르게 되면서 이름도 끈적끈끈이버섯으로 바꾸었다.

여름부터 가을까지 서어나무, 벚나무, 너도밤나무 같은 활엽수의 죽은 나무줄기, 베어 낸 그루터기, 쓰러진 나무줄기나 떨어진 나뭇가지에 뭉쳐나거나 무리 지어 난다.

먹는 버섯으로 끈적거리는 겉껍질을 벗겨 내고 요리에 쓴다. 혀에 닿는 느낌이 좋고 끓이면 맛있는 즙이 우러나서 중국이나 러시아에서는 흔히 먹는다. 항암·항균 작용을 하는 무시딘 mucidin이 들어 있어서 약재로도 쓴다.

생김새 갓은 어릴 때는 둥근 산 모양이고 안쪽으로 굽어 있다가 자라면서 판판해진다. 흰색이고 가운데는 연한 황토색을 띤다. 두꺼운 점액에 덮여 있어 물기를 머금으면 끈적거리고 가장자리에 흐릿하게 파인 줄무늬가 나타난다. 점액이 떨어져 나가거나 마르면 겉이 매끈해지고 비단같이 반들거린다. 살은 흰색이고 얇다.

주름살은 흰색이나 연한 노란색이고 대에 완전붙은형으로 붙어 있다. 주름살은 매우 성글며 주름살 사이는 가는 연결맥으로 이어져 있다. 주름살 날은 매끈하고 흰색이다.

대는 위아래 굵기가 비슷하거나 종종 아래쪽이 굵고 흔히 구부러져 있다. 겉은 매끈하다. 턱받이 위쪽은 흰색이고 아래쪽은 흰색이다가 차차 회갈색이 된다. 턱받이는 중간보다 조금 위쪽에 있고 흰색이다. 턱받이는 얇지만 오래도록 남는다. 대는 어릴 때는 단단하고 속이 차 있으나 자라면서 차차 빈다.

포자는 둥그스름하거나 넓은 타원형이고 겉은 매끈하다. 포자 무늬는 흰색이다.

크기 갓 22~68mm, 대 35~65×3~7mm 소형~중형

포자 16.3~22.7×14.6~20.7㎛

특징 갓은 아주 끈적끈적하고 주름살이 성글다.

분포 우리나라, 일본, 유럽, 북아메리카

구분 분해균

끈적끈끈이버섯 *Oudemansiella mucida*

주름버섯목
느타리과
느타리속

느타리

Pleurotus ostreatus (Jacq.) P. Kumm.

미루나무에서 많이 난다고 미루나무버섯이라고도 한다. 서양에서는 굴 맛이 난다고 Oyster mushroom굴버섯이라고 한다. 종소명 ostreatus는 '조개 같은'이라는 뜻으로 갓 생김새가 조개처럼 생겨서 붙은 것이다.

늦가을과 이른 봄에 두 번 난다. 우리나라에서는 주로 가을에 난다. 팽나무버섯과 함께 겨울에 볼 수 있는 대표적인 버섯이다. 활엽수 숲 속 죽은 나뭇가지나 그루터기, 쓰러진 나무줄기에 다발로 나거나 무리 지어 난다. 미루나무, 은사시나무, 플라타너스에 흔히 난다.

맛과 향이 좋고 씹는 맛이 좋아 전 세계 사람들이 즐겨 먹는 버섯이다. 제일 차 세계 대전 때 식량난 대책으로 독일에서 처음 재배하기 시작했다. 세계에서 가장 많이 재배되는 버섯 가운데 하나로 버드나무, 밤나무, 참나무 같은 활엽수 원목에 재배한다. 요즈음은 톱밥이나 폐솜을 써서 병이나 상자에 대량으로 재배하는데 맛과 향이 야생종이나 원목에 기른 것만 못하다. 우리 몸의 면역력을 높여 주고 종양을 억제하는 성분인 에고스테롤이 많이 들어 있다.

생김새 갓은 어릴 때는 둥근 산 모양이고 자라면서 판판해져서 반원이나 조개 모양이 되는데 드물게 수평인 곳에서 나는 버섯은 갓이 둥근 것도 있다. 갓 끝은 안쪽으로 말려 있다. 흑갈색 또는 회색빛을 띤 파란색인데 어린 것은 거의 검은색에 가깝다. 자라면서 색이 연해져 연한 회갈색, 연한 노란색, 연한 회색이 되는데 거의 흰색이 되기도 한다. 겉은 매끈하고 물을 잘 빨아들이는 성질이 있어 약간 축축한 느낌이 있다. 살은 흰색이며 두껍고 탱탱하다.

주름살은 흰색 또는 연한 노란색이나 연한 회색이다. 약간 빽빽하며 대에 길게 내린형으로 붙어 있는데 밑동까지 길게 이어진 것도 있다. 주름살 날은 매끈하다.

대는 갓 한가운데서 살짝 비껴 나거나 갓 가장자리에 붙어 있고 아주 짧다. 대가 거의 없는 것도 있다. 흰색이고 겉은 세로로 희미한 줄무늬가 있으며 속은 차 있다. 밑동에는 짧고 가는 균사가 털처럼 빽빽하게 붙어 있다.

포자는 원통형이고 겉은 매끈하다. 포자 무늬는 흰색 또는 연한 분홍색이다.

크기 갓 43~135(200)mm, 대 11~43×7~22mm 중형~대형

포자 7.8~10.4×3.4~4.2㎛

특징 나는 철에 따라 갓 색이 다르다.

분포 우리나라, 동아시아, 유럽, 북아메리카, 호주

구분 분해균

느타리 *Pleurotus ostreatus*

노란난버섯

Pluteus leoninus (Schaeff.) P. Kumm.

노란난버섯은 노란그늘치마버섯이라고도 한다. 북녘에서는 노란갓노루버섯이라고 한다. 종소명 leoninus는 '사자 같은' 이라는 뜻으로 갓 색이 사자 털색을 닮았다고 붙은 것이다.

이른 여름부터 가을까지 썩은 활엽수 줄기나 베어 낸 나무줄기에 홀로 나거나 뭉쳐난다. 서너 개씩 무리 지어 나기도 한다. 특히 썩은 참나무에 흔히 나며 표고나 불로초를 기르고 난 썩은 버섯나무나 톱밥 위에 나기도 한다.

먹을 수 있는 버섯이지만 특별한 맛과 향이 없고, 크기가 작아서 그다지 먹지 않는다. 하지만 색이 고와서 요리에 멋으로 곁들이기도 한다.

생김새 갓은 어릴 때는 종 모양 또는 둥근 산 모양이다. 자라면서 판판해지는데 가운데는 약간 볼록하거나 오목하다. 밝고 고운 노란색이나 등황색인데 가운데 부분이 황갈색을 띠는 것이 많다. 겉은 매끈하고 비단같이 반들반들하다. 때로 볼록 솟은 가운데 부분이 쭈글쭈글하게 주름이 지기도 한다. 물기를 머금으면 가장자리에 우산살 모양 줄무늬가 뚜렷하게 나타나고 조금 어두운 노란색이 된다. 마르면 색이 바래서 옅어진다. 살은 어두운 노란색이고 얇고 무르다.

주름살은 처음에는 흰색인데 포자가 익으면서 차차 살구색이 된다. 빽빽하고 대에 떨어진형으로 붙어 있다. 주름살 폭이 1cm가 넘을 만큼 넓으며 주름살 날은 약간 톱니 모양이고 붉은빛을 띤 갈색이다.

대는 위아래 굵기가 비슷하거나 위로 가면서 조금 가늘어지며 밑동은 약간 굵다. 흰색이며 아래서부터 위로 차차 노란색이 된다. 겉은 매끈하고 세로로 가는 줄무늬가 있다. 밑동에는 자잘한 암갈색 비늘 조각이 빽빽하게 붙어 있다. 속은 처음에는 차 있으나 차차 빈다. 턱받이와 대주머니는 없다.

포자는 둥그스름하거나 넓은 타원형이고 겉은 매끈하다. 포자 무늬는 연한 살구색이다.

크기 갓 35~62mm, 대 35~78×4~8mm 소형

포자 6~7×5~6㎛

특징 다 자란 버섯은 주름살이 살구색이다.

분포 우리나라, 동아시아, 유럽, 북아메리카

구분 분해균

노란난버섯 *Pluteus leoninus*

빨간난버섯 *Pluteus aurantiorugosus* (Trog) Sacc.

생김새는 닮았으나 조금 작고 갓이 선명한 주홍색이다. 먹는 버섯이다.

풀버섯

Volvariella volvacea (Bull.) Singer

풀버섯은 흰비단털버섯과 생김새가 닮았고 갓과 대주머니가 흑갈색이어서 검은비단털버섯이라고도 한다. 커다란 대주머니가 밑동을 싸고 있어서 주머니털버섯이라고도 하는데 북녘에서는 주머니버섯이라고 한다. 종소명 volvacea도 '대주머니를 지닌'이라는 뜻이다. 그 밖에도 생김새를 따서 총각버섯 또는 숫총각버섯이라는 재미있는 이름으로 부르기도 한다.

여름철 온도가 높고 습기가 많을 때 퇴비 더미나 톱밥, 쓰레기가 쌓여 있는 곳에 홀로 나거나 무리 지어 난다. 버섯 가운데 가장 높은 온도에서 자라는 버섯이다.

흔히 알처럼 생긴 어린 버섯을 먹는데, 맛과 향이 아주 좋고 살도 부드러워서 중국이나 타이에서는 가장 많이 먹는 버섯 가운데 하나이다. 단백질, 탄수화물, 지방, 당분, 핵산, 비타민, 필수 아미노산 같은 영양소가 많이 들어 있는데 특히 필수 아미노산은 쇠고기의 4배나 되며, 단백질은 우유만큼 들어 있다. 우리 몸의 면역력을 높여 주며 괴혈병을 막아 주고 혈압을 낮춰 준다. 전 세계에서 가장 많이 재배하는 버섯 가운데 하나다.*

생김새 어린 버섯은 검은 달걀처럼 생겼고 껍질 꼭대기 부분을 찢고 갓과 대가 나온다. 갓은 어릴 때는 종 또는 둥근 산 모양이다. 자라면서 판판해지는데 가운데는 약간 볼록하다. 회갈색이나 흑갈색이며 가운데는 색이 진하다. 겉은 비단실 같은 검고 가는 털이 빽빽하게 덮여 있다. 살은 흰색 또는 회백색이고 물러서 빠르게 녹는다.

주름살은 흰색이다가 포자가 익으면 살구색이 된다. 빽빽하며 대에 떨어진형으로 붙어 있다. 주름살 날에는 가루가 조금 붙어 있다.

대는 위로 가면서 가늘어지며 밑동은 둥글게 부풀었다. 흰색이나 연한 갈색이고 겉은 매끈하다. 속은 차 있고 자라면서 빈다. 크고 두꺼운 흑갈색 대주머니가 밑동을 싸고 있다. 대주머니는 위쪽이 꽃잎 모양으로 찢어진다.

포자는 긴 타원형 또는 타원형이고 겉은 매끈하다. 포자 무늬는 살구색이다.

* 풀버섯은 표고, 양송이와 더불어 세계 3대 재배 버섯이다. 중국에서는 약 300년 전부터 재배해 왔고, 동남아시아에서도 볏짚, 사탕수수 찌꺼기, 바나나 줄기 껍질을 써서 많은 양을 재배하고 있다. 빠르게 자라고 쉽게 물러져서 재배한 버섯은 바로 냉동하거나 건조한다. 통조림으로 만들기도 한다.

크기 갓 35~150mm, 대 44~140mm × 3~21mm 중형~대형

포자 6.5~10 × 4.5~7㎛

특징 아주 크고 검은 대주머니가 있다.

분포 우리나라, 중국, 동남아시아, 유럽, 북아메리카

구분 분해균

풀버섯 *Volvariella volvacea*

흰비단털버섯

Volvariella bombycina (Schaeff.) Singer

갓 겉면에 비단실처럼 반들거리는 가는 털이 덮여 있어서 흰비단털버섯이라고 한다. 종소명 bombycina도 '비단실 같은'이라는 뜻이다. 커다랗고 노란 대주머니가 대 밑동을 싸고 있다고 북녘에서는 노란주머니버섯이라고 한다. 일본에서는 キヌオオフクロタケ비단큰주머니버섯라고 한다. 비단털버섯속 가운데 가장 큰 버섯이다.

여름부터 가을까지 죽은 활엽수 줄기나 그루터기에 홀로 나거나 무리 지어 난다. 특히 버드나무나 피나무에 잘 자라며 때로 퇴비 더미에서도 자란다. 살아 있는 나무의 썩은 나뭇가지나 갈라진 틈, 옹이구멍 같은 데에도 난다.

먹을 수 있는 버섯이지만 날감자 같은 냄새가 나고 맛도 없어서 그다지 먹지 않는다. 그러나 가까운 종인 풀버섯은 많이 재배되고 동아시아에서는 중요한 요리 재료로 쓰이고 있다.

생김새 어린 버섯은 달걀처럼 생겼고 꼭대기 부분이 찢어지면서 갓과 대가 나온다. 갓은 어릴 때는 종 또는 둥근 산 모양이다가 자라면서 판판해지는데 가운데는 볼록하거나 때로 오목하다. 갓은 연한 노란색이고 겉에는 비단실같이 반들거리는 가늘고 긴 하얀 털이 빽빽하게 덮여 있다. 털 길이는 10mm쯤 되는데 털끝이 연한 갈색을 띠기도 한다. 갓 끝은 주름살보다 5mm쯤 길게 자라 갓 깃을 만들기도 한다. 살은 흰색 또는 연한 노란색이고 가운데는 두껍지만 가장자리로 가면서 갑자기 얇아진다.

주름살은 처음에는 흰색이다가 포자가 익으면 살구색이 된다. 폭이 넓고 빽빽하며 대에 떨어진 형으로 붙어 있다. 주름살 날에는 가루가 붙어 있다.

대는 위로 가면서 가늘어지며 밑동은 약간 둥글게 부풀었다. 새하얗고 겉은 매끈하며 속은 차 있다가 자라면서 빈다. 컵처럼 생긴 크고 두꺼운 대주머니가 밑동을 싸고 있다가 위쪽이 꽃잎 모양으로 찢어진다. 대주머니는 흰색이나 연한 황갈색이고 겉에는 비늘 조각이 붙어 있다.

포자는 알 모양 또는 타원형이며 겉은 매끈하다. 포자 무늬는 살구색이다.

크기 갓 65~150(200)mm, 대 46~135×7~16mm 대형

포자 6.5~8.0×4.0~6.0㎛

특징 대주머니가 아주 크다.

분포 우리나라, 동아시아, 유럽, 북아메리카, 아프리카, 호주

구분 분해균

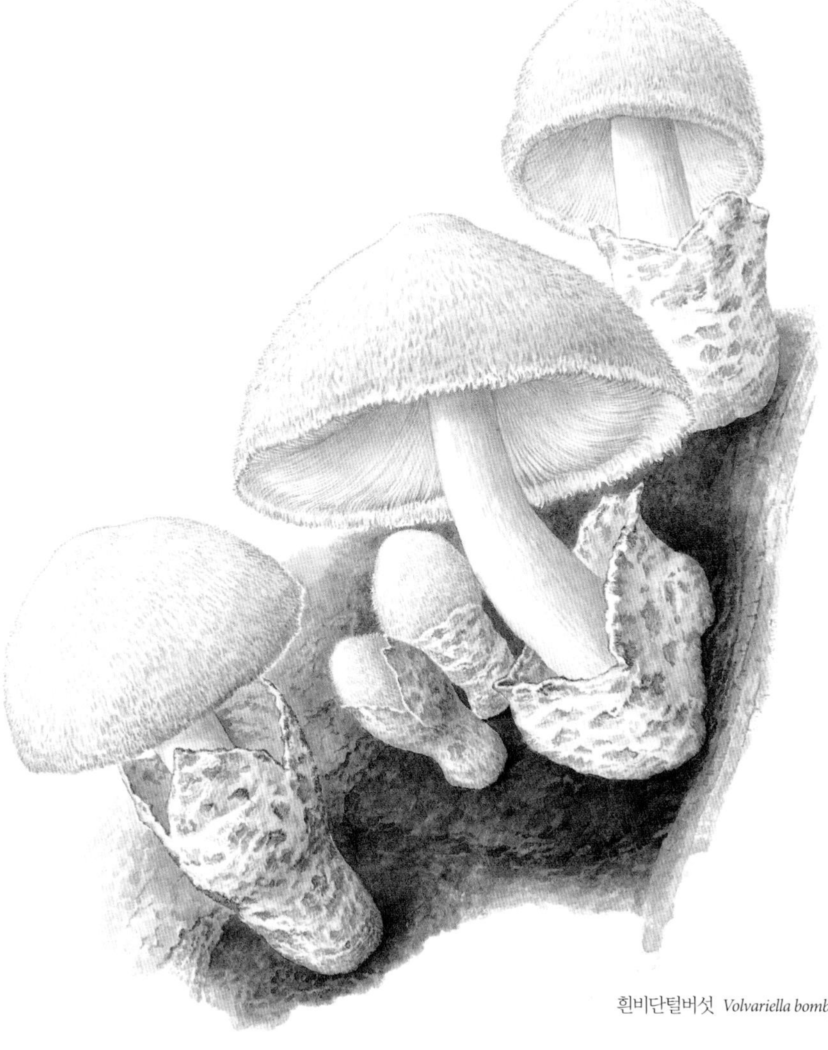

흰비단털버섯 *Volvariella bombycina*

황갈색먹물버섯

Coprinellus radians (Desm.) Vilgalys, Hopple & Jacq. Johnson

주름버섯과 먹물버섯속Corprinus에 있을 때는 노랑먹물버섯으로 불렀으나, 새 분류에서 눈물버섯과 갈색먹물버섯속으로 나누면서 이름도 황갈색먹물버섯으로 바꾸었다. 갓을 싸고 있던 비늘 조각이 떨어져 나가면 반들반들한 바닥이 드러나서 북녘에서는 작은반들먹물버섯이라고 한다. 종소명 radians도 '반들거리다'라는 뜻이다.

여름부터 가을까지 벚나무, 참나무, 수양버들 같은 활엽수 그루터기나 베어 낸 나무줄기, 쓰러진 나무에 뭉쳐나거나 무리 지어 난다.

독성분은 없지만 별맛이 없고 잘 부스러지며 크기도 작아 거의 먹지 않는다.

생김새 갓은 어릴 때는 달걀처럼 생겼고 자라면서 원뿔 또는 종 모양이 된다. 나중에는 거의 판판해지고 가장자리가 위로 젖혀진다. 어릴 때는 겉에 솜 부스러기나 비듬처럼 생긴 갈색 비늘 조각이 덮여 있다. 자라면서 비늘 조각이 가장자리부터 떨어져 나가면서 황갈색 또는 회갈색을 띤 반들반들한 바닥이 드러나는데 가운데는 색이 조금 진하다. 가장자리에는 우산살 모양으로 가늘게 파인 선이 나타난다. 색은 차차 연해진다. 흔히 밤에 피었다가 금세 시들거나 녹아 버리기 때문에 활짝 핀 것은 보기 힘들다. 살은 흰색이나 연한 노란색이며 아주 얇고 무르다.

주름살은 흰색이다가 차차 갈색이 된다. 포자가 다 익으면 검붉은 색이나 검은색이 되어 갓 끝에서부터 녹아내리는데, 다른 먹물버섯처럼 많이 녹아내리지는 않는다. 약간 빽빽하며 대에 끝붙은형 또는 떨어진형으로 붙어 있다.

대는 위아래 굵기가 같다. 흰색이고 겉은 매끈하며 속은 비었다. 밑동과 그 둘레에는 소털같이 생긴 길고 빳빳한 황갈색 균사 덩이가 빽빽하게 덮여 있는데, 버섯이 나 있는 나무줄기 전체에 융단처럼 퍼지기도 한다. 때로 자실체가 생기지 않았을 때도 볼 수 있다.

포자는 콩팥 모양 또는 타원형이며 겉은 매끈하다. 포자 무늬는 검은색이다.

크기 갓 16~30mm, 대 25~50×1.5~4mm 소형

포자 6.5~8.5×3.5~4.5㎛

특징 둘레에 황갈색 균사 덩이가 있다.

분포 우리나라, 동아시아, 유럽, 북아메리카, 호주

구분 분해균

황갈색먹물버섯 *Coprinellus radians*

두엄먹물버섯

Coprinopsis atramentaria (Bull.) Redhead, Vilgalys & Moncalvo

두엄먹물버섯도 먹물버섯처럼 갓이 먹물처럼 녹아내린다. 종소명 atramentaria는 '잉크 같은'이라는 뜻으로 갓과 주름살이 검은 잉크처럼 녹아내린다고 붙은 것이다. 북녘에서는 먹물버섯*이라고 한다.

봄과 가을에 두엄 더미, 목장, 쓰레기장, 밭 같은 거름기가 많은 곳이나 때로 활엽수 썩은 둥치에 뭉쳐나거나 무리 지어 난다. 갈라진 아스팔트 틈에서도 자랄 만큼 생명력이 강하다.

맛이 있고 씹는 맛도 좋아서 갓이 아직 펴지지 않고 주름살이 흰색인 어린 것은 먹기도 한다. 하지만 술과 함께 먹으면 중독 증상이 나타나므로 지금은 독버섯으로 분류한다. 코프린이란 독성분이 들어 있어서 알코올 분해 과정에서 아세트알데히드acetaldehyde의 분해를 방해하기 때문이다. 중독되면 가슴이 심하게 뛰고, 메스껍거나 현기증, 호흡 곤란 같은 심한 숙취 증상이 나타난다. 독성분은 몸속에 3~4일 남기 때문에 이 버섯을 먹고 며칠 지난 다음에 술을 먹어도 같은 중독 증상이 나타난다.

생김새 갓은 어릴 때는 달걀처럼 생겼다가 자라면서 원뿔 또는 종 모양이 된다. 회색이나 연한 회갈색이고 겉은 매끈하다. 가장자리에는 잔주름 같은 파인 줄무늬가 나타나고 결 따라 찢어지기도 한다. 살은 흰색이고 잘 부스러진다.
주름살은 처음에는 허연색 또는 연한 회백색이나 포자가 익으면 차차 적갈색으로 변한다. 나중에는 갓 끝에서부터 검은색이 되어 녹아내리는데, 하루 이틀이면 다 녹아서 대만 남는다. 빽빽하며 대에 끝붙은형으로 붙어 있다. 주름살 날에는 하얀 가루가 붙어 있으나 자라면 매끈해진다.
대는 위로 가면서 약간 가늘어지고 밑동은 굵으나 무처럼 길게 땅속으로 뻗으면서 끝이 가늘어진다. 다 자라면 속이 빈다. 솜털 모양 턱받이는 중간 또는 아래쪽에 있는데 쉽게 떨어져 나가 흔적만 남거나 검은색 포자가 덮여 검게 드러나기도 한다.
포자는 타원형이고 겉은 매끈하다. 포자 무늬는 검은색이다.

* 북녘에서는 남녘에서 두엄먹물버섯이라고 하는 *Coprinopsis atramentaria*를 먹물버섯이라고 부르고, 남녘에서 먹물버섯이라고 하는 *Coprinus comatus*는 비늘먹물버섯이라고 부른다.

크기 갓 35~75mm, 대 45~155×6~15mm 중형
포자 7.6~11.2×4.8~6.5㎛
특징 술과 함께 먹으면 중독된다.
분포 전 세계
구분 분해균

두엄먹물버섯 *Coprinopsis atramentaria*

큰눈물버섯

Lacrymaria lacrymabunda (Bull.) Pat.

큰눈물버섯은 갓 끝에 내피막 자투리가 턱수염처럼 늘어져 붙어 있다. 종소명 lacrymabunda는 '눈물을 흘리는'이란 뜻을 지니고 있는데, 주름살을 타고 내려온 물방울이 늘어진 내피막 자투리에서 뚝뚝 떨어지는 모습이 마치 눈물을 흘리는 것 같다고 붙은 것이다. 자실체를 덮고 있는 황갈색 짧은 털이 너구리 털 같다고 일본에서는 ムジナタケ너구리버섯라고 한다.

봄부터 늦가을까지 여러 가지 나무가 섞여 자라는 숲 속 땅 위, 풀밭, 정원, 길가 들에 많은 수가 무리 지어 난다. 대부분의 주름버섯류 버섯과 달리 거칠고 단단히 다져진 땅에 잘 나는 아주 흔한 버섯이다. 들주발버섯이나 유관버섯과 함께 나는 경우도 많다.

먹을 수 있는 버섯이라고는 하지만 맛도 없고 잘 부서지는 데다가 색이나 생김새도 그다지 먹음직스럽지 않아 거의 먹지 않는다. 최근에 위 중독을 일으킨 일이 있으므로 먹지 않는 것이 좋다.

생김새 갓은 어릴 때는 종 또는 둥근 산 모양이고 자라면서 판판해지는데 가운데는 약간 볼록하다. 겉은 연한 황토색이나 칙칙한 황갈색이고 자라면서 갈색이 짙어진다. 끈적거림이 없고 고운 털이나 짧고 거친 털 같은 비늘 조각이 빽빽하게 덮여 있다. 갓 테두리에는 하얀 내피막 자투리가 턱수염처럼 늘어져 붙어 있는데 검은색 포자가 묻어 있어 검게 보인다. 내피막 자투리는 곧 떨어져 나간다. 살은 연한 녹갈색이며 가운데는 두껍고 가장자리는 얇다.
주름살은 처음에는 연한 황갈색인데 차차 암갈색이나 검은색 얼룩이 생겨 나중에는 검은색이 된다. 약간 빽빽하며 대에 완전붙은형 또는 끝붙은형으로 붙어 있다. 주름살 날에는 하얀 가루가 붙어 있다. 습기가 많은 날에는 주름살에서 물방울이 나온다.
대는 위아래 굵기가 같고 밑동은 조금 부풀었다. 겉은 연한 황갈색이고 갓에 있는 것과 같은 비늘 조각이 세로로 덮여 있다. 턱받이는 대 위쪽에 붙어 있는데, 턱받이보다 위쪽은 하얀 가루 같은 비늘 조각이 덮여 있다. 솜털같이 생긴 하얀 턱받이는 쉽게 떨어져 나가 흔적만 남는데 다 자라면 검은색 포자가 덮여 검게 드러난다. 속은 비어 있다.
포자는 타원형 또는 살구씨 모양이고 겉에는 거친 돌기가 있다. 포자 무늬는 검은색이다.

크기 갓 28~88mm, 대 34~83×3~7.7mm 소형~중형

포자 8~11×5~7㎛

특징 포자 겉면에 거친 돌기가 있다.

분포 우리나라, 동아시아, 유럽, 북아메리카, 아프리카

구분 분해균

큰눈물버섯 *Lacrymaria lacrymabunda*

갈황색미치광이버섯

Gymnopilus spectabilis (Fr.) Singer

많이 먹으면 환각 증상이 일어나 미친 듯이 날뛰거나 웃는다고 갈황색미치광이버섯이라는 이름이 붙었다. 북녘에서는 웃음독벗은갓버섯이라고 한다. 그러나 실제로는 웃는 것이 아니라 얼굴 신경이 마비되면서 근육이 당겨져 마치 웃는 것처럼 보이는 것이라고 한다. 종소명 spectabilis는 '화려한, 눈에 띄는' 이란 뜻으로 갓 색이 화려한 황금색인 데에서 온 것이다.

여름부터 가을까지 활엽수 숲 속 베어 낸 그루터기나 땅에 묻힌 썩은 나무, 또는 살아 있는 졸참나무, 모밀잣밤나무, 물참나무의 밑동에 다발로 나거나 무리 지어 난다. 드물지만 침엽수 숲에도 볼 수 있다. 큰 것은 갓 지름이나 키가 20cm에 이르는 데다 색이 밝고 화려해서 눈에 잘 띈다.

신경 계통에 이상을 일으키는 독성분인 사일로사이빈이 들어 있어 먹은 지 10분쯤 지나면 몸이 떨리거나 현기증이 나면서 흥분되거나 환각 증상이 일어난다. 독성분이 강하지 않아 하루 이틀 지나면 저절로 낫지만 많은 양을 먹으면 위험할 수 있다. 뽕나무버섯과 생김새가 닮았고 나는 때와 장소가 비슷해서 중독 사고가 많이 난다. 노란색이나 황금색을 내는 천연 염료로도 쓴다.

생김새 갓은 어릴 때는 둥근 산 모양이고 자라면서 차차 판판해진다. 황금색 또는 황갈색이며 처음에는 매끈하나 갓이 피면서 겉껍질이 터져 실 같은 비늘 조각이 생긴다. 갓 끝은 오래도록 안쪽으로 말려 있다. 살은 연한 노란색이고 단단하며 쓴맛이 있다.
주름살은 노란색이다가 밝은 적갈색이 된다. 빽빽하며 대에 짧게 내린형 또는 홈형으로 붙어 있다. 주름살 날은 매끄럽거나 갈라져 있다.
대는 아랫부분이 굵고 밑동은 다시 가늘어져 끝이 거의 뾰족하다. 갓보다 조금 옅은 색이고 겉에는 세로로 실 같은 줄무늬가 있다. 대 위쪽에 뚜렷한 노란색 턱받이가 붙어 있는데 포자가 떨어지면 갈색을 띤다.
포자는 알 모양 또는 타원형이며 겉에는 작은 돌기가 있다. 포자 무늬는 붉은빛을 띠는 황갈색이다.

Index Fungorum에서는 *Phaeolepiota aurea* (Matt.) Maire를 학명, *Gymnopilus spectabilis* (Fr.) Singer는 이명으로 표기하고 있으나 《한국의 버섯 목록》에서는 이 둘을 서로 다른 종으로 보고 *Phaeolepiota aurea*는 턱받이금버섯, *Gymnopilus spectabilis*는 갈황색미치광이버섯으로 따로 이름을 붙여 놓았다.

크기 갓 38~137mm, 대 55~145×7~25mm 중형~대형

포자 7.2~9.8×4.2~6.4㎛㎛

특징 중독되면 신경에 이상이 생긴다.

분포 우리나라, 일본, 유럽, 북아메리카, 북아프리카

구분 분해균

갈황색미치광이버섯 *Gymnopilus spectabilis*

개암버섯

Hypholoma lateritium (Schaeff.) P. Kumm.

개암버섯은 '산의 쇠고기'라고 할 정도로 맛이 좋은 버섯이지만 독버섯인 노란개암버섯과 닮아서 함부로 따서 먹거나 해서는 안 된다. 전체적으로 연한 녹황색을 띠는 노란개암버섯과 달리 갓이 적갈색을 띠고 노란개암버섯보다 주름살이 덜 빽빽하며 대가 더 굵다. 그러나 어릴 때는 두 버섯이 비슷하게 생겨서 헷갈리기 쉬우므로 아주 잘 살펴보아야 한다. 북녘에서는 밤나무에 흔히 난다고 밤버섯이라고 부른다. 일본 이름도 クリタケ밤버섯이다.

늦가을에 개암나무나 밤나무 같은 활엽수의 그루터기나 쓰러진 나무줄기에 많은 수가 다발로 무리 지어 난다. 때로 땅에 묻혀 있는 썩은 나무에서 땅 위로 뻗어 나오기도 한다. 독버섯인 노란개암버섯이 흔히 침엽수에서 나는 것과 달리 활엽수에서만 난다.

맛이 좋아 널리 먹는 버섯이다. 그러나 날것을 먹거나 익힌 것이라도 한 번에 많이 먹으면 탈이 날 수 있으니 주의해야 한다. 최근에 독성분이 검출되어 외국에서는 독버섯으로 취급하기도 한다.

생김새 갓은 둥근 산 모양이다가 차차 판판해진다. 겉은 약간 축축한 느낌이 있으나 끈적거리지는 않는다. 갓은 연한 밤색이나 적갈색으로 가운데는 색이 진하고 가장자리로 가면서 색이 연해진다. 갓 가장자리에는 흰색 비늘 조각이 있다. 처음에는 갓 끝에 하얀 실 모양 내피막 자투리가 남아 붙어 있으나 곧 떨어져 나간다. 살은 노란색을 띤 흰색이며 두껍고 단단하다. 노란개암버섯과 달리 쓴맛이나 특별한 냄새가 없다.

주름살은 대에 완전붙은형 또는 홈형으로 붙어 있고, 약간 빽빽하다. 처음에는 노란색을 띤 흰색이나 차차 황갈색을 거쳐 자줏빛을 띤 암갈색이 된다.

대는 위아래 굵기가 비슷하거나 아래가 약간 굵다. 흰색이나 연한 노란색이고 밑동은 적갈색을 띤다. 겉에는 실 모양 비늘 조각이 빽빽하게 덮여 있다. 속은 차 있다. 턱받이는 없다.

포자는 알 모양 또는 타원형이며 겉은 매끈하다. 포자 무늬는 자줏빛을 띤 갈색이다.

북녘에서는 남녘에서 뽕나무버섯이라고 하는 *Armillaria mellea*를 개암버섯이라고 부르고, 남녘에서 개암버섯이라고 하는 *Hypholoma lateritium*은 밤버섯이라고 부른다.

크기 갓 30~80mm, 대 54~120×5~15mm 소형~중형

포자 5.5~8×3.5~4.5㎛

특징 독버섯인 노란개암버섯과 닮았으므로 주의해야 한다.

분포 북반구 온대 이북

구분 분해균

개암버섯 *Hypholoma lateritium*

노란개암버섯

Hypholoma fasciculare (Huds.) P. Kumm.

죽은 나무 그루터기에 많은 수가 다발로 뭉쳐나서 노란다발이라고도 한다. 종소명 fasciculare도 '작은 다발 모양'이라는 뜻이다. 생김새는 개암버섯과 닮았지만 맛이 좋은 개암버섯과 달리 노란개암버섯은 맛이 아주 쓰다. 그래서 북녘에는 개암버섯을 '밤버섯'이라 하고, 노란개암버섯은 '쓴밤버섯'이라고 한다.

봄부터 늦가을까지 침엽수의 그루터기나 썩은 줄기, 쓰러진 나무에 빽빽하게 뭉쳐나거나 무리지어 난다. 때로 활엽수나 대나무에도 난다. 우리나라 어디에서나 볼 수 있는 흔한 버섯이다.

색이 노랗고 다발로 난 모습이 먹음직스러워 보이지만 페스시쿠롤fascicurol E.F.이라는 강한 독성분이 들어 있는 독버섯이다. 맛이 좋은 개암버섯으로 잘못 알고 먹어 중독 사고가 나기도 하는데 중독되면 복통, 구토, 설사가 일어나고 심하면 경련이 일어나 정신을 잃기도 한다. 다행히 우리나라에서는 중독 사고가 많이 일어나지 않았지만 외국에서는 어린아이가 목숨을 잃은 사례도 있으므로 아주 주의해야 한다.

생김새 갓은 어릴 때는 원뿔 또는 둥근 산 모양이고 갓 끝이 안으로 말려 있다. 자라면서 판판해지는데 가운데는 조금 볼록하다. 겉은 끈적거리지 않고 약간 축축한 느낌이다. 매끄럽고 연한 노란색이며 가운데는 약간 갈색을 띤다. 자라면서 차차 푸른빛을 띠어 녹황색이 된다. 갓 끝에 비단실 같은 내피막 자투리가 남아 붙어 있으나 곧 떨어져 나간다. 살은 노란색이고 얇고 단단하다. 맛이 아주 쓰다.

주름살은 연한 노란색이다가 차차 녹황색이 되고 포자가 익으면 자줏빛을 띤 암갈색이 된다. 아주 빽빽하며 대에 완전붙은형으로 붙어 있다.

대는 길고 가늘며 구부러져 있다. 갓과 거의 같은 색이지만 아래로 갈수록 진한 갈색을 띤다. 겉은 매끈하고 비단처럼 반들거린다. 속은 비어 있다. 대 위쪽에는 솜털 같은 하얀 턱받이가 붙어 있다가 곧 떨어져 나가고 흔적만 남아 있으나 포자가 익어서 떨어지면 암갈색으로 뚜렷하게 드러난다. 밑동에 솜털 같은 하얀 균사가 보이는 것도 있다.

포자는 타원형이며 겉은 매끈하다. 포자 무늬는 자줏빛을 띤 갈색이다.

크기 갓 20~80mm, 대 50~120×3~8mm 소형~중형

포자 6.2~7.5×3.5~4.2㎛

특징 먹음직스럽게 생겼지만 강한 독을 지녔다.

분포 우리나라, 동아시아, 유럽, 북아메리카

구분 분해균

노란개암버섯 *Hypholoma fasciculare*

검은비늘버섯

Pholiota adiposa (Batsch) P. Kumm.

갓과 대를 싸고 있던 황갈색이나 적갈색 비늘 조각이 버섯이 다 자라면 거무스름하게 변해서 검은비늘버섯이라는 이름이 붙었다. 종소명 adiposa는 '기름'이라는 뜻으로, 물기를 머금으면 바닥뿐만 아니라 겉에 붙어 있는 비늘 조각까지 끈적거리는 모습이 마치 기름에 담갔다 꺼낸 것 같다고 붙은 것이다. 북녘에서는 기름비늘갓버섯 또는 기름버섯이라고 한다.

봄부터 가을까지 너도밤나무, 물참나무, 오리나무, 미루나무 같은 활엽수의 그루터기, 쓰러진 나무줄기, 썩은 가지에 수십 개가 뭉쳐나거나 무리 지어 난다.

먹는 버섯으로 살이 부드럽고 맛도 아주 좋다. 하지만 독성분이 조금 있어서 날것을 먹거나 익힌 것이라도 한 번에 많은 양을 먹으면 구토나 설사를 일으키고 사람에 따라 알레르기 반응이 나타날 수 있다. 최근에는 활엽수 톱밥을 써서 대량으로 재배도 한다.

생김새 갓은 어릴 때는 둥글고 갓 끝이 안쪽으로 말려 있다. 자라면서 둥근 산 모양이 되었다가 판판해지는데 가장자리는 물결치듯 구불거린다. 겉은 물기를 머금으면 많이 끈적거리고 마르면 반들거린다. 바닥은 연한 노란색이며 겉에는 황갈색 또는 적갈색 비늘 조각이 빽빽하게 붙어 있는데 갓 끝 쪽은 조금 드문드문 붙어 있다. 비늘 조각은 세모꼴이고 납작하게 눌려져 있거나 끝이 손거스러미처럼 위로 젖혀져 있다. 비늘 조각은 오래도록 붙어 있으나 종종 떨어져 나가 매끈해지기도 한다. 살은 연한 노란색이며 두껍고 단단하다.

주름살은 흰색 또는 연한 노란색이다가 차차 적갈색이 된다. 때로 밝은 적갈색 얼룩이 생기기도 한다. 빽빽하며 대에 완전붙은형으로 붙어 있다.

대는 위아래 굵기가 비슷하고 흔히 구부러져 있으며 물기를 머금으면 끈적거린다. 갓과 같은 색으로 대 꼭대기 부분은 허연색 또는 연한 노란색을 띠며 밑동으로 가면서 어두운 적갈색을 띤다. 솜털 같은 턱받이는 대 위쪽에 붙어 있는데 쉽게 떨어져 나가 흔적만 남은 것이 많다. 턱받이 아래쪽에는 갓에 있는 것과 같은 거친 비늘 조각이 켜켜이 붙어 있다. 속은 차 있다가 빈다.

포자는 타원형 또는 알 모양이고 겉은 매끈하다. 포자 무늬는 적갈색이다.

크기 갓 35~70(105)mm, 대 50~110×4~11mm 소형~중형

포자 4~5.5×3~3.5㎛

특징 물기를 머금으면 비늘 조각까지 끈적거린다.

분포 우리나라, 일본, 중국, 유럽, 북아메리카

구분 분해균

검은비늘버섯 *Pholiota adiposa*

침비늘버섯

Pholiota squarrosoides (Peck) Sacc.

침같이 생긴 뾰족뾰족한 비늘 조각이 갓을 빽빽하게 덮고 있어서 침비늘버섯이라는 이름이 붙었다. 북녘에서도 같은 이름으로 부른다. 종소명 squarrosoides는 '거칠거칠한 비늘로 덮인 것과 닮은'이라는 뜻으로 자실체 전체가 비늘 조각으로 덮여 있는 모습이 비늘버섯*Pholiota squarrosa*과 많이 닮았다고 붙은 것이다.

여름부터 가을까지 활엽수 숲 속의 죽은 나무줄기나 그루터기, 베어 낸 나무줄기에 빽빽하게 무리 지어 나거나 뭉쳐난다. 드물게 침엽수에 나기도 한다.

독성분이 밝혀지지 않아 먹는 버섯으로 분류하지만 사람에 따라 구토, 설사, 복통 같은 소화기 계통에 장애를 일으킨 사례가 있으므로 먹지 않는 것이 좋다.

생김새 갓은 어릴 때는 둥그스름하며 자라면서 둥근 산 모양이 된다. 드물게 판판해지기도 하나 가운데는 약간 볼록하다. 바닥은 연한 노란색이나 연한 황갈색이고 물기를 머금으면 약간 끈적거린다. 겉에는 연한 황갈색을 띤 침 같은 뾰족한 비늘 조각이 퍼져 있는데, 가운데는 촘촘하게 몰려 있고 가장자리로 갈수록 듬성듬성하다. 비늘 조각은 위로 반듯하게 붙어 있는데 대부분 오래도록 붙어 있다. 겉이 마르면 갓 가운데 부분이 십자 모양으로 갈라져 속살이 드러나기도 한다. 살은 허연색이며 약간 두껍고 질기다.

주름살은 흰색 또는 연한 노란빛을 띠나 차차 적갈색으로 변한다. 종종 연한 적갈색 얼룩이 생기기도 한다. 빽빽하며 대에 완전붙은형으로 붙어 있다.

대는 짧고 위아래 굵기가 비슷하거나 아래가 약간 굵다. 겉은 흰색이나 연한 노란색이다. 아래로 가면서 차차 색이 짙어져서 밑동 가까운 부분은 어두운 적갈색을 띤다. 대 위쪽에는 솜털 모양 두꺼운 턱받이가 붙어 있다가 곧 떨어져 나가고 흔적만 남는다. 겉은 턱받이 위쪽은 매끈하나 턱받이 아래쪽에는 젖혀진 크고 거친 비늘 조각이 켜켜이 있다. 속은 꽉 차 있고 단단하며 세로로 잘 찢어진다.

포자는 타원형 또는 알 모양이고 겉은 매끈하다. 포자 무늬는 적갈색이다.

크기 갓 30~68(110)mm, 대 50~80×4.5~9.5mm 소형~중형

포자 4~5.5×3~3.5㎛

특징 갓이 침같이 뾰족한 비늘 조각으로 덮여 있다.

분포 우리나라, 동아시아, 유럽, 북아메리카

구분 분해균

침비늘버섯 *Pholiota squarrosoides*

턱받이포도버섯

Stropharia rugosoannulata Farl. ex Murrill

대 위쪽에 뚜렷하고 두꺼운 턱받이를 지니고 있고 주름살이 포도 같은 자줏빛을 띠고 있어 턱받이포도버섯이라고 한다. 독청버섯아재비 또는 큰개암버섯이라고도 한다. 턱받이는 두 겹으로 이루어져 있는데, 위에 있는 것은 주름처럼 파인 줄무늬가 있고 아래에 있는 것은 별 모양으로 찢어진다. 종소명 rugosoannulata는 '주름이 있는 턱받이를 지닌'이라는 뜻이다. 북녘에서는 별가락지버섯이라고 하며, 일본에서는 サケツバタケ찢어진턱받이버섯라고 한다.

이른 봄부터 가을까지 풀밭, 밭, 목장, 길가의 거름기가 많은 땅 위에서 홀로 나거나 무리 지어 난다. 말똥과 소똥 위에서도 잘 자란다.

산뜻하면서도 감칠맛이 나는 아주 맛 좋은 버섯이다. 크기도 제법 크고 비교적 흔히 나서 널리 먹는다. 지금은 인공 재배도 한다.

생김새 갓은 어릴 때는 둥근 산 모양이고 끝은 안으로 말려 있다. 자라면서 판판해지는데 드물게 갓 끝에 하얀 내피막 자투리가 붙어 있기도 한다. 적갈색인데 봄에 나는 것은 황금빛을 띠고 가을에 나는 것은 짙은 자줏빛을 띤다. 자라면서 차차 색이 바래 연한 갈색이나 회갈색이 된다. 겉은 매끈하거나 실같이 가는 비늘 조각으로 덮여 있다. 물기를 머금으면 끈적끈적해지고 마르면 반들반들해지면서 겉이 갈라져 하얀 속살이 드러나기도 한다. 살은 흰색이고 두껍다.
주름살은 회백색인데 점점 푸른빛이나 자줏빛을 띠어 마침내 검붉은 갈색이 된다. 폭이 넓고 빽빽하며 대에 완전붙은형으로 붙어 있다. 주름살 날은 조금 갈라져 있고 하얀 가루가 붙어 있다.
대는 위쪽으로 가면서 약간 가늘어진다. 드물게 밑동이 부푼 것도 있다. 턱받이 위쪽은 흰색이고 아래쪽은 연한 노란색이다. 겉에는 세로로 가는 줄무늬가 있고 반들거린다. 속은 차 있다가 빈다. 연한 노란색 턱받이는 대 위쪽에 붙어 있는데 두껍고 두 겹으로 이루어져 있다. 위에 있는 것은 우산살 모양으로 파인 줄무늬가 있고 아래에 있는 것은 별 모양으로 찢어지는데 끝은 바깥 위로 말린다. 턱받이는 쉽게 떨어져 나간다. 밑동에는 하얀 균사 다발이 붙어 있다.
포자는 타원형 또는 알 모양이고 겉은 매끈하다. 포자 무늬는 검붉은 갈색이다.

크기 갓 45~158(200)mm, 대 65~115×6.5~15mm 대형

포자 10~12.6(14.8)×7.8~8.5㎛

특징 턱받이가 별 모양으로 찢어진다.

분포 우리나라, 동아시아, 유럽, 북아메리카

구분 분해균

턱받이포도버섯 *Stropharia rugosoannulata*

하늘색깔때기버섯

Clitocybe odora (Bull.) P. Kumm.

많은 버섯 가운데 드물게 자실체 전체가 푸른빛을 띠고 있어 하늘색깔때기버섯이라는 이름이 붙었다. 북녘에서는 하늘빛깔때기버섯이라고 부른다. 종소명 odora는 '향기가 있는' 이라는 뜻으로 하늘색깔때기버섯이 독특하고 강한 향을 지녔다고 붙은 것이다.

여름부터 가을까지 활엽수 숲이나 여러 가지 나무가 섞여 자라는 숲 속 땅 위 또는 쌓인 낙엽 사이에 흔히 하나씩 흩어져 나지만 때로 많은 수가 무리 지어 나기도 한다.

맛이 좋은 버섯이지만 향이 아주 강해서 그대로는 잘 먹지 않는다. 끓는 물에 한 번 데쳐서 향을 조금 뺀 다음 요리하거나 가루를 내서 향신료로 쓴다. 달콤하고 향긋한 요리에 잘 어울린다. 그러나 하늘색깔때기버섯이 속해 있는 깔때기버섯속에는 독을 지닌 버섯이 많고 그 가운데에는 목숨을 앗아 갈 만큼 아주 강한 독을 지닌 것도 있으므로 되도록 먹지 않는 것이 좋다.

생김새 갓은 어릴 때는 둥근 산 모양이고 자라면서 판판하게 펴지는데 가운데는 살짝 눌린 듯이 오목해진다. 때로 얕은 깔때기 모양이 되기도 한다. 갓 끝은 오래도록 안쪽으로 말려 있다. 겉은 끈적거림이 없고 매끈하며 진한 청록색인데 자라면서 색이 바래 연한 청록색이나 연한 회녹색이 된다. 마르면 연한 회색이 된다. 살은 얇고 흰색이며 껍질 바로 밑은 연한 회녹색을 띤다. 벚꽃 향을 닮은 독특하고 강한 냄새가 난다.
주름살은 흰색이고 점점 회색빛을 띤 연한 푸른색으로 변한다. 약간 성글거나 약간 빽빽하며 대에 완전붙은형 또는 내린형으로 붙어 있다. 주름살 날은 매끈하다.
대는 위아래 굵기가 비슷하거나 위가 약간 가늘고 굽어 있는 것이 많다. 색은 갓과 같거나 갓보다 조금 연한 색인데 흰색을 띤 것도 많다. 세로로 청록색 가는 줄무늬가 있는데 아래로 가면서 빽빽해서 색이 좀 짙게 보인다. 겉은 매끈하며 속은 차 있다가 차차 빈다. 밑동은 조금 부풀어 있고 솜털 같은 하얀 균사에 싸여 있다.
포자는 타원형이고 겉은 매끈하다. 포자 무늬는 흰색이다.

크기 갓 32~75mm, 대 24~56×4~4.5mm 소형~중형

포자 6.2~7.5×4~4.5㎛

특징 갓과 대가 푸른빛을 띠며 향이 진하다.

분포 북반구 온대 이북, 북아메리카

구분 분해균

하늘색깔때기버섯 *Clitocybe odora*

콩애기버섯

Collybia cookei (Bres.) J.D. Arnold

콩알같이 생긴 아주 작은 덩이에서 버섯이 뻗어 나온다고 콩애기버섯이라는 이름이 붙었다.

여름부터 가을까지 여러 가지 나무가 섞여 자라는 숲 속 썩은 나무나 낙엽 위, 거름기가 많은 땅 위에 무리 지어 난다. 때로 썩은 버섯 위에 나기도 한다.

독성분은 없지만 크기가 아주 작아서 먹을 만한 버섯은 못 된다.

생김새 갓은 어릴 때는 둥근 산 모양이고 자라면서 판판해진다. 종종 가운데가 살짝 오목하게 들어가기도 한다. 갓 끝은 약간 안쪽으로 말려 있다. 거의 투명한 흰색에 가까운데 가운데만 약간 연한 갈색이나 살굿빛을 띠기도 한다. 겉은 매끈하며 살은 흰색이고 종잇장처럼 얇다.
주름살은 흰색 또는 연한 노란색이다. 빽빽하며 대에 완전붙은형으로 붙어 있다.
대는 흰색이나 연한 황갈색인데 아래로 가면서 짙어진다. 겉에는 솜털 같은 가는 비늘 조각이 덮여 있다. 실같이 생긴 긴 대는 굵기가 0.5mm쯤으로 갓 지름에 비해 아주 가늘고 물결치듯 구불구불하게 구부러진 것이 많다. 흔히 위쪽보다 아래쪽이 더 가늘며 밑동은 뿌리털 모양으로 빽빽하게 뻗어 그 끝이 노르스름한 작은 덩이에 이어져 있다. 이 덩이는 균사가 뭉쳐진 균핵인데 자실체는 이 균핵에서 뻗어 나온다.
균핵은 지름이 1~3mm쯤으로 아주 작다. 연한 황갈색이고 둥그스름하거나 콩팥 모양이며 겉은 감자처럼 울퉁불퉁하다. 애기버섯속 버섯 가운데서 이처럼 균핵을 지니고 있는 버섯은 아주 드물다. 혹애기버섯*Collybia tuberosa*도 균핵을 지니고 있지만 콩애기버섯처럼 대 밑동이 뿌리털 모양으로 뻗지 않고, 균핵은 적갈색이나 검은색이다. 콩애기버섯과 달리 무당버섯류나 젖버섯류의 썩은 자실체 갓 위에서만 난다.
포자는 타원형이고 겉은 매끈하다. 포자 무늬는 흰색이다.

크기 갓 4~9mm, 대 20~40×0.5mm 소형

포자 4~7×2.5~4㎛

특징 밑동에 황갈색 균핵이 달려 있다.

분포 북반구 온대 이북

구분 분해균

콩애기버섯 *Collybia cookei*

주름버섯목
송이과
자주방망이버섯속

민자주방망이버섯

Lepista nuda (Bull.) Cooke

어린 버섯이 짙은 자줏빛을 띠고 대 생김새가 방망이를 닮아서 민자주방망이버섯이라는 이름이 붙었다. 가지 같은 자줏빛을 띤다고 가지버섯이라고도 한다. 북녘에서는 보라빛무리버섯이라고 한다. 종소명 nuda는 '벌거벗은'이라는 뜻이다.

늦여름부터 늦가을까지 모밀잣밤나무, 떡갈나무, 졸참나무 들이 자라는 활엽수 숲 속 썩은 낙엽이 쌓인 곳에 무리 지어 난다. 때로 버섯고리를 이루기도 한다. 드물게 대숲이나 침엽수 숲, 목장, 잔디밭, 정원 같은 곳에도 난다.

먹는 버섯으로 살이 부드럽고 맛도 좋다. 자줏빛을 띠고 생김새가 비슷한 버섯 가운데는 독버섯이 거의 없기 때문에 안심하고 먹을 수 있다. 하지만 날것을 먹으면 사람에 따라 위장 장애를 일으킬 수 있으므로 꼭 익혀서 먹어야 한다. 색이 고와 색을 살리는 요리에 많이 쓴다. 최근 유럽에서는 Pieds bleus파란 대라는 프랑스 이름으로 재배한 상품이 시장에 많이 나오고 있다.

생김새 갓은 어릴 때는 둥근 산 모양이고 자라면서 판판하게 피는데 가운데가 약간 오목 들어가거나 오목 들어간 곳 가운데가 볼록 솟기도 한다. 어릴 때는 갓 끝이 안쪽으로 세게 말려 있으나 다 피면 물결치듯 구불구불해진다. 색은 고운 자주색에서 칙칙한 보라색까지 여러 가지이다. 다 자라면 갓 가운데서부터 색이 바래서 황갈색이나 연한 적갈색이 된다. 겉은 매끈하고 물을 빨아들이는 성질이 있어 만지면 축축한 느낌이 든다. 살은 연한 자주색이며 두껍고 잘 부스러진다.
주름살은 자주색이고 다 자라면 연한 노란색이나 노란빛을 띤 연보라색이 된다. 빽빽하며 대에 홈형 또는 짧게 내린형으로 붙어 있다. 주름살 날은 매끈하다.
대는 위아래 굵기가 같거나 아래로 갈수록 굵어져 방망이처럼 생겼다. 때로 밑동이 살짝 부푼 것도 있다. 갓과 색이 같으나 오래되면 연한 갈색 또는 허연색이 된다. 겉에는 세로로 실 같은 줄무늬가 있고 속은 차 있다. 밑동에는 솜뭉치 같은 하얀 균사가 붙어 있다.
포자는 타원형이고 겉에는 아주 작은 돌기가 있다. 포자 무늬는 연한 분홍색이다.

크기 갓 45~142mm, 대 35~89×8~22mm 중형~대형

포자 5.6~7.2×3.3~4.5㎛

특징 자실체가 아름다운 보라색이다.

분포 우리나라, 일본, 중국, 유럽, 북아메리카, 호주

구분 분해균

민자주방망이버섯 *Lepista nuda*

풍선끈적버섯 *Cortinarius purpurascens* Fr.

자줏빛을 띠고 있어 민자주방망이버섯과 닮았다. 주름살은 민자주방망이버섯과 달리 어릴 때는 자주색이나 자라면서 차차 갈색이 되고 문지르거나 상처를 내면 짙은 자주색으로 변한다. 대 위쪽에 거미집 같은 턱받이 자국이 있고 밑동은 알뿌리처럼 크게 부풀었다.

주름버섯목
송이과
송이속

송이

Tricholoma matsutake (S. Ito & S. Imai) Singer

송이는 송이버섯이라고도 부르는데 이름 그대로 소나무에서 나는 버섯이다. 종소명 matsutake도 '소나무 버섯'이라는 뜻이다. 송이에 대한 가장 오래된 기록은 고려 시대 《삼국사기》에 있는데, '신라 성덕왕 때 향과 맛이 좋은 송이를 왕에게 바쳤다.'고 적혀 있다. 한글 기록으로는 조선 시대에 나온 요리책 《음식디미방》에 '숑이'라는 이름이 처음 나온다.

가을에 소나무 숲 속 땅 위에 흩어져 나거나 무리 지어 난다. 흔히 20년이 더 된 소나무 둘레에 나며 커다랗게 버섯고리를 이루기도 한다. 아주 드물게 나고, 살아 있는 소나무와 공생하기 때문에 인공 재배를 할 수 없어 더 귀하게 여긴다.

맛도 뛰어나지만 소나무 향을 닮은 독특한 향*이 나서 우리나라와 일본 사람들이 특히 좋아하는 버섯이다. 특히 갓이 피지 않은 어린 버섯이 향이 좋다. 조선 시대에 나온 《동의보감》, 《증보산림경제》 들에도 송이를 '버섯 가운데 맛이 으뜸이다.' '산나물이나 채소 가운데 신선의 품격을 지녔다.'고 하였다.

생김새 갓은 어릴 때는 공처럼 둥글고 갓 끝은 안쪽으로 말려 있다. 자라면서 둥근 산 모양을 거쳐 판판해지는데 갓 끝에 내피막 자투리가 남아 붙어 있는 것이 많다. 연한 노란색 또는 갈색이고 겉에는 황갈색 또는 적갈색을 띤 실 같은 비늘 조각이 빽빽하게 덮여 있다. 비늘 조각은 오래되면 흑갈색이 되면서 터져 하얀 속살이 드러난다. 살은 흰색이고 단단하며 두껍다.
주름살은 흰색이고 차차 연한 갈색 얼룩이 생긴다. 약간 빽빽하며 대에 홈형으로 붙어 있다. 주름살 날은 매끈하다.
대는 위아래 굵기가 비슷하며 때로 위나 아래가 가는 것도 있다. 솜털 같은 턱받이가 대 위쪽에 있는데 턱받이 위쪽은 흰색이고 가루 같은 비늘 조각이 붙어 있다. 턱받이 아래쪽은 갓에 있는 것과 같은 갈색 비늘 조각이 덮여 있다. 속은 꽉 차 있고 단단하다.
포자는 둥그스름하거나 타원형이며 겉은 매끈하다. 포자 무늬는 흰색이다.

* 송이에서 나는 독특한 향의 성분은 계피산 메틸(Methyl Cinnamate)로 우리나라나 일본에서는 이 향을 특히 좋아한다. 그러나 서양에서는 흙냄새 같다고 송이를 좋아하지 않는 사람도 있다고 한다.

크기 갓 58~185(280)mm, 대 68~200×12~35(50)mm 중형~대형

포자 6.2~7.5×4.5~6.5 ㎛

특징 솔향기가 나고 맛이 아주 좋다.

분포 우리나라, 동아시아, 유럽

구분 공생균

송이 *Tricholoma matsutake*

족제비송이

Tricholoma psammopus (Kalchbr.) Quél.

갓이 족제비 털 같은 가느다란 비늘 조각으로 덮여 있어서 족제비송이라는 이름이 붙었다. 얼핏 보면 생김새가 송이와 닮았고 일본잎갈나무(낙엽송) 숲에 많이 난다고 낙엽송송이라고 부르기도 한다. 일본에서도 カラマツシメジ낙엽송버섯이라고 한다.

가을에 침엽수 숲 속 땅 위에 무리 지어 나거나 흩어져 나는데 특히 일본잎갈나무 둘레에 많이 난다. 생김새가 수수하고 그다지 특징이 없는 버섯이다. 흔히 나는 버섯이다.

독성분이 없어 먹을 수는 있지만 맛이 없어 그다지 먹지 않는다. 이름에 송이라는 말이 들어 있고 생김새도 닮았지만 송이와는 달리 향도 없고 맛도 쓰다.

생김새 갓은 어릴 때는 둥근 산 또는 종 모양이고 갓 끝이 안쪽으로 말려 있다. 자라면서 판판하게 펴지는데 가운데는 약간 볼록하다. 갓이 다 피면 가장자리가 물결치듯 구불거리고 위로 젖혀지기도 한다. 밝은 황갈색 또는 살짝 붉은빛을 띤 갈색인데 가운데는 색이 조금 진하다. 겉은 매끈하거나 가늘고 짧은 비늘 조각이 덮여 있어 만지면 털가죽처럼 부드럽다. 약간 마른 느낌이며 물기를 머금어도 끈적거리지 않는다. 물기가 없을 때는 겉이 갈라지기도 한다. 살은 두껍고 흰색이며 아무런 맛이 없거나 약간 쓴맛이 있다.
주름살은 흰색이고 자라면서 연한 노란색이 된다. 오래되면 갈색 얼룩이 생긴다. 약간 성글고 대에 완전붙은형 또는 홈형으로 붙어 있다.
대는 위아래 굵기가 비슷하거나 아래가 약간 굵다. 갓과 같은 색이고 겉에는 갓에 있는 것과 같은 황갈색 비늘 조각이 덮여 있다. 대 꼭대기 부분은 흰색이다. 속은 차 있다. 살은 대 아래쪽으로 가면서 약간 황갈색을 띤다.
포자는 둥그스름하거나 넓은 타원형이며 겉은 매끈하다. 포자 무늬는 흰색이다.

크기 갓 30~50(80)mm, 대 50~70×5~15mm 소형~중형

포자 5.5~6.5×4.5~5㎛

특징 쓴맛이 나서 잘 먹지 않는다.

분포 북반구 온대 지역

구분 공생균

족제비송이 *Tricholoma psammopus*

주름버섯목
송이과
송이속

할미송이

Tricholoma saponaceum (Fr.) P. Kumm.

할미송이에서는 비누 향 같은 독특하고 강한 냄새가 난다. 그래서 서양에서는 Soap-scented knight-cap비누향버섯, Soap tricoloma비누송이 같은 여러 이름으로 부른다. 종소명 saponaceum도 '비누 같은'이라는 뜻이다. 나는 곳에 따라 생김새나 색이 많이 달라 비슷한 다른 종과 헷갈리기 쉽지만 독특한 냄새로 가려낼 수 있다.

가을에 졸참나무 같은 활엽수와 소나무가 섞여 자라는 숲 속 땅 위에 흩어져 나거나 무리 지어 난다. 때로 버섯고리를 이루기도 한다. 흔히 나는 버섯이다.

쓴맛은 있지만 익히면 쫄깃쫄깃하게 씹히는 느낌이 좋아서 예전에는 끓는 물에 데쳐 쓴맛을 빼거나 소금에 절여 두었다가 먹기도 했다. 생김새도 곱고 이름에 송이라는 말이 들어 있어서 먹을 수 있는 버섯으로 알기 쉽지만 날것을 먹거나 한 번에 많은 양을 먹으면 구토, 설사 같은 중독 증상을 일으키기도 하니 먹지 않는 것이 좋다. 최근 위장 장애를 일으키는 사포나세오라이드saponaceolides류의 독성분이 밝혀져 독버섯으로 분류한다.

생김새 갓은 어릴 때는 둥근 산 모양이고 자라면서 가운데는 볼록한 채로 둘레가 판판하게 펴진다. 갓 끝은 오래도록 안쪽으로 말려 있다. 흔히 녹갈색이나 회갈색이지만 때로는 적갈색이나 노란색인 것도 있고 심지어 푸른빛이 들어간 것조차 있을 정도로 색이 여러 가지이다. 가운데는 그을음 같은 거무스레한 회색 비늘 조각이 빽빽하게 덮여 있어 색이 진해 보인다. 겉은 축축한 느낌이 있으나 끈적거리지는 않는다. 살은 흰색인데 문지르거나 베어 보면 그 자리가 천천히 연한 적갈색으로 변한다. 맛은 아주 쓰며 비누 냄새 같은 독특한 냄새가 난다.
주름살은 흰색 또는 연한 황록색이고 차차 붉은색 얼룩이 생긴다. 약간 성글며 대에 홈형으로 붙어 있다.
대는 밑동이 조금 부풀었으나 밑동 아래는 뾰족하다. 흰색이나 연한 녹갈색이며 겉은 매끈하고 갓과 같은 회색 비늘 조각이 덮여 있다. 속은 차 있다.
포자는 타원형이고 겉은 매끈하다. 포자 무늬는 흰색이다.

크기 갓 35~70mm, 대 25~80×8~15mm 중형

포자 5.5~7.5×4~5㎛

특징 강한 비누 향이 난다.

분포 북반구 온대 이북

구분 공생균

할미송이 *Tricholoma saponaceum*

솔버섯

Tricholomopsis rutilans (Schaeff.) Singer

소나무에 나는 버섯이라고 솔버섯이라고 한다. 자실체 전체에 털 같은 붉은 비늘 조각이 덮여 있고 주름살이 노란색이어서 북녘에서는 붉은털무리버섯 또는 붉은털노란주름버섯이라고 한다. 종소명 rutilans는 '붉게 물든'이라는 뜻으로 적갈색 비늘 조각이 노란 몸을 덮어 붉게 보여서 붙은 것이다.

여름부터 가을까지 흔히 소나무나 삼나무의 그루터기나 쓰러진 나무 또는 썩은 나무줄기에 홀로 나거나 뭉쳐난다. 때로 무리 지어 나기도 한다. 흔한 버섯이다.

맛은 그다지 없지만 얼핏 보면 먹음직하게 생긴 데다 크고 한 번에 많이 딸 수 있기 때문에 우리나라에서는 많이 먹는다. 아직 독성분은 밝혀지지 않았지만 사람에 따라 복통, 설사, 구토 같은 가벼운 중독 증상이 나타나기도 하니 되도록 먹지 않는 것이 좋다. 일본이나 서양에서는 독버섯으로 분류한다. 염료로 쓰기도 하는데 노란색이나 짙은 적갈색 물을 들이는 데 쓴다.

생김새 갓은 어릴 때는 종 모양이다가 자라면서 판판해지는데 가운데는 볼록하다. 바닥은 노란색이고 겉에는 털 같은 아주 가늘고 짧은 적갈색 비늘 조각이 빽빽하게 덮여 있다. 가운데는 특히 빽빽해서 짙은 적갈색으로 보이고 부드러운 가죽 느낌이 난다. 갓이 펴지면서 가장자리가 찢어져 노란 속살이 드러나기도 한다. 살은 연한 노란색이고 단단하며 갓 가운데 부분은 두껍다.
주름살은 노란색이고 빽빽하며 대에 완전붙은형 또는 홈형으로 붙어 있다. 주름살 날은 색이 진하고 고운 가루가 붙어 있다.
대는 위아래 굵기가 비슷하거나 밑동이 약간 부풀었다. 갓과 같은 색이고 위쪽은 조금 색이 연하다. 겉에는 갓과 같은 적갈색 비늘 조각이 붙어 있다. 속은 차 있는데 때로 구멍이 많이 나 있거나 비어 있는 것도 있다.
포자는 타원형이며 겉은 매끈하다. 포자 무늬는 흰색이다.

크기 갓 50~100(230)mm, 대 30~80(200)×10~25mm 중형~대형

포자 5.5~7×4~5.5㎛

특징 온몸에 적갈색 비늘 조각이 덮여 있다.

분포 북반구 온대 이북, 북아프리카, 호주, 뉴질랜드

구분 분해균

솔버섯 *Tricholomopsis rutilans*

목이

Auricularia auricula-judae (Bull.) Quél.

나무에 귀처럼 달린 버섯이라고 목이라는 이름이 붙었다. 서양에서는 Tree ear나무의 귀 또는 Ear mushroom귀버섯이라고 한다. 종명 auricula도 '작은 귀'라는 뜻이다. 북녘에서도 귀버섯이라고 하는데 오래되거나 마르면 검은색을 띤다고 검정버섯이라고도 부른다.

봄부터 가을까지 활엽수가 자라는 숲 속 오래된 나무나 죽은 나뭇가지에 겹쳐서 무리 지어 난다. 특히 느티나무, 참나무에 많이 나는데 물푸레나무, 뽕나무, 느릅나무 같은 나무에도 난다. 털목이*보다 드물게 난다.

향이 부드럽고 쫀득쫀득 씹히는 느낌이 좋아 여러 가지 요리에 쓰는데 특히 중화요리에 많이 쓴다. 몸에 좋은 성분이 많이 들어 있어 약으로도 쓴다. 섬유질이 많아 피를 맑게 하고 열을 내려 주며 비타민 D 효능이 있는 에고스테롤이라는 성분도 많이 들어 있다. 식도와 위에 들어간 털이나 이물질을 씻어 내는 효과가 있다고 하여 외국에서는 방직 공장이나 광산에서 일하는 사람들이 많이 먹는다. 중국에서는 옛날부터 재배했고, 지금은 참나무 원목이나 톱밥을 써서 널리 재배하는데, 맛이 야생 버섯에 뒤지지 않는다.

생김새 자실체는 어릴 때는 접시나 종지 또는 귀 모양이고 자라면서 가장자리가 물결치듯 구불거린다. 가까이 있는 자실체끼리 엉겨 붙어 덩이를 이루거나 눌려서 생김새가 달라진 것도 많다. 황갈색, 갈색 또는 적갈색이며 마르면 어두운 밤색 또는 검은색으로 변한다. 오목한 안쪽 면은 매끈하고 반들거리며 때로 불규칙한 가는 주름이 있다. 겉면은 빳빳하게 선 짧은 털로 덮여 있고 반들거리지 않는다. 털은 0.1mm쯤으로 아주 짧고, 가늘지만 끝은 둥글다. 살은 물기가 많고 반투명한 젤라틴질로 말랑말랑하고 부드럽다. 두께는 5mm쯤으로 얇은데 마르면 크기가 바싹 줄어들면서 돌처럼 딱딱해진다. 마른 자실체를 물에 담가 두면 불어서 다시 제 모습이 된다. 자실층은 안쪽 면에 퍼져 있는데 다 자라서 포자가 생기면 하얀 가루가 덮인 것처럼 보인다.
대는 없고 겉면의 한 부분이 나무에 바로 붙는다.
포자는 콩팥 모양 또는 약간 굽은 원통형이고 겉은 매끈하다. 포자 무늬는 흰색이다.

* 목이와 생김새가 비슷한 털목이*Auricularia polytricha*는 자실체 겉면에 거친 회백색 털이 있다.

크기 자실체 20~120×30~50mm 소형~중형

포자 11~17×4~7.5㎛

특징 어린 버섯이 귀처럼 생겼다.

분포 우리나라, 일본, 중국, 유럽, 북아메리카

구분 분해균

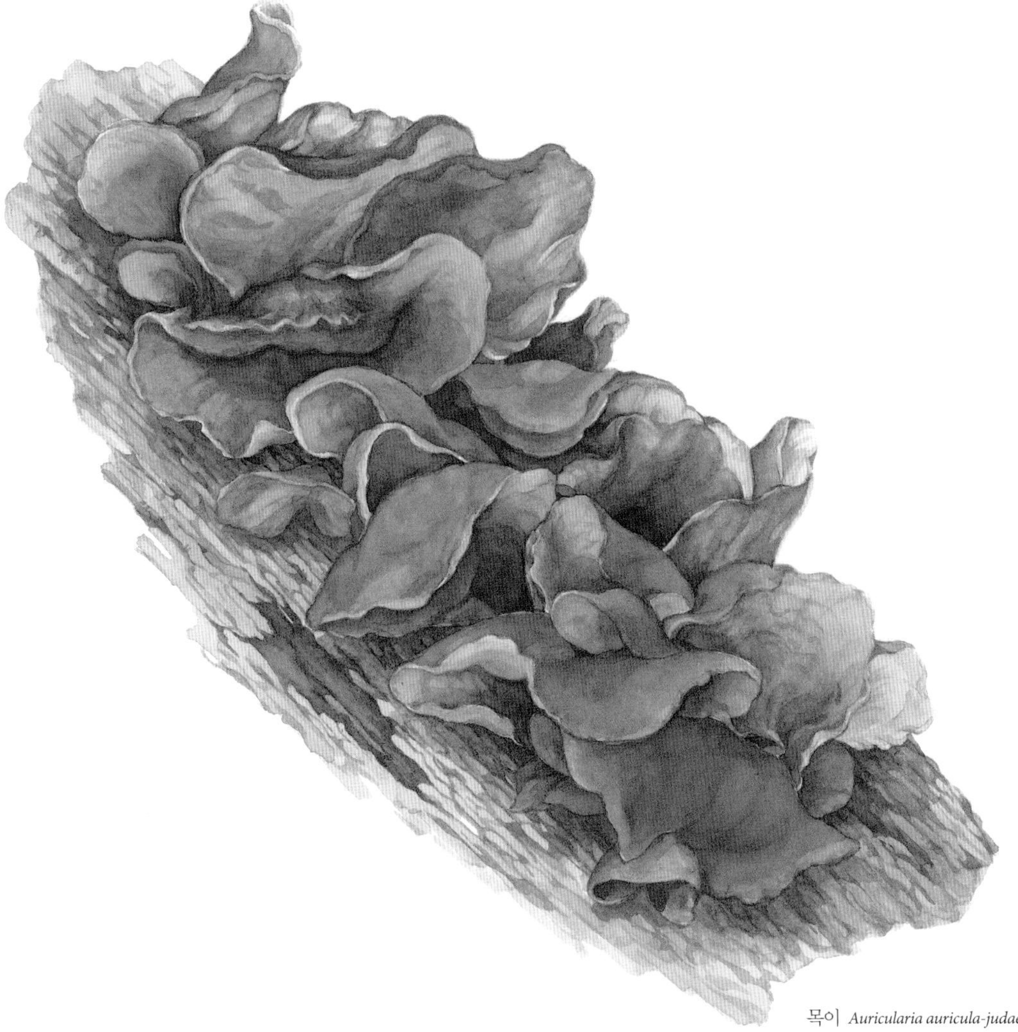

목이 *Auricularia auricula-judae*

어린 버섯은 사람 귀처럼 생겼다. 우리 이름뿐만 아니라 영어 이름, 학명에도 귀라는 뜻이 들어 있는데 이런 생김새에서 온 것이다.

산속그물버섯아재비

Boletus pseudocalopus Hongo

산속그물버섯아재비는 노란 대 꼭대기 부분에 관공에서 이어져 내려오는 적갈색 그물 무늬가 있는 것이 특징이다.

여름부터 가을까지 소나무와 너도밤나무, 졸참나무, 모밀잣밤나무 같은 활엽수가 섞여 자라는 숲 속 땅 위에 홀로 나거나 무리 지어 난다. 좀 드물게 나는 버섯이다.

다 자란 버섯에서는 치즈나 누룩이 익는 것 같은 달콤하고 좋은 향이 나서 얼핏 먹는 버섯으로 여기기 쉽지만 배탈, 설사 같은 소화기 계통의 중독 증상을 일으키는 독버섯이다.

생김새 갓은 어릴 때는 둥근 산 모양이고 갓 끝이 안쪽으로 말려 있으나 자라면서 판판하게 펴진다. 처음에는 적갈색이다가 차차 황갈색이나 암갈색으로 변한다. 때로 전체 또는 부분적으로 연한 붉은색이나 어두운 분홍색을 띠기도 한다. 가장자리는 색이 연하다. 겉은 마른 느낌이고, 어릴 때는 거의 매끈하거나 솜털 같은 비늘 조각이 빽빽하지만 다 자라면 비늘 조각은 가루처럼 되고 겉껍질은 얇게 터져 속살이 드러난다. 살은 두껍고 연한 노란색인데 문지르거나 베어 보면 그 자리가 금방 푸른색으로 변했다가 차차 색이 바래서 회색이 된다. 그러나 어린 버섯은 문질러도 거의 색이 변하지 않는다. 치즈 같은 냄새가 나고 약간 신맛이 난다.
관공은 어릴 때는 연한 노란색이다가 포자가 익으면서 차차 황갈색이 되고 문질러 보면 곧 빠르게 푸른색으로 변한다. 길이는 3~8mm로 살이 두꺼운 것에 비해 아주 짧고 대에 완전붙은형 또는 짧게 내린형으로 붙어 있다. 관공구는 크고, 둥글거나 약간 모가 나 있다. 색은 관공과 같고 상처를 내면 관공처럼 색이 변한다.
대는 아주 굵고 밑동이 곤봉처럼 크게 부풀었다. 노란색 바닥에 적갈색 줄무늬가 있고 겉에는 적갈색 가루가 얼룩처럼 붙어 있다. 꼭대기에는 관공에서 이어지는 가느다란 적갈색 그물 무늬가 있다. 아래쪽은 연한 붉은색 또는 적갈색인데 밑동으로 가면서 점점 어두운 적갈색을 띤다. 문지르면 갓과 관공처럼 푸른색으로 변한다. 속은 차 있으나 빈 것도 있다.
포자는 방추형이며 겉은 매끈하다. 포자 무늬는 녹갈색이다.

크기 갓 45~155mm, 대 45~123×10~25mm 중형~대형

포자 9.5~11.2×4~5㎛

특징 문지르면 푸른색으로 변한다.

분포 우리나라, 일본

구분 공생균

산속그물버섯아재비 *Boletus pseudocalopus*

접시껄껄이그물버섯

Leccinum extremiorientale (Lar. N. Vassiljeva) Singer

껄껄이그물버섯이라고도 한다. 땅에서 나는 버섯 가운데서는 아주 큰 버섯으로 갓 지름이 25cm에 이르는 것도 있다. 종소명 extremiorientale은 '극동의' 라는 뜻으로 우리나라, 일본, 중국, 러시아의 연해주 같은 아시아 극동 지방에서 나는 버섯이어서 붙은 것이다.

여름부터 가을까지 침엽수와 활엽수가 섞여 자라는 숲 속 땅 위에 홀로 나거나 흩어져 나며 때로 무리 지어 나기도 한다. 특히 밤나무, 너도밤나무, 떡갈나무, 상수리나무, 졸참나무, 모밀잣밤나무 둘레에 많이 난다.

먹는 버섯으로 맛과 향이 아주 좋고 살도 부드럽다. 갓이 피지 않은 어린 버섯이 맛있다. 갓이 핀 것은 갓만 먹는데 관공 부분만 따로 잘라 내어 먹기도 한다. 날것을 먹으면 중독될 수 있으니 반드시 익혀 먹어야 한다.

생김새 갓은 어릴 때는 둥근 산 모양이다가 자라면서 판판해진다. 종종 갓 끝이 관공보다 더 길게 자라 갓 깃을 만들기도 하는데, 갓 깃은 불규칙하게 찢어지면서 떨어져 나간다. 황갈색 또는 적갈색이고 물기를 머금으면 약간 끈적거린다. 겉은 짧고 부드러운 털 같은 비늘 조각으로 덮여 있어 만지면 벨벳 같은 느낌이 든다. 어릴 때는 뇌 주름처럼 쭈글쭈글하고 울룩불룩한데 갓이 활짝 피거나 겉이 마르면 거북등무늬처럼 깊이 갈라져 그 사이로 속살이 드러난다. 살은 흰색 또는 연한 노란색인데 문지르거나 베어 보면 그 자리가 관공구처럼 푸르게 변하지 않고 희미하게 연한 분홍색으로 변한다. 어릴 때는 두껍고 아주 단단하지만 다 자라면 부드러워진다.
관공은 노란색이고 다 자라면 어두운 녹황색을 띤다. 대에 끝붙은형 또는 홈형으로 붙어 있다. 관공구는 작고 둥글다. 노란색이고 다 자라거나 상처를 내면 어두운 녹황색으로 변한다.
대는 위아래 굵기가 같으나 때로 아래나 가운데가 약간 굵은 것도 있다. 노란색이며 겉에는 황갈색 또는 적황색 비늘 조각이 빽빽하게 퍼져 있고 세로로 희미한 줄무늬가 있다. 속은 차 있고 단단하다. 상처를 내 보면 관공처럼 푸르게 변하지 않고 연한 분홍색으로 변한다.
포자는 방추형이며 겉은 매끈하다. 포자 무늬는 녹갈색이다.

크기 갓 71~200(252)mm, 대 48~142 × 3.5~4.7mm 대형

포자 8~12.5 × 3.5~4.7㎛

특징 갓이 쭈글쭈글하고 거북등무늬처럼 갈라진다.

분포 우리나라, 일본, 중국, 러시아 연해주

구분 공생균

접시껄껄이그물버섯 *Leccinum extremiorientale*

노란길민그물버섯

Phylloporus bellus (Massee) Corner

민그물버섯속 버섯이지만 자실층이 주름살처럼 생겼고 노란색을 띤다고 노란길민그물버섯이라고 한다. 이름 속에 들어 있는 '길'은 라틴 어 gill에서 온 것으로 '주름살'이란 뜻이다. 북녘에서는 노란주름버섯이라고 한다. 자실층이 주름살처럼 생겼지만 현미경으로 살펴보면 포자 모양이 그물버섯의 특징을 지니고 있어 그물버섯목으로 분류한다.

여름부터 가을까지 활엽수나 여러 가지 나무가 섞여 자라는 숲 속 땅 위에 흩어져 나거나 무리 지어 난다. 졸참나무 둘레에 흔히 나며 때로 소나무 둘레에 나기도 한다.

독성분은 밝혀지지 않았지만 날것을 먹거나 익혀 먹어도 체질에 따라서 소화기 계통에 장애를 일으키는 일이 있으므로 독버섯으로 분류한다.

생김새 갓은 어릴 때는 둥근 산 모양이고 자라면서 판판해진다. 갓이 다 피면 가장자리가 구불구불해지고 위로 젖혀져 종지나 사발 모양이 된다. 회갈색이나 황갈색이며 상처 난 자리는 암갈색이나 거의 검은색으로 변한다. 겉은 짧고 가는 털 모양 비늘 조각으로 덮여 있어 만지면 벨벳처럼 부드러운 느낌이다. 다 자라면 비늘 조각이 떨어져 나가 매끈해진다. 살은 흰색이나 연한 노란색이고 두껍다. 상처가 나도 색이 변하지 않는다.

자실층은 주름살처럼 생겼고 밝은 노란색이다. 자라면서 연한 녹갈색이나 황갈색이 되며 때로 갈색 얼룩이 생긴다. 문지르거나 상처를 내도 색이 변하지 않는다. 성글며 대에 길게 내린형으로 붙어 있다. 주름과 주름 사이는 쭈글쭈글하고 가는 연결맥으로 이어져 있다.

대는 짧고 위아래가 같거나 아래로 가면서 가늘어진다. 노란색이나 황갈색이고 위쪽에는 주름살에서 이어지는 도드라진 세로줄 무늬가 있고 아래쪽은 가루 같은 허연 비늘 조각이 덮여 있다. 상처가 나도 색이 변하지 않는다. 속은 차 있다.

포자는 긴 타원형 또는 방추형이고 겉은 매끈하다. 포자 무늬는 황갈색이다.

크기 갓 20~60(90)mm, 대 30~70×4~14mm 소형

포자 9~11×3.5~4.5㎛

특징 자실층이 주름살처럼 생겼다.

분포 우리나라, 동남아시아, 북아메리카, 호주

구분 공생균

노란길민그물버섯 *Phylloporus bellus*

청변민그물버섯 *Phylloporus cyanescens* (Corner) M.A. Neves & Halling

노란길민그물버섯의 변종으로 생김새가 아주 닮았다. 상처를 냈을 때 살과 자실층이 약간 푸른색으로 변하는 것으로 구별한다. 독버섯이다. 회갈색민그물버섯이라고도 한다.

갓그물버섯

Pulveroboletus ravenelii (Berk. & M.A. Curtis) Murrill

솜 부스러기 같은 노란색 가루가 갓과 대를 덮고 있어 만지면 노란 가루가 손에 묻는다. 그래서 노란분말그물버섯이라고도 한다. 북녘에서는 노란그물버섯 또는 노란가루그물버섯이라고 한다. 턱받이도 노란색이고 상처를 내 보면 천천히 푸른색으로 변해서 쉽게 알아볼 수 있다.

여름부터 가을까지 침엽수나 활엽수가 자라는 숲 속 땅 위에 홀로 나거나 두세 개씩 모여 난다. 흔히 소나무나 졸참나무 둘레 땅 위에 난다.

먹는 버섯으로 알려져 있으나 약한 독성분을 지니고 있어 중독을 일으키기도 해서 지금은 독버섯으로 분류한다. 상처에 포자 가루를 바르면 피가 멎는다고 하여 약으로도 썼다. 최근 연구 결과에 따르면 손발 마비, 관절염, 신경통에 좋고 암을 막아 주는 성분이 있다고 한다.

생김새 갓은 둥근 산 모양이고 자라면서 판판해진다. 어릴 때는 레몬 같은 선명한 노란색 가루가 빽빽하게 덮여 있고 갓 가운데는 갈색이다. 차차 노란 가루가 떨어져 나가면서 가운데서부터 가장자리 쪽으로 연한 황갈색으로 변한다. 관공을 싸고 있던 거미집 모양 내피막은 자라면서 찢어져 갓 끝에 너덜너덜 달려 있다가 곧 떨어져 나간다. 겉은 어릴 때나 물기를 머금었을 때는 약간 미끈미끈하다. 살은 흰색이나 연한 노란색이고 문지르거나 베어 보면 그 자리가 천천히 푸른색으로 변한다.

관공은 밝은 노란색이고 다 자라면 암갈색이 된다. 관공 길이는 3~6mm이며 대에 떨어진형으로 붙어 있다. 관공구는 작고 둥글거나 약간 모가 나 있으며 관공과 같은 색이다. 문지르면 희미하게 푸른색으로 변한다.

대는 위아래 굵기가 같고 구부러져 있다. 갓과 같은 색이고 겉은 갓처럼 노란색 비늘 조각으로 덮여 있다. 대 위쪽에 관공을 싸고 있던 내피막 일부가 턱받이로 남았다가 곧 떨어져 나가고 흔적만 남는다. 속은 차 있다. 밑동에는 하얀 균사가 붙어 있다.

포자는 긴 방추형이며 겉은 매끈하다. 포자 무늬는 녹갈색이다.

크기 갓 30~110mm, 대 30~100×5~11mm 중형

포자 7.5~13.5×4.5~6㎛

특징 노란색 가루가 온몸을 덮고 있다.

분포 우리나라, 동아시아, 북아메리카 동부

구분 공생균

갓그물버섯 *Pulveroboletus ravenelii*

귀신그물버섯

Strobilomyces strobilaceus (Scop.) Berk.

솜귀신그물버섯이라고도 한다. 시커멓고 커다란 비늘 조각이 엉겨 붙어 있는 모습이 귀신 같다고 귀신그물버섯이라는 이름이 붙었다. 종소명 strobilaceus는 '솔방울같이 생긴'이라는 뜻인데 갓에 털 뭉치 같은 비늘 조각이 올록볼록하게 붙어 있는 모습이 솔방울을 닮은 데서 온 것이다. 어린 버섯이나 오래된 버섯은 털귀신그물버섯과 아주 닮아서 눈으로 봐서는 거의 구별하기 어렵다. 그래서 북녘에서는 이 둘을 따로 나누지 않고 솔방울그물버섯 또는 솜방망이그물버섯이라고 부른다. 서양에서도 Oldman of the Woods로 같이 부른다.

여름부터 가을까지 활엽수 숲 속 땅 위에 홀로 나거나 흩어져 난다. 특히 너도밤나무 둘레에 흔히 난다. 귀신그물버섯속 버섯은 나무처럼 단단해서 건조한 기후에서도 어지간히 오래 견딘다.

먹는 버섯으로 이름이나 생김새와 달리 맛이 좋다. 살이 흰 어린 버섯을 먹는다.

생김새 갓은 어릴 때는 둥글거나 둥근 산 모양이고 자라면서 판판해진다. 갓 끝에는 관공을 싸고 있던 회색 내피막 자투리가 붙어 있다가 시간이 지나면 떨어져 나간다. 흰색 바닥에 어두운 황갈색 또는 흑갈색 비늘 조각이 빽빽하게 퍼져 있는데 비늘 조각은 양털이 물에 젖어 뭉친 것처럼 생겼다. 갓은 점점 더 어두운 색을 띠어 다 자라면 전체가 흑갈색이 되고 비늘 조각은 부스러져 납작하게 붙는다. 살은 두껍고 부드러우며 나뭇진 같은 향이 난다. 흰색인데 문지르거나 상처를 내 보면 그 자리가 붉게 변했다가 차차 검은색이 된다.

관공은 흰색이고 자라면서 어두운 회색을 거쳐 흑갈색이 된다. 길이는 8~13mm이며 어릴 때는 대에 완전붙은형으로 붙어 있으나 자라면서 약간 홈형으로 바뀐다. 관공구는 크고 다각형이다. 관공과 색이 같고 문지르면 갓처럼 색이 변한다.

대는 위아래가 같거나 위가 조금 가늘고 종종 굽어 있다. 갓과 색이 같거나 조금 연하며 꼭대기 부분은 회백색이다. 겉에는 세로로 길쭉하고 도드라진 그물 무늬가 있고 솜털 같은 비늘 조각이 붙어 있다. 속은 차 있으나 잘 부러진다. 턱받이는 거의 흔적만 남아 있다.

포자는 둥그스름하거나 짧은 타원형이고 처음에는 겉이 매끈하나 차차 갈라져 도드라진 그물 무늬를 이룬다. 포자 무늬는 흑갈색 또는 검은색이다.

크기 갓 32~105mm, 대 46~148×8~17mm 중형

포자 9.2~13.4×7.7~11.3㎛

특징 문지르면 붉게 변했다가 검은색이 된다.

분포 북반구 일대

구분 공생균

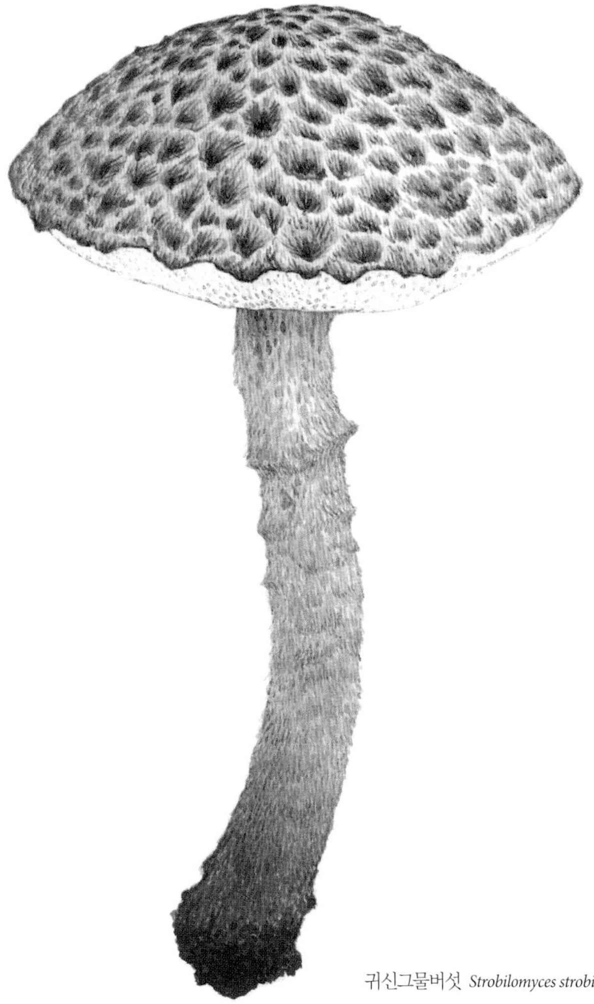

귀신그물버섯 *Strobilomyces strobilaceus*

털귀신그물버섯

Strobilomyces confusus Singer

귀신그물버섯과 닮았으나 비늘 조각이 위로 반듯하게 서 있는 점이 다르다. 오래되거나 비에 젖어 비늘 조각이 납작하게 엉겨 붙으면 구별하기 어려워 현미경으로 포자를 살펴보아야 한다.*

여름부터 가을까지 너도밤나무, 졸참나무, 떡갈나무, 모밀잣밤나무 같은 활엽수와 소나무, 전나무 같은 침엽수가 섞여 자라는 숲 속 땅 위에 홀로 나거나 흩어져 난다.

먹는 버섯으로 이름이나 생김새와는 달리 맛이 좋다. 살이 흰 어린 버섯을 먹는다.

생김새 갓은 어릴 때는 둥글거나 둥근 산 모양이고 자라면서 판판해지는데 때로 가운데가 약간 오목해지기도 한다. 갓 끝에는 허연 내피막 자투리가 붙어 있으나 시간이 지나면 떨어져 나간다. 갓 바닥은 흰색이고 겉에는 회갈색 또는 흑갈색을 띤 작은 비늘 조각이 빽빽하게 퍼져 있다. 비늘 조각은 끝이 뾰족한 세모뿔 모양이고 약간 딱딱한데 뿔처럼 반듯하게 서 있다. 가장자리에 있는 것은 약간 납작하게 붙어 있으나 귀신그물버섯과 달리 끝이 위로 젖혀져 있다. 갓은 자라면서 점점 더 어두운 색을 띠어 나중에는 거의 검은색이 된다. 살은 두껍고 부드러우며 흰색이다. 문지르거나 상처를 내 보면 그 자리가 붉게 변했다가 차차 검은색이 된다.
관공은 어릴 때는 흰색이나 자라면서 차차 흑갈색 또는 검은색이 된다. 길이는 7~15mm이며 어릴 때는 대에 완전붙은형으로 붙어 있으나 다 자라면 홈형으로 된다. 관공구는 크고 다각형이며 관공과 색이 같다. 관공과 관공구는 문지르거나 상처를 내면 갓처럼 색이 변한다.
대는 위아래가 같거나 위가 조금 가늘고 종종 굽어 있다. 꼭대기 부분은 회백색이고 아래쪽은 어두운 회갈색 또는 암갈색이다. 겉은 마른 느낌이고 세로로 길쭉하게 도드라진 그물 무늬가 있다. 위쪽에 솜털 같은 턱받이가 있다가 떨어져 나가 띠 모양 흔적만 남는다. 턱받이 아래쪽은 솜털 같은 비늘 조각이 붙어 있거나 매끈하다. 속은 차 있으나 잘 부러진다.
포자는 둥글며 처음에는 겉이 매끈하나 차차 수많은 꽃잎 모양으로 갈라져 도드라진 수국꽃 모양을 이룬다. 포자 무늬는 갈색을 띤 검은색 또는 검은색이다.

* 털귀신그물버섯은 포자가 수국꽃 모양이고 귀신그물버섯은 도드라진 그물 무늬가 있다.

크기 갓 45~98mm, 대 42~133×5~12㎜ 중형

포자 8.5~10.8×7.6~10.9㎛

특징 문지르면 붉게 변했다가 검은색이 된다.

분포 북반구 일대

구분 공생균

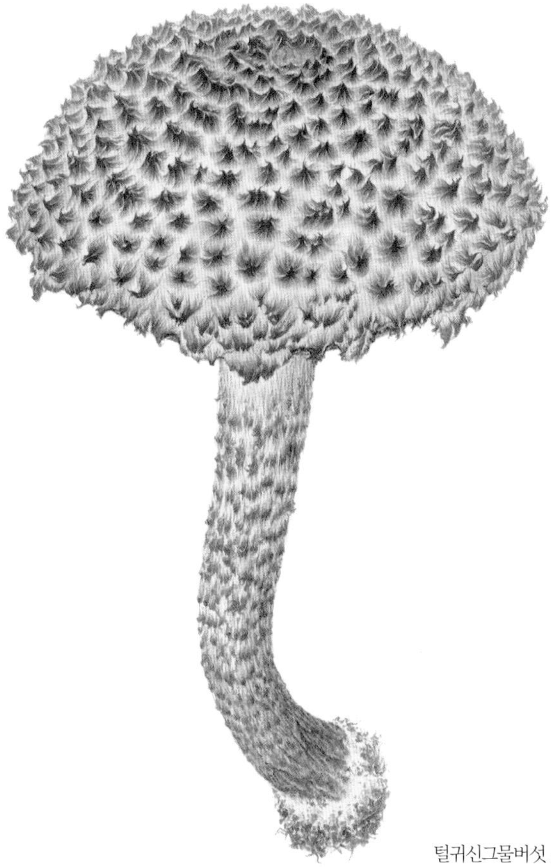

털귀신그물버섯 *Strobilomyces confusus*

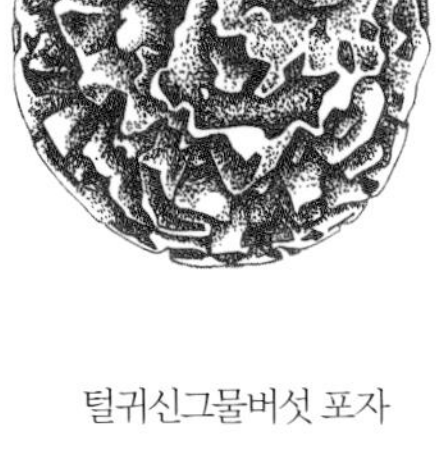

털귀신그물버섯 포자

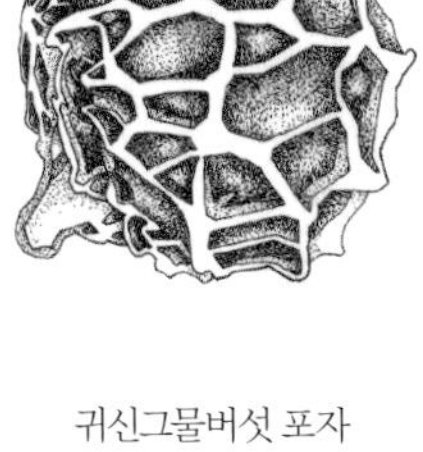

귀신그물버섯 포자

황금씨그물버섯

Xanthoconium affine (Peck) Singer

황금씨그물버섯은 포자가 황금색 같은 갈색을 띠어서 붙은 이름이다. 어릴 때는 갓이 진한 적갈색이나 암갈색이어서 진갈색먹그물버섯이라고도 한다.

여름부터 이른 가을까지 침엽수와 활엽수가 섞여 자라는 숲 속 땅 위에 홀로 나거나 무리 지어 난다. 소나무, 너도밤나무, 졸참나무, 물참나무 둘레에 흔히 난다.

오래전부터 먹는 버섯으로 알려져 왔지만, 간에 독성을 나타내는 성분이 있어 심한 중독 증상을 일으킬 수 있고, 최근에 외국에서 소가 이 버섯을 먹고 죽었다는 보고도 있어 지금은 독버섯으로 분류한다.

생김새 갓은 어릴 때는 둥글거나 둥근 산 모양이고 자라면서 판판해진다. 다 자라면 가장자리가 뒤집어지면서 얕은 잔 모양이 된다. 어릴 때는 진한 적갈색 또는 암갈색이다가 자라면서 연한 갈색이나 황갈색이 된다. 갓 윗면에는 가루 같은 작은 비늘 조각이 퍼져 있어 벨벳같이 부드럽고 물기를 머금으면 약간 끈적끈적해진다. 마르거나 다 자라면 겉껍질이 터지면서 그 사이로 하얀 속살이 드러나기도 하고, 때로 얕고 불규칙하게 파이기도 한다. 살은 두껍고 부드럽다. 흰색인데 문지르거나 상처를 내어도 색이 변하지 않는다.

관공은 흰색이다가 포자가 익으면 연한 노란색을 거쳐 황갈색이 된다. 갓과 달리 문지르면 그 자리가 갈색으로 변한다. 관공은 길이가 6~8mm이고 대에 완전붙은형 또는 홈형으로 붙어 있다. 관공구는 작고 둥글다. 처음에는 관공보다 연한 색이지만 차차 비슷해진다. 문지르면 짙은 갈색으로 변한다.

대는 위아래 굵기가 비슷하다. 가끔 아래쪽으로 가면서 굵어지다가 밑동 아래에서 다시 가늘어지는 것도 있다. 갓과 거의 같은 색이고 대 꼭대기 부분과 밑동은 흰색이다. 겉은 매끈하거나 가루 같은 비늘 조각으로 덮여 있고, 세로로 갈라지거나 터져 하얀 줄무늬가 나타난다. 위쪽에는 가는 그물 무늬가 있다. 속은 차 있으나 차차 빈다.

포자는 긴 방추형이고 겉은 매끈하다. 포자 무늬는 갈색 또는 황갈색이다.

크기 갓 30~80mm, 대 50~120mm × 10~20mm 중형

포자 10~13 × 3.5~4(5)㎛

특징 문지르면 관공이 갈색으로 변한다.

분포 우리나라, 일본, 북아메리카 동부, 마다가스카르 섬

구분 공생균

황금씨그물버섯 *Xanthoconium affine*

먼지버섯

Astraeus hygrometricus (Pers.) Morgan

먼지 같은 포자를 폴폴 날린다고 먼지버섯이라는 이름이 붙었다. 북녘에서는 별처럼 생겼다고 별버섯 또는 땅별버섯이라고 한다. 오랫동안 비가 오지 않으면 껍질을 닫아 속에 있는 포자주머니를 보호하고 있다가 비가 오면 바로 껍질을 열어서 떨어지는 물방울의 힘을 받아 포자를 내보낸다. 서양에서는 이렇게 기후에 따라 껍질이 열리고 닫히는 정도가 다르고 별같이 생겼다고 Barometer earthstar땅별 기압계라고 한다.

여름부터 가을까지 숲 속 맨땅, 산이나 언덕을 깎아 내린 비탈진 곳, 길가에 흩어져 나거나 무리 지어 난다. 건조한 사막에서도 잘 자라는 아주 흔한 버섯이다.

독성분은 없지만 먹지 않는다. 열을 내리고 염증을 가라앉히는 성질이 있어 중국에서는 오래전부터 약으로 썼다. 피를 멎게 하는 성질이 있어 상처에서 피가 날 때 포자를 바르기도 한다.

생김새 어린 버섯은 둥글거나 약간 동글납작하며 거의 땅에 묻혀 있어 잘 보이지 않는다. 회갈색이나 흑갈색이고 겉에는 같은 색 균사 다발이 들러붙어 있다. 밑동에는 뿌리처럼 생긴 균사 다발이 붙어 있다. 자라면서 겉껍질이 꼭대기에서부터 6~10조각으로 갈라지면서 별 모양으로 펴지는데, 이때 땅 위로 드러난다. 겉껍질 겉면은 흑갈색이며 가죽처럼 질기고 딱딱하다. 안쪽 면은 하얀 은빛을 띠는 얇은 막으로 되어 있고 그 사이는 두꺼운 흑갈색 젤라틴 층으로 이루어져 있다. 겉껍질이 열리면서 하얀 막이 가늘게 터져 그 사이로 흑갈색 젤라틴 층이 드러나 거북등무늬 같은 독특한 무늬를 만든다. 젤라틴 층은 물기를 강하게 빨아들이는 성질이 있어서 물기를 많이 머금으면 부풀어서 겉껍질이 열리고 물기가 마르면 오그라들어서 겉껍질이 닫힌다.
겉껍질 속에는 속껍질에 싸인 동그란 포자주머니가 들어 있다. 포자주머니는 연한 회갈색이나 황갈색이고 겉은 매끈하거나 가는 털이 있다. 포자주머니 꼭대기에는 작은 구멍*이 하나 있고 아랫부분은 겉껍질에 붙어 있다. 포자주머니 속에는 하얀 살이 들어 있는데 다 자라면 갈색 포자 덩이가 된다. 포자가 익으면 꼭대기에 있는 구멍이 열리면서 포자를 뿜어 날려 보낸다.
포자는 둥글며 겉에는 작은 돌기가 있다. 포자 무늬는 갈색이다.

* 정공(aptical stoma)이라고 한다. 말불버섯, 방귀버섯류의 머리 꼭대기에 있으며 포자가 익으면 구멍이 열리면서 포자를 내뿜는다.

크기 자실체 20~40mm 소형
포자 6~11㎛
특징 습도에 따라 껍질을 열고 닫는다.
분포 우리나라, 일본, 중국 등 전 세계
구분 분해균

먼지버섯 *Astraeus hygrometricus*

못버섯

Chroogomphus rutilus (Schaeff.) O. K. Mill.

구리 같은 적갈색을 띠고 생김새가 못을 닮았다고 못버섯이라는 이름이 붙었다. 종소명 rutilus도 '구리같이 빛나는'이라는 뜻이다. 북녘에서도 못버섯이라고 한다. 못버섯은 큰마개버섯과 아주 닮았지만 턱받이가 없고 갓 가운데가 볼록하다. 흔히 큰마개버섯보다 작다고 알려져 있지만 우리나라에 나는 못버섯은 큰마개버섯보다 훨씬 크다.

여름부터 가을까지 침엽수 숲 속 땅 위에 홀로 나거나 몇 개씩 무리 지어 난다. 특히 소나무나 곰솔 둘레에 많이 나는 것으로 보아 이들과 균근을 만들어 공생하는 것으로 여겨져 왔는데 최근 연구에서는 공생하는 것이 아니라 오히려 소나무와 비단그물버섯속 버섯이 만드는 균근에 붙어 기생하고 있을 가능성도 보인다.

먹을 수 있는 버섯으로 아시아와 동유럽에서 먹는다. 끈적거리는 갓 껍질을 벗겨 내고 익혀 먹는데, 익히면 색이 거무스름해지지만 향과 맛이 좋아 조림이나 국물 요리에 많이 쓴다.

생김새 갓은 어릴 때는 종 모양이다. 자라면서 판판하게 펴지는데 대부분은 가운데가 산처럼 볼록 솟아 있다. 가장자리는 갓이 다 필 때까지 안쪽으로 말려 있다. 연한 황갈색이다가 점점 자줏빛을 띠는 갈색으로 변한다. 겉은 처음에는 비단실 같은 비늘 조각이 얇게 싸고 있으나 곧 매끈해지고, 물기를 머금으면 끈적거린다. 살은 두껍고 단단하며 처음에는 연한 노란색이다가 연한 황갈색이 된다.

주름살은 처음에는 황갈색이나 자라면서 점점 어두운 적갈색이 되고 포자가 익으면 흑갈색이 된다. 두껍고 성글며 대에 길게 내린형으로 붙어 있다. 주름살 폭은 8mm쯤으로 넓다.

대는 위아래 굵기가 비슷하다. 종종 아래로 가면서 가늘어지거나 한쪽으로 구부러져 있다. 위쪽은 갓과 같거나 조금 연한 색이고 아래쪽은 오렌지색이며 밑동은 연한 노란색이다. 겉은 매끈하며 어릴 때는 희미하게 갈색 비늘 조각이 얼룩덜룩 붙어 있다. 속은 차 있다. 턱받이는 없다.

포자는 긴 타원형이며 매끈하다. 포자 무늬는 어두운 회색이나 검은색이다.

크기 갓 20~108mm, 대 35~153×5~18mm 중형

포자 15~22(24.5)×5~7.5㎛

특징 갓 가운데가 볼록 솟아 있다.

분포 북반구 온대 이북

구분 공생균

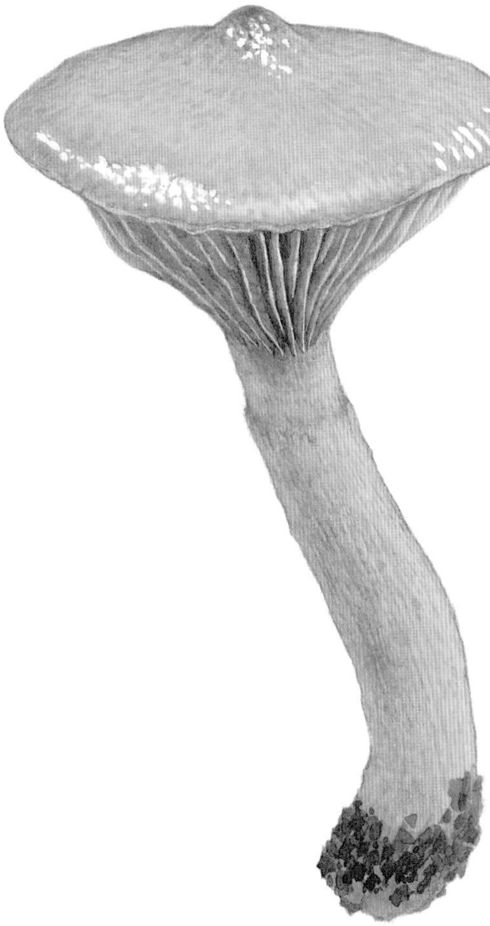

못버섯 *Chroogomphus rutilus*

큰마개버섯

Gomphidius roseus (Fr.) Fr.

큰못버섯이라고도 한다. 못버섯과 닮았지만 갓 한가운데가 못버섯처럼 볼록하게 솟지 않고 판판하거나 조금 오목하다. 북녘에서는 나사못버섯이라고 한다. 종소명 roseus는 '장밋빛'이라는 뜻으로 갓이 장미꽃 같은 고운 분홍색을 띠고 있어서 붙은 것이다.

늦여름부터 가을까지 소나무나 곰솔이 자라는 침엽수 숲 속 땅 위에 홀로 나거나 흩어져 난다. 황소비단그물버섯이 자라는 곳에 함께 나기 때문에 두 버섯이 공생하는 것으로 알려져 있다.*

먹는 버섯이다. 삶으면 색이 검어지는 데다 살이 무르고 끈적거리는 느낌이 있어 많이 먹지는 않는다. 말리거나 소금에 절여 두었다가 먹으면 살이 쫄깃쫄깃해져서 씹는 맛이 좋다.

생김새 갓은 어릴 때는 둥근 산 모양이고 자라면서 판판해지거나 가운데가 살짝 꺼져 속이 얕은 깔때기 모양이 된다. 갓 끝은 오래도록 안쪽으로 말려 있다. 연한 분홍색이나 붉은색이며 때로 회색빛을 띠기도 한다. 오래되면 검은색 얼룩이 생긴다. 겉은 매끈하나 물기를 머금으면 아주 끈적끈적해진다. 살은 흰색이고 무르다.

주름살은 흰색 또는 회백색이다가 점점 초록빛이 도는 어두운 회갈색으로 변한다. 문지르거나 상처를 내 보면 그 자리가 검게 변한다. 두껍고 성글며 대에 길게 내린형으로 붙어 있다. 주름살 날은 매끈하나 종종 검은색 포자가 붙어 있다.

대는 위아래 굵기가 비슷하거나 아래가 조금 가늘며 종종 구부러져 있다. 위쪽에 솜털 같은 턱받이가 붙어 있는데, 턱받이 위쪽은 허연색이나 연한 분홍색이고 아래쪽은 연한 붉은색이나 연한 적갈색이다. 종종 밑동이 연한 노란색을 띠기도 한다. 턱받이는 곧 떨어져 나가 거의 알아볼 수 없지만 포자가 익어서 떨어지면 턱받이 흔적이 검게 드러난다. 속은 차 있다.

포자는 방추형 또는 긴 타원형이고 겉은 매끈하다. 포자 무늬는 검은색이다.

* 지금까지의 연구에 따르면 큰마개버섯 자체는 균근을 만들지 못하고 못버섯처럼 황소비단그물버섯과 소나무 사이에 만들어지는 균근에 기생하고 있을 가능성도 보인다. 황소비단그물버섯과 소나무가 영양분을 주고받는 사이에 끼어들어 영양분을 거저 얻으며 살기 때문에 황소비단그물버섯이 자라지 않는 곳에서는 큰마개버섯이 나지 않는다.

크기 갓 27~60mm, 대 34~56×4~8mm 소형

포자 13.5~16.5×5.5~7㎛

특징 흔히 황소비단그물버섯과 함께 난다.

분포 거의 전 세계

구분 공생균

큰마개버섯 *Gomphidius roseus*

비단그물버섯

Suillus luteus (L.) Roussel

비단그물버섯은 갓이 두꺼운 젤라틴질에 싸여 있어 물기를 머금으면 아주 끈적끈적해진다. 그래서 북녘에서는 진득그물버섯 또는 진득돌버섯이라고 하며 서양에서는 Slippery Jack미끌미끌한 잭이라고 한다. 종소명 luteus는 '노란색의'라는 뜻으로 관공이 노란색을 띤다고 붙은 이름이다. 생김새와 맛이 큰비단그물버섯과 비슷하다.

여름부터 가을까지 소나무 숲 속 땅 위에 흩어져 나거나 무리 지어 난다. 소나무와 균근을 만들어 공생하는 버섯으로 아주 흔하게 나는 버섯이다.

맛이 좋아 널리 먹는 버섯이다. 동유럽이나 중국, 남아메리카에서는 가공해서 수출할 만큼 많이 채취한다. 갓 겉면(껍질)에는 약한 독성분이 있어 사람에 따라 복통이나 설사 같은 중독 증상이나 알레르기를 일으키기도 하니, 반드시 벗겨 내고 햇볕에 말리거나 끓는 물에 데친 다음 요리해야 한다. 갓 껍질은 끈적끈적하지만 쉽게 벗길 수 있다.

생김새 갓은 어릴 때는 둥근 산처럼 생겼고 자라면서 판판해진다. 때로 가운데가 볼록한 것도 있다. 갓 끝은 관공보다 더 자라 갓 깃을 만든다. 때로 내피막 자투리가 갓 끝에 남아 너덜너덜 붙어 있기도 한다. 물기를 머금었을 때는 어두운 적갈색이나 황갈색을 띠고 겉이 눈에 띄게 끈적거린다. 마르면 색이 연해지고 반들반들해진다. 살은 흰색 또는 연한 노란색이며 두껍고 부드럽다.
관공은 노란색이고 차차 녹황색이나 갈황색이 된다. 길이는 5~9mm이고 대에 완전붙은형 또는 짧게 내린형으로 붙어 있다. 관공구는 작고 둥글며 우산살 모양으로 퍼져 있다. 색은 관공과 비슷하다.
대는 위아래 굵기가 비슷하거나 아래가 조금 굵다. 대 위쪽에 턱받이가 있는데 턱받이 위쪽은 연한 노란색이고 점 같은 자줏빛을 띤 갈색 돌기가 빽빽하게 퍼져 있다. 턱받이 아래쪽은 흰색이고 위쪽에 있는 것과 같은 돌기가 점점이 흩어져 있다. 겉은 갓처럼 물기를 머금으면 조금 끈적거린다. 턱받이는 얇지만 뚜렷하며 자줏빛을 띤 갈색이다. 속은 차 있고 단단하다.
포자는 긴 타원형 또는 방추형이고 겉은 매끈하다. 포자 무늬는 황갈색 또는 녹갈색이다.

크기 갓 36~100(150)mm, 대 32~73×5~18mm 중형
포자 6.7~9.8×2.3~3.5㎛
특징 아주 끈적거리며 뚜렷한 턱받이가 있다.
분포 우리나라, 유럽, 북아메리카, 호주
구분 공생균

비단그물버섯 *Suillus luteus*

황소비단그물버섯

Suillus bovinus (Pers.) Roussel

황소비단그물버섯은 북녘에서는 그물버섯이라고 한다. 종소명 bovinus는 '소 같은'이라는 뜻으로 황소비단그물버섯이라는 이름도 여기에서 왔다.

여름부터 가을까지 침엽수 숲 속 땅 위에 흩어져 나거나 무리 지어 난다. 소나무 뿌리와 균근을 만들어 공생하는 버섯으로 오래되지 않은 소나무나 곰솔 둘레에서 많이 난다. 종종 황소비단그물버섯이 자라는 소나무 둘레에 큰마개버섯이 함께 나 있는 것을 볼 수 있다.

먹는 버섯으로 맛이 산뜻하고 씹는 맛도 좋다. 익히면 살이 분홍색이나 자주색이 되고 끈적끈적하고 맛있는 즙이 나온다. 관공 부분은 쉽게 상하는 데다 구멍이 커서 속에 벌레가 끼어 있기도 해서 떼어 내고 먹는다. 갓이 많이 피지 않은 어린 것을 먹는 것이 좋고 한 번에 많이 먹지 않도록 한다.

생김새 갓은 어릴 때는 둥근 산 모양이고 자라면서 차차 판판하게 펴진다. 다 자라면 가장자리가 물결치듯 구불거리고 위로 젖혀지기도 한다. 갓 끝은 오래도록 안쪽으로 말려 있다. 황갈색 또는 황토색이고 가운데는 색이 진하다. 겉은 물기를 머금으면 아주 끈적끈적해지고 마르면 반들거린다. 갓 껍질을 손으로 벗겨 보면 잘 벗겨진다. 살은 연한 노란색이며 두껍고 탱탱하다. 삶거나 열을 가하면 자주색으로 변한다.

관공은 녹갈색이고 자라면서 차차 황갈색이 된다. 길이가 3~7mm로 얕고 대에 완전붙은형 또는 짧게 내린형으로 붙어 있다. 관공구는 다각형이고 우산살 모양으로 퍼져 있다. 크기는 큰 편이지만 일정하지 않고 가장자리로 가면 뚜렷하게 작아진다.

대는 위아래 굵기가 비슷하며 구부러진 것이 많다. 색은 갓보다 조금 연하고 겉은 매끈하다. 속은 차 있고 밑동에는 솜털 같은 흰색 또는 분홍색 균사 다발이 붙어 있다.

포자는 방추형이고 겉은 매끈하다. 포자 무늬는 녹갈색이다.

크기 갓 34~110mm, 대 32~86×4~11mm 중형

포자 6.7~9.4×3~3.5㎛

특징 둘레에 큰마개버섯이 함께 난다.

분포 전 세계

구분 공생균

황소비단그물버섯 *Suillus bovinus*

꾀꼬리버섯목
꾀꼬리버섯과
꾀꼬리버섯속

꾀꼬리버섯

Cantharellus cibarius Fr.

꾀꼬리버섯에서는 잘 익은 살구 향이 난다. 그래서 북녘에서는 살구버섯이라고 한다. 색과 생김새가 오이꽃을 닮았다고 오이꽃버섯이라고도 한다. 유럽 사람들이 즐겨 먹는 버섯 가운데 하나다. 종소명 cibarius도 '먹을 수 있는'이라는 뜻이다.

여름부터 가을까지 소나무, 전나무, 일본잎갈나무 들이 자라는 침엽수 숲 또는 침엽수와 참나무가 섞여 자라는 숲 속 땅 위에 흩어져 나거나 무리 지어 난다. 때로 버섯고리를 이루기도 한다.

먹는 버섯으로 씹는 맛이 쫄깃쫄깃하고 단맛이 나며 익히면 노란색이 더 선명해진다. 유럽에서 나는 것은 향이 더 진하고 자실체도 큰데 소금에 절여 두면 오랫동안 두고 먹을 수 있다. 유럽 사람들이 가장 좋아하는 버섯 가운데 하나로 유럽 어디를 가나 슈퍼마켓에서 통조림이나 말린 것을 쉽게 볼 수 있다. 특히 프랑스에서는 지롤Girolle이라는 이름으로 고급 요리 재료로 쓴다. 나무와 공생하는 버섯이어서 인공 재배는 할 수 없으나 북유럽에서는 아주 흔하게 나서 대량으로 채취하여 전 세계로 수출하고 있다. 아미노산이 풍부할 뿐만 아니라 최근에는 암을 억제하는 작용이 있다는 것도 밝혀졌다.

생김새 갓은 어릴 때는 둥근 산 모양이고 갓 끝은 안쪽으로 말려 있다. 자라면서 판판하게 펴지고 나중에는 가운데가 오목하게 들어가거나 깊숙하게 홈이 파여 깔때기 모양이 된다. 시간이 지나면 가장자리는 점점 더 넓게 펴져 물결치듯 구불거리거나 얕게 찢어진다. 노른자색이나 황토색이고 다 자라면 조금 색이 연해진다. 겉은 매끈하고 물기가 없이 마른 느낌이다. 살은 조금 두껍고 연한 노란색이다. 싱싱한 것은 희미하게 오이 향이 나는데 말리면 향이 더 진해진다.
주름살은 갓과 색이 같고 두꺼우며 밭이랑처럼 생겼다. 약간 빽빽하며 대에 길게 내린형으로 붙어 있다. 주름살 사이는 쭈글쭈글하고 뚜렷한 맥으로 이어져 있다.
대는 짧고 굵으며 아래가 약간 가늘다. 색은 갓과 같고 밑동에는 솜털 같은 하얀 균사가 붙어 있다. 속은 차 있고 단단하다.
포자는 타원형 또는 알 모양이고 겉은 매끈하다. 포자 무늬는 흰색 또는 연한 노란색이다.

크기 갓 30~90mm, 대 15~65×4~14mm 소형~중형
포자 7.5~9.4×4.6~5.5㎛
특징 자실층은 밭이랑처럼 생겼고 쭈글쭈글하다.
분포 전 세계
구분 공생균

꾀꼬리버섯 *Cantharellus cibarius*

테두리방귀버섯

Geastrum fimbriatum Fr.

동그란 구멍으로 방귀를 뀌듯 먼지 같은 포자를 퐁퐁 내뿜는다고 테두리방귀버섯이라는 이름이 붙었다. 북녘에서는 별 모양으로 찢어진 껍질 속에 하얀 알이 들어 있다고 흰땅별버섯 또는 흰땅밤버섯이라고 한다. 속명 Geastrum도 '땅의 별'이라는 뜻이다. 종소명 fimbriatum은 '술이 달린, 테두리가 들쑥날쑥한'이라는 뜻이다.

여름부터 가을까지 숲 속 낙엽이 많이 쌓인 곳이나 거름기가 많은 땅에 홀로 나거나 흩어져 난다. 얼핏 보면 도토리가 여기저기 떨어져 있는 것 같다.

먹을 수 있는지 없는지는 아직 알려지지 않았고, 독성분도 밝혀지지 않았다.

생김새 어린 버섯은 공처럼 둥글고 꼭대기가 약간 뾰족하게 솟아 있다. 지름이 2cm가 채 안 될 만큼 아주 작고 거의 땅에 파묻혀 있어서 눈에 잘 띄지 않다가 겉껍질이 찢어지면서 땅 위로 드러난다.

겉껍질은 황갈색 또는 연한 적갈색 균사 다발이 싸고 있는데 자라면서 꼭대기에서부터 흔히 5~8조각으로 찢어진다. 때로 12조각까지 찢어지는 것도 있다. 찢어진 조각들은 별 모양으로 점점 벌어져 끝이 아래로 말리면서 뒤집어진다. 겉껍질 안쪽은 희고 매끈하며 두께가 2~3mm쯤 되는 두꺼운 살로 이루어져 있는데 차차 연한 갈색을 거쳐 황갈색이 되고 얇아진다.

겉껍질이 다 벌어지면 지름 0.8~1.5cm쯤 되는 동그랗고 하얀 포자주머니가 드러난다. 포자주머니는 종이 같은 얇은 속껍질에 싸여 있다. 이 포자주머니 속에는 기본체인 연분홍색 살이 가득 차 있는데 살은 익으면 연한 갈색 포자 덩이가 된다. 포자주머니 꼭대기에는 정공이라 부르는 동그란 구멍이 있어 포자가 다 익으면 이 구멍으로 포자를 내뿜는다. 포자주머니를 싸고 있는 속껍질은 처음에는 희고 매끈하나 포자를 다 내뿜고 나면 암갈색이 되어 찌그러진다. 생김새가 먼지버섯과 닮았지만 먼지버섯은 포자가 다 만들어진 다음에야 구멍이 열리는 점이 다르다.

대는 없다.

포자는 둥글고 겉에는 혹 같은 작은 돌기가 있다. 포자 무늬는 연한 갈색이다.

크기 자실체 15~40mm 소형

포자 3~4㎛

특징 생김새가 도토리를 닮았다.

분포 우리나라, 일본, 유럽, 북아메리카, 호주

구분 분해균

테두리방귀버섯 *Geastrum fimbriatum*

나팔버섯목
나팔버섯과
나팔버섯속

나팔버섯

Gomphus floccosus (Schwein.) Singer

생김새가 나팔을 닮아서 나팔버섯이라고 한다. 북녘에서도 같이 부른다. 서양에서는 돼지 귀를 닮았다고 Pig's ears 돼지 귀라고 한다. 종소명 floccosus는 '양털로 덮인'이라는 뜻인데 갓 윗면에는 크고 작은 비늘 조각이 퍼져 있고 아랫면은 쭈글쭈글하게 주름져 있어서 붙은 것이다.

여름부터 가을까지 침엽수 숲 속 땅 위에 홀로 나거나 무리 지어 난다. 때로 버섯고리를 이루기도 한다. 전나무, 솔송나무, 분비나무 둘레에 흔히 난다.

독버섯이라고도 하고 먹는 버섯이라고도 한다. 독성분이 있으나 끓여서 먹으면 괜찮다고 하며 실제로 인도의 어느 지방에서는 즐겨 먹기도 한다. 그러나 사람에 따라 구토, 복통, 설사 같은 소화기 계통의 중독을 일으키기도 하므로 되도록 먹지 않는 것이 좋다.

생김새 자실체는 전체 길이가 8.5~15.8cm쯤 된다. 어릴 때는 꼭대기 부분이 약간 넓은 원기둥꼴이지만 갓이 피면서 깔때기나 나팔 모양이 된다. 다 자라면 가장자리가 물결치듯 구불거리기도 한다. 가운데는 밑동까지 깊이 파여 있다.
갓은 노란색이나 등황색이며 때로 빨간 얼룩을 띠고 있어 화려하고 아름답다. 오래되면 색이 바래고 어두워진다. 겉은 끈적거림이 없고 매끈하다가 차차 주황색 또는 적갈색의 크고 작은 비늘 조각으로 덮인다. 비늘 조각은 비를 맞거나 오래되면 녹아 없어진다. 살은 연한 미색이고 얇지만 탱탱하다.
자실층은 갓 아랫면에 있다. 밭이랑처럼 파인 쭈글쭈글한 주름 모양이고 대에 길게 내린형으로 붙어 있다. 어릴 때는 노란색 또는 주황색이다가 다 자라면 연한 황토색이나 살구색이 된다.
대는 원통형으로 생겼고 위아래 굵기가 같거나 아래가 조금 가늘다. 연한 황토색이며 밑동은 약간 붉다. 겉은 매끈하며 얕은 주름이 길게 거의 밑동까지 내려와 있으며, 자실층과 경계가 뚜렷하지 않다. 속은 단단하며 갓에서부터 밑동까지 뚫려 있다.
포자는 타원형 또는 방추형이고 겉에는 작은 돌기가 있다. 포자 무늬는 황토색이다.

크기 갓 33~110mm, 대 23~56×6~34mm 중형

포자 11.6~15.4×6.5~7.1㎛

특징 갓에서부터 밑동까지 속이 뚫려 있다.

분포 우리나라, 일본, 중국, 유럽, 북아메리카

구분 공생균

나팔버섯 *Gomphus floccosus*

싸리버섯

Ramaria botrytis (Pers.) Ricken

생김새가 싸리 빗자루나 산호를 닮았다. 그래서 일본에서는 ホウキタケ빗자루버섯라 하고, 서양에서는 Rosso coral붉은 산호 또는 Cauliflower coral꽃양배추 산호이라고 한다. 북녘에서는 싸리버섯 또는 큰꽃싸리버섯이라고 한다. 종소명 botrytis는 '포도송이 모양의' 라는 뜻이다.

여름부터 가을까지 활엽수 숲 속 땅 위에 홀로 나거나 무리 지어 난다. 졸참나무, 밤나무, 너도밤나무 둘레에 흔히 난다. 크기가 커서 눈에 잘 띈다.

맛이 닭고기와 비슷하고 향도 좋아 즐겨 먹는 버섯이다. 씹는 맛도 쫄깃쫄깃하고 좋다. 흔히 가지 끝이 고운 자줏빛을 띠고 살이 탱탱한 어린 것을 먹는다. 조금 씁쌀한 맛과 약한 독성분이 있어 소금물에 데쳐서 물에 담가 두었다가 맑은 물에 여러 번 헹궈 내고 먹어야 한다. 덜 익거나 많이 먹으면 배탈이 날 수 있다. 비타민 B와 C, 프로비타민 들이 많이 들어 있다. 인공 재배가 되지 않고 드물게 나는 버섯이라 더 귀하게 여긴다.

생김새 자실체는 키가 크고 폭이 15cm가 넘는 큰 버섯이다. 갓 없이 짧고 굵은 대가 위로 가면서 여러 번 가지 나누기를 거듭해 전체 가지가 빽빽한 덩어리 모양을 이룬다.
대는 뭉툭하고 단단하다. 여기에서 갈라져 나온 몇 개의 굵은 가지가 여러 번 짧게 갈라지기를 거듭해서 잔가지가 되는데 맨 끝 가지는 짧고 뭉툭하다. 가지 끝은 다시 2~4개의 뾰족한 돌기 모양으로 갈라지며 연분홍빛 또는 연자줏빛을 띠는데 끝은 색이 진하다. 자실층은 자줏빛을 띠는 가지 끝 겉면에 퍼져 있다. 대와 가지는 흰색이다가 차차 연한 노란색으로 변하는데 포자가 익어서 떨어진 자리는 황토색을 띠고 오래되면 전체가 황토색으로 변한다. 겉은 매끈하며 속은 꽉 차 있다. 살은 흰색이고 오래되거나 상처가 나도 색이 변하지 않는다. 물기가 아주 많고 탱탱하나 오래되거나 마르면 퍼석퍼석해진다.
포자는 긴 방추형이고 겉에는 줄무늬 또는 점선이 있다. 포자 무늬는 황토색이다.

독버섯인 붉은싸리버섯*Ramaria forma*과 노랑싸리버섯*Ramaria flava*을 싸리버섯으로 잘못 알고 먹어 중독 사고가 나기도 한다. 싸리버섯은 가지 끝만 연한 자줏빛을 띠지만 붉은싸리버섯은 몸 전체가 붉은색이고 노랑싸리버섯은 몸 전체가 노란색이다. 그러나 생김새가 닮은 데다 오래되면 색이 비슷해져서 구별하기 어렵다.

크기 자실체 57~148×56~157mm, 대 26~45×18~50mm 대형

포자 11~20×4~6㎛

특징 가지 끝이 고운 자줏빛이다.

분포 우리나라, 동아시아, 유럽, 북아메리카

구분 공생균

싸리버섯 *Ramaria botrytis*

자작나무시루뻔버섯

Inonotus obliquus (Ach. ex Pers.) Pilát

자실체는 나무껍질 밑에 얇게 퍼져 있고 커다란 석탄 덩어리같이 생긴 것은 균핵이다. 살아 있는 나무에 붙어 양분을 빼앗아 살아가는 기생균으로 이 버섯이 나면 나무는 결국 죽게 된다. 그래서 러시아에서는 '자작나무 암'이라고도 한다. 북녘에서도 봇나무혹버섯*이라고 한다.

봄부터 겨울까지 한 해 내내 나는 버섯이다. 자작나무 줄기에 나며 우리나라에서는 사스래나무에 나기도 한다. 시베리아, 북아메리카, 북유럽 같은 추운 곳에서 많이 나는 버섯으로 우리나라에서는 추운 북쪽 지역에서 드물게 난다.

균핵은 '차가버섯'이라는 상품 이름으로 흔히 불리는데 자작나무시루뻔버섯의 러시아 이름인 차가chaga에서 온 것이다. 러시아 북부 지방에서는 옛날부터 차처럼 끓여 마시거나 소화기 계통 민간요법 치료제로 널리 써 왔는데 1970년 노벨 문학상을 받은 솔제니친의 소설 《암병동》에서 여러 번 언급되면서 세계에 널리 알려지게 되었다. 위궤양, 위암뿐만 아니라 간암, 심장 질환, 그 밖에 결핵 치료에도 아주 탁월한 효능이 있는 것으로 밝혀져 치료제로 널리 쓰이고 있다.

생김새 자실체는 나무껍질 밑에 종잇장처럼 납작하게 붙어 넓게 퍼져 있다. 갓이 없고 관공이 자실체 겉면 전체에 퍼져 있다. 그래서 겉으로 드러난 균핵과 달리 눈에 잘 띄지 않고 숙주인 나무가 쓰러지고 난 뒤에야 모습이 드러난다. 균핵은 자실체 전체의 90% 이상을 차지하는데 나무 줄기 속에서 10년쯤 자란 다음 나무껍질을 뚫고 혹처럼 솟아 나온다. 균핵은 석탄 덩어리처럼 단단하고 골이 깊게 갈라져 있으며 모서리가 날카롭다. 겉은 황갈색이고 자라면서 검은색으로 변하는데 추운 지방에 나는 것일수록 겉이 더 검고 반들거린다. 속살은 황갈색 또는 적갈색이다.
관공은 어릴 때는 흰색이나 차차 황갈색을 띠며 오래되면 암갈색이 된다. 길이는 2~8mm이다. 관공구는 관공과 색이 같으며 아주 작고 약간 모난 타원형이다.
포자는 타원형이고 겉은 매끈하다. 포자 무늬는 흰색이다. 후막 포자는 둥글고 연한 녹갈색이다.

* 북녘에서는 자작나무를 봇나무라 한다. 봇나무혹버섯은 자작나무에 혹처럼 나는 버섯이라는 뜻이다.

크기 균핵 100~300mm 대형

포자 8~10× 5~7.5㎛

특징 균핵은 커다란 석탄 덩어리같이 생겼다.

분포 우리나라, 북아시아, 시베리아, 북유럽, 북아메리카

구분 기생균

자작나무시루뻔버섯 *Inonotus obliquus*

목질진흙버섯

Phellinus linteus (Berk. & M.A. Curtis) Teng

뽕나무에 나는 노란 버섯이라고 흔히 상황桑黃 또는 상황버섯이라고 한다. 학명인 목질진흙버섯보다 상품명인 상황버섯이라는 이름으로 더 잘 알려져 있다. 북녘에서는 뽕나무에 혹처럼 붙어 난다고 뽕나무혹버섯이라고 한다.

여러해살이 버섯이다. 뽕나무뿐만 아니라 상수리나무 같은 참나뭇과 나무에도 흔히 난다. 그늘진 곳에 홀로 나는데 겨울에는 자라지 않다가 봄이 되면 다시 자란다.

대표적인 약용 버섯으로 우리 몸의 면역력을 높이고 항암 효과가 있다. 《동의보감》, 《신농본초경》, 《향약집성방》, 《봉황록》 같은 옛날 책에서도 상황의 효능이 좋다는 글귀가 나오는 것으로 보아 우리 선조들이 이미 오래전부터 약으로 써 왔다는 것을 알 수 있다.* 최근에는 여러 가지 상황버섯 가운데서도 항암 효과가 가장 뛰어나다는 것이 의학적으로 검증되었다. 인공 재배도 널리 해서 약재뿐만 아니라 음료나 화장품을 만드는 데에도 쓴다.

생김새 자실체는 대가 없고 나무에 옆으로 붙어 난다. 어릴 때는 노란 진흙 덩이처럼 생겼는데 자라면서 둥근 산 모양, 말굽 모양, 말안장 모양, 또는 판판한 모양이 된다.
갓은 처음에는 황갈색이고 겉에는 암갈색을 띤 짧은 털이 촘촘하게 덮여 있다. 자라면서 털이 떨어져 나가 흑갈색 또는 검은색이 된다. 겉껍질은 마르면서 크고 깊게 틈이 갈라져 거북등무늬처럼 되는데 나무껍질처럼 딱딱하고 거칠다. 가장자리는 황갈색인데 봄이 되면 갓 끝에 선명한 노란색 새 살이 돋는다. 살은 암갈색이고 나무처럼 아주 딱딱하다.
관공은 노란색 또는 황갈색이고 오래되면 암갈색이 된다. 여러 층으로 이루어져 있는데 한 층의 두께는 2~4mm이다. 층과 층 사이는 뚜렷하게 구분되어 있다. 해마다 새 관공 층을 만드는데, 그해 새로 만든 관공에서 포자가 만들어진다. 관공구는 연한 황갈색이며 둥글다. 아주 작아서 거의 보이지 않고 마치 노란 융단처럼 보인다.
포자는 타원형 또는 알 모양이며 겉은 매끈하다. 포자 무늬는 연한 황갈색이다.

*이 책들에 상황의 효능에 관한 기록은 있으나 생김새에 대한 기록은 없어 목질진흙버섯이 상황이란 근거는 없다. 다만 桑黃이라는 한자 뜻처럼 뽕나무에 나는 노란색 버섯으로 진흙버섯속 가운데 목질진흙버섯과 장수진흙버섯*Phellinus baumii* 2종으로 짐작하고 있다.

크기 자실체 60~150×100~200mm 대형

포자 3~4×3~4㎛

특징 갓은 나무껍질처럼 딱딱하고 거칠다.

분포 우리나라, 아시아, 필리핀, 북아메리카, 호주

구분 분해균

목질진흙버섯 *Phellinus linteus*

나무에 옆으로 붙어 나며 말굽 또는 말안장처럼 생겼다.
관공구는 연한 황갈색인데 아주 작아서 거의 보이지 않고
마치 노란 융단처럼 보인다.

진흙버섯

Phellinus igniarius (L.) Quél.

진흙버섯은 말똥진흙버섯이라고도 한다. 나무줄기에서 동그스름한 혹 같은 어린 버섯이 솟아나와 차차 부풀며 자란다. 그래서 북녘에서는 나무혹버섯이라고 한다. 진흙버섯도 흔히 상황버섯이라고 하는데 박달나무에 난다고 박달상황버섯이라고도 한다.

여러해살이 버섯으로 살아 있거나 죽은 나무줄기에 홀로 난다. 박달나무와 같은 자작나뭇과인 자작나무, 사스래나무에도 난다. 오리나무, 백양나무, 버드나무에 나기도 한다.

약용 버섯으로 항암 성분이 있고 면역력을 키우는 데 좋은 버섯으로 알려져 시장에서 '중국상황' 이라는 이름으로 팔리고 있지만 정확한 효능과 안전성은 아직 밝혀지지 않았다.*

생김새 자실체는 대가 없고 나무에 옆으로 붙어 난다. 어릴 때는 동그스름하나 자라면서 말굽이나 둥근 산 모양이 되고, 자실층이 있는 아랫면은 해마다 덧자라서 혹처럼 두툼하게 부풀어 오른다. 너비가 10~20cm이고 나무에 붙은 부분의 두께가 5~15cm쯤 되는 큰 버섯으로 때로 너비가 35cm도 더 될 만큼 둥글넓적하게 펴지는 것도 있다.

갓은 어릴 때는 흑갈색을 띠고 자라면서 거의 검은색이 된다. 겉에는 짧고 가는 털이 덮여 있고 마르거나 오래되면 가로세로로 얕게 갈라져 터지는데, 비교적 매끄럽고 때로 반들반들 윤이 나기도 한다. 해마다 갓 끝에 새 살이 돋아 자라고 다시 굳어지면서 나이테 같은 무늬를 만든다. 갓 끝은 흰색 또는 회색을 띤다. 살은 암갈색이고 나무처럼 아주 딱딱하다.

관공은 밤색이고 여러 층으로 이루어져 있다. 한 층의 두께는 1~5mm이며 층과 층 사이는 뚜렷하게 구분되어 있지 않다. 해마다 새 관공 층을 만드는데 그 해 새로 만든 관공에서 포자가 만들어진다. 오래된 관공 층은 흰색 균사로 덮여 있다. 관공구는 둥그스름하며 아주 작아서 잘 보이지 않는다.

포자는 둥글고 겉은 매끈하다. 포자 무늬는 흰색이다.

* 우리나라에서 흔히 상황버섯이라는 이름으로 판매되고 있는 버섯은 약 5종이 있는데, 나라에서 공식적으로 약용 및 식용으로 인정한 버섯은 목질진흙버섯과 장수진흙버섯 2종뿐이다. 상황버섯과 생김새가 비슷한 버섯은 전 세계에 250종 남짓 되고 버섯마다 성분이 다르므로 상황버섯이라고 해도 함부로 약으로 써서는 안 된다.

크기 자실체 100~200(350)×50~150(300)mm 대형

포자 5~6×4~5㎛

특징 딱딱하며 나이테 같은 홈이 있다.

분포 우리나라, 일본, 중국, 북아메리카, 호주

구분 분해균

진흙버섯 *Phellinus igniarius*

층층버섯

Porodaedalea pini (Brot.) Murrill

낙엽송층버섯 또는 낙엽층층버섯이라고도 한다. 우리나라에서는 흔히 가문비나무에서 자라기 때문에 가문비나무상황이라고 부르기도 한다. 북녘에서는 소나무혹버섯이라고 한다.

여러해살이로 가문비나무, 일본잎갈나무, 소나무 같은 침엽수에 흔히 난다. 살아 있는 나무에 침입해서 나무를 썩히는 백색 부후균[*1]으로 산림에 피해를 주는 버섯이다.

약용 버섯으로 면역력을 높여 주고 종양을 억제하는 성분이 있다. 상황버섯 무리 가운데 하나로 항암 성분을 많이 지닌 것으로 알려져 있으나, 목질진흙버섯처럼 의학적으로 항암 효과가 검증되지는 않았고 약효도 훨씬 떨어진다.

생김새 자실체는 대가 없고 나무에 옆으로 붙어 나는데 넓적한 반원 또는 말굽 모양이다.
갓은 어릴 때는 황갈색이고 짧은 털로 덮여 있다. 자라면서 차차 털이 떨어져 나가고 매끈한 바닥이 드러나면서 암갈색 또는 검은색이 된다. 겉에는 거칠고 뚜렷하게 파인 둥근 홈이 있고 오래되면 거북등무늬처럼 갈라진다. 갓 끝은 둥그스름하거나 때로 날카로우며 가운데에 견주어 아주 얇다. 살은 황갈색이고 나무처럼 아주 딱딱하다.
관공은 황갈색이고 여러 층[*2]으로 이루어져 있다. 한 층의 두께는 2~4mm이며 층과 층 사이는 뚜렷하게 구분되어 있지 않다. 해마다 새 관공 층을 만드는데 그해 새로 만든 관공에서 포자가 만들어진다. 새로 난 관공 층은 비어 있으나 오래된 관공 층은 선명한 황갈색 균사로 덮여 있다. 관공구는 크기가 서로 다르고, 둥그스름하거나 미로처럼 생긴 것이 특징이다.
포자는 둥그스름하고 겉은 매끈하다. 포자 무늬는 연한 갈색이다.

*1 백색 부후균(white-rotting fungi) : 나무를 희게 썩히는 균. 목질 안에 있는 갈색 목질소lignin를 분해하여 흰색 섬유소cellulos만 남게 만드는 목질 분해균을 이른다.
*2 목질진흙버섯, 진흙버섯, 잔나비불로초처럼 해를 거듭할수록 자실층이 두꺼워지는 여러해살이 버섯은 세로로 잘라 보면 관공이 여러 층 있는데 한 층의 두께만큼 해마다 덧자란다고 볼 수 있다.

크기 자실체 100~400×50~200mm 대형

포자 4~6×3.5~4㎛

특징 관공구가 둥글거나 미로처럼 생겼다.

분포 북반구 온대 이북

구분 분해균

층층버섯 *Porodaedalea pini*

오징어새주둥이버섯

Lysurus arachnoideus (E. Fisch.) Trierv.

오징어버섯속Aseroë으로 분류할 때는 흰오징어버섯이라고 불렀으나 새 분류에서 새주둥이버섯속으로 분류함에 따라 오징어새주둥이버섯으로 이름을 바꾸었다. 긴 가지를 사방으로 펼친 모습이 오징어를 닮았다. 북녘에서는 낙지버섯이라고 한다. 종소명 arachnoidea는 '거미줄 같은'이라는 뜻으로 우산살 모양으로 뻗은 가지 모습에서 온 것이다.

초여름과 가을에 두 번 난다. 왕겨, 톱밥, 짚이 쌓인 곳에 홀로 나거나 무리 지어 나는데 때로 버섯고리를 이루기도 한다. 인도, 스리랑카, 베트남, 타이 같은 기온이 높고 습기가 많은 열대성 기후 지역에 많이 나는 버섯인데, 요즈음에는 우리나라나 일본에도 드물게 난다.

독성분은 아직 밝혀지지 않았지만 썩은 것 같은 고약한 냄새가 나서 먹지 않는다.

생김새 어린 버섯은 지름이 1~1.5cm쯤 되고 공이나 알처럼 생겼다. 희고 말랑말랑하며 땅속에 거의 파묻혀 있다. 땅속 부분은 납작한 균사 덩이와 뿌리처럼 생긴 균사 다발에 이어져 있다. 어린 버섯이 어느 정도 자라면 알 꼭대기 부분이 찢어지면서 원통같이 생긴 굵은 대가 뻗어 나오고 그 끝에서 하얀 가지가 6~15개쯤 뻗어 나온다. 가지는 처음에는 뭉쳐서 나와 반듯하게 위로 섰다가 곧 우산살 모양으로 펼치면서 납작하게 눕는데 마치 오징어가 거꾸로 서서 다리를 활짝 벌린 모습 같다. 가지를 활짝 펼치면 전체 너비가 7~12cm에 이른다. 가지는 끝으로 가면서 가늘어지고 맨 끝은 채찍처럼 약간 꼬부라져 있다. 속은 비어 있는데 대롱처럼 가지 끝까지 뚫려 있다. 벌어진 가지 아랫부분 한가운데는 아주 고약한 냄새를 풍기는 흑갈색 점액이 고여 있는데, 이 속에 포자가 들어 있다. 이 고약한 냄새로 파리 따위 벌레를 꾀어 들이고 이들 몸에 점액을 묻혀 이곳저곳으로 포자를 퍼뜨린다.

대는 흰색이고 스펀지처럼 구멍이 숭숭 나 있다. 겉은 거칠고 가로세로로 잔주름이 있다. 속은 대롱처럼 뚫려 있는데 우무 같은 물질이 차 있다. 살은 아주 질기지만 마르면 딱딱해진다.

포자는 긴 타원형 또는 방추형이고 겉은 매끈하다. 포자 무늬는 흰색이다.

크기 키 100~200mm 대 25~58×15~20mm 중형~대형

포자 3~4.5×2~2.5㎛

특징 가지를 펼친 모습이 오징어 같다.

분포 우리나라, 일본, 아시아 열대, 뉴질랜드, 남아메리카, 아프리카

구분 분해균

오징어새주둥이버섯 *Lysurus arachnoideus*

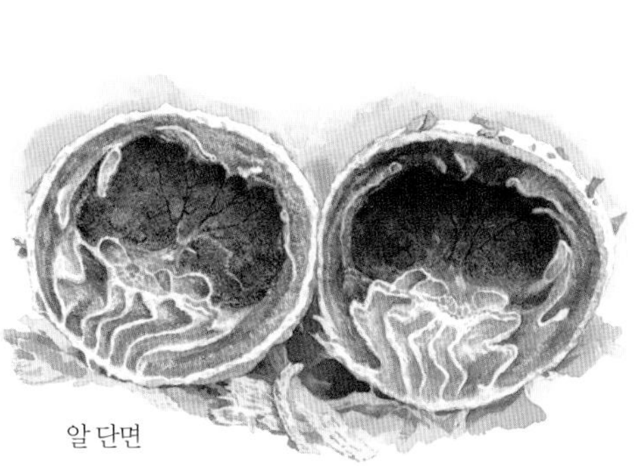

알 단면

어린 버섯은 지름이 1~1.5cm쯤 되고 공이나 알처럼 생겼다.
겉은 희고 속은 젤라틴질로 차 있어 말랑말랑하다.
망태버섯류처럼 알 속에서 거의 모든 세포가 만들어져 있다가
껍질을 찢고 대와 가지가 뻗어 나온다.

노랑망태버섯

Phallus luteus (Liou & L. Hwang) T. Kasuya

갓 아래로 망태 같은 노란 그물 치마[*1]를 두르고 있어 노랑망태버섯이라는 이름이 붙었다. 대주머니가 연한 붉은빛을 띠고 있어서 분홍망태버섯이라고도 한다. 북녘에서는 노란그물갓버섯 또는 노란투망버섯이라고 한다. 이전에는 말뚝버섯과 버섯 가운데 그물 치마가 있는 버섯은 망태버섯속Dictyophora으로 따로 나누었으나 새 분류에서는 말뚝버섯속으로 합쳤다.

여름과 가을에 두 번 난다. 활엽수와 침엽수가 섞여 자라는 숲 속 땅 위에 홀로 나거나 무리 지어 난다. 우리나라에서는 전국 어디서나 흔히 볼 수 있지만 다른 나라에서는 아주 드문 버섯이다.

먹는 버섯이지만 중국이 아닌 다른 나라에서는 그다지 먹지 않는다. 중국에서는 노란 그물 치마만 떼어 내 말려 두었다가 죽이나 국 같은 음식에 띄워 예쁘게 꾸미는 데 쓰기도 한다.

생김새 어린 버섯은 지름이 3~4.5cm쯤 되며 공이나 알처럼 생겼다. 땅속에 거의 묻혀 있다가 비가 와서 땅이 축축해지면 껍질을 찢고 갓과 대가 솟아 나와 빠르게 자란다. 갓과 대 사이에서 뭉쳐진 노란 그물 치마가 나와 펼쳐지기 시작하는데 1분에 2~4mm쯤 빠르게 내려와 30분이면 다 펼쳐진다.[*2] 활짝 펼쳐진 그물 치마는 지름이 10cm쯤 되고 땅에 닿을 만큼 아래로 길게 늘어진다. 갓은 종 모양이며 흰색 또는 연한 노란색이다. 겉에는 울록볼록한 그물 무늬가 있고 어두운 녹갈색 점액이 덮여 있다. 점액에는 많은 포자가 들어 있는데 아주 고약한 냄새가 난다. 이 냄새를 맡고 파리가 몰려들어 거의 반나절이면 깨끗이 다 빨아 먹는다. 이때 포자가 파리 몸에 묻어 자연스레 곳곳으로 퍼진다. 꼭대기에는 희고 동그란 돌기가 있는데 가운데 난 구멍은 밑동까지 뚫려 있다. 대는 아래로 가면서 굵어진다. 흰색 또는 연한 노란색이고 구멍이 숭숭 나 있어 잘 부스러진다. 밑동은 두꺼운 대주머니에 싸여 있고 뿌리같이 생긴 굵고 긴 균사 다발이 붙어 있다. 대주머니는 흰색 바닥에 연한 자줏빛을 띤다. 속은 비어 있다. 대와 그물 치마 사이에 얇고 하얀 막이 있다. 포자는 긴 타원형이고 매끈하며 연한 녹갈색이다.

*1 균망(indusium)이라고도 한다.
*2 말뚝버섯류는 다른 버섯처럼 자라면서 자실체 세포가 하나하나 만들어지는 것이 아니라, 알일 때 자실체의 모든 조직이 만들어진다. 알 속에서 이미 다 만들어진 세포들이 물기를 얻으면 아주 짧은 시간 안에 뻗어 나와 자실체를 피운다.

크기 갓 32~48×20~30mm, 대 122~174×15~28mm 대형
포자 3.4~4.5×1.4~1.8㎛
특징 노란 그물 치마가 있다.
분포 우리나라
구분 분해균

노랑망태버섯 *Phallus luteus*

말뚝버섯

Phallus impudicus L.

작은 알에서 길쭉하고 이상하게 생긴 것이 갑자기 쑥 나와 빨리 자란다고 유럽에서는 다 자란 말뚝버섯은 Wood Witch나무 마녀라 하고 알은 '악마의 알'이나 '마녀의 알'이라고 부른다. 북녘에서는 자라가 목을 쑥 빼고 있는 것 같다고 자라버섯이라고 한다. 어린 것은 그물 치마가 나오기 전의 망태말뚝버섯과 꼭 닮았다.

여름부터 가을까지 활엽수 또는 여러 가지 나무가 섞여 자라는 숲 속 땅 위나 그루터기 둘레에 홀로 나거나 무리 지어 난다. 대숲, 정원, 울타리 둘레에서도 볼 수 있다. 흔히 나는 버섯이다.

먹는 버섯이지만 다른 나라에서는 거의 먹지 않고 중국에서 죽이나 국물 요리에 넣어 먹는다. 흔히 알처럼 생긴 어린 버섯을 먹는다. 다 자란 것은 갓에 있는 냄새나는 점액을 씻어 내고 데쳐서 먹는데 소금에 절이거나 말려 두었다가 먹기도 한다. 옛날 독일에서는 소시지 맛을 좋게 하는 데 어린 말뚝버섯을 썼다고 한다. 민간요법으로 눈병과 류머티즘에 쓰기도 한다.

생김새 어린 버섯은 지름이 4~5.8cm쯤 되며 공이나 알처럼 생겼다. 겉은 흰색이고 말랑말랑하다. 반으로 잘라 보면 속에 두껍고 노란 젤라틴 층이 있다. 이 젤라틴 층은 어린 버섯을 보호하고 버섯이 자라는 데 필요한 양분이 된다. 비가 오거나 땅이 젖으면 땅속에서 솟아올라 껍질을 찢고 갓과 대를 뻗는다.

갓은 종처럼 생겼고 흰색 또는 연한 노란색이다. 겉은 거친 그물눈 모양으로 울록볼록하며 고약한 냄새를 풍기는 어두운 녹갈색 점액에 싸여 있다. 이 점액 속에는 포자가 들어 있는데 냄새로 벌레들을 꾀어 들여 포자를 퍼뜨린다. 꼭대기에는 고리 모양 흰색 돌기가 있고 그 가운데 나 있는 구멍은 대 밑동까지 뚫려 있다.

대는 흰색이고 스펀지처럼 구멍이 많이 나 있어 쉽게 부스러진다. 밑동은 두꺼운 흰색 대주머니에 싸여 있고 뿌리처럼 생긴 굵고 긴 균사 다발이 붙어 있다. 속은 비어 있다.

포자는 긴 타원형 또는 방추형이고 겉은 매끈하다. 포자 무늬는 연한 녹갈색이다.

크기 갓 35~52×15~25mm, 대 100~150×10~17mm 중형

포자 3.7~4.8×1.8~2.5㎛

특징 어린 버섯은 망태말뚝버섯과 닮았다.

분포 거의 전 세계

구분 분해균

말뚝버섯 *Phallus impudicus*

망태말뚝버섯

Phallus indusiatus Vent.

말뚝버섯과 닮았고 하얀 그물 치마를 두르고 있는 버섯이다. 종소명 indusiatus는 '망토를 입은' 이라는 뜻이다. 유럽에서 Queen Mushroom여왕버섯이라고 부를 만큼 크고 우아한 버섯이다. 북녘에서는 그물갓버섯 또는 투망버섯이라고 한다. 노랑망태버섯과 함께 말뚝버섯속에 합치면서 이름을 망태말뚝버섯으로 바꾸었다. 노랑망태버섯보다 조금 크다.

초여름부터 가을에 나며, 대숲에 흩어져 나거나 무리 지어 난다. 조금 드물게 나는 버섯이다.

먹을 수 있는 버섯으로 흔히 머리에 붙어 있는 고약한 냄새가 나는 점액을 씻어 내고 대주머니를 떼고 익혀 먹는다. 아삭아삭하고 향이 좋다. 중국에서는 말린 것을 죽손竹蓀이라고 하는데, 아주 귀한 요리 재료로 쓴다. 인공 재배도 하며 약재로도 쓴다.*

생김새 어린 버섯은 지름이 3~5cm쯤 되며 공이나 알처럼 생겼다. 겉은 흰색이고 만지거나 상처를 내 보면 연한 자줏빛을 띠다가 갈색으로 변한다. 땅속에 거의 묻혀 있는데 밑동에는 뿌리처럼 생긴 균사 다발이 붙어 있다. 흔히 이른 아침에 껍질을 찢고 갓과 대가 나오는데, 자라는 속도가 아주 빨라 두세 시간이면 다 자란다. 하얀 그물 치마도 빠르게 아래쪽으로 펼쳐져 금방 땅까지 닿는다. 활짝 펼쳐진 그물 치마는 지름이 10~15cm쯤 되며 20cm에 이르는 것도 있다.

갓은 종 모양이며 흰색 또는 연한 노란색이다. 겉은 울룩불룩한 그물 무늬가 있고 녹갈색 점액에 싸여 있다. 점액에는 많은 포자가 들어 있고 아주 고약한 냄새가 난다. 이 냄새로 벌레를 꾀어 들여 포자를 퍼뜨린다. 꼭대기에는 희고 동그란 돌기가 있는데 가운데가 밑동까지 뚫려 있다.

대는 흰색이고 구멍이 숭숭 나 있어 잘 부스러진다. 아래로 가면서 굵어지며 밑동은 흰색 또는 연한 자줏빛을 띠는 두꺼운 대주머니에 싸여 있다. 속은 비어 있다.

포자는 긴 타원형 또는 방추형이고 겉은 매끈하다. 포자 무늬는 연한 녹갈색이다.

* 혈압을 낮추고 복부 지방을 줄여 주는 효과가 있다고 알려져 중국에서는 오래전부터 약으로 써 왔다. 최근 망태말뚝버섯에 들어 있는 딕티오포린dictyophorine이라는 성분이 우리 몸속에 들어가면 신경 성장 인자(NGF)를 만드는 역할을 한다고 밝혀졌다. 신경 성장 인자는 망가진 신경을 살아나게 하고 신경에 영양분을 전해 주는 물질이다. 그래서 치매, 파킨슨병, 중풍, 구안와사 들에 쓰는 치료제로 개발되고 있다.

크기 갓 20~40×35~52mm, 대 125~184×17~28mm 대형

포자 3.3~4.5×1.4~2.2㎛

특징 대숲에 난다.

분포 우리나라, 아시아, 라틴 아메리카, 호주, 아프리카

구분 분해균

망태말뚝버섯 *Phallus indusiatus*

세발버섯

Pseudocolus schellenbergiae (Sumst.) M.M. Johnson

갓이 없으며 굵고 짧은 대에서 가지 세 개를 위로 뻗고 있어서 세발버섯이라는 이름이 붙었다. 북녘에서도 삼발버섯이라고 한다.

늦은 봄부터 가을까지 숲 속 땅 위나 숲 언저리 길가 거름기 많은 곳에 홀로 나거나 한두 개씩 흩어져 난다. 때로 몇 개씩 무리 지어 나기도 한다. 특히 대숲에서 잘 자라며 썩은 나무줄기에 나기도 한다. 우리나라 어디에서나 쉽게 볼 수 있는 흔한 버섯이다. 동아시아를 비롯해 북반구 온대 지역에 널리 퍼져 있을 뿐만 아니라 남반구의 호주, 뉴질랜드, 하와이까지도 퍼져 있다.

독성분은 밝혀지지 않았지만 생김새가 특이하고 고약한 냄새가 나서 거의 먹지 않는다.

생김새 어린 버섯은 지름이 1~2cm쯤 되며 알처럼 생겼다. 겉은 흰색 또는 회갈색이고 속은 젤라틴질로 이루어져 있어 만지면 말랑말랑하다. 밑동에는 뿌리처럼 생긴 긴 균사 다발이 붙어 있다. 어린 버섯이 어느 정도 자라면 알 꼭대기 부분이 찢어지면서 원통같이 생긴 굵은 대가 뻗어 나오는데, 그 끝에서 끝이 뾰족하고 모난 가지 세 개가 갈라져 나온다. 드물게 가지가 네 개에서 여섯 개인 것도 있다. 가지는 가늘고 길게 갈라지면서 활처럼 휘었다가 끝에서 다시 서로 붙는다.* 가지 끝은 붉은색이고 아래로 가면서 옅어져 등황색이나 노란색을 띤다. 가지 안쪽은 바깥쪽보다 색이 진하며 기본체인 흑갈색 점액이 붙어 있다. 점액은 아주 고약한 냄새를 풍기는데 말뚝버섯처럼 이 냄새로 벌레를 꾀어 들여 점액 속에 들어 있는 포자를 여기저기로 퍼뜨린다. 살이 아주 부드러워 거의 하루를 넘기지 못하고 쉽게 부러진다.

대는 흔히 가지보다 짧고 연한 노란색인데 아래로 가면서 흰색에 가까워져 밑동은 새하얗다. 속은 비어 있다. 대주머니는 흰색 또는 황갈색이다.

가지와 대는 구멍이 숭숭 뚫려 있어 마치 스펀지 같고 쉽게 부스러진다.

포자는 긴 타원형이고 겉은 매끈하다. 포자 무늬는 녹갈색이다.

* 흔히 가지 끝이 서로 붙어 있으나 나중에 떨어지는 것도 있다.

크기 키 50~100mm, 대 20~30×7~10mm 소형~중형

포자 4~7×2~3㎛

특징 가지 안쪽 면에 냄새나는 점액이 붙어 있다.

분포 우리나라, 동아시아, 북아메리카, 호주, 뉴질랜드

구분 분해균

세발버섯 *Pseudocolus schellenbergiae*

소나무잔나비버섯

Fomitopsis pinicola (Sw.) P. Karst.

소나무잔나비버섯은 잔나비버섯이라고도 한다. 소나무, 전나무, 솔송나무, 가문비나무 같은 침엽수에 자라는데 특히 소나뭇과 나무에서 잘 자라서 소나무잔나비버섯이라는 이름이 붙었다. 종소명 pinicola도 '소나무에 사는' 이란 뜻이다. 북녘에서는 전나무떡따리버섯이라고 한다.

여러해살이 버섯으로 죽은 나뭇가지, 베어 낸 나무줄기, 쓰러진 나무줄기에 홀로 난다. 추운 북쪽 지방 침엽수 숲에 많이 나며, 죽은 나무를 갈색으로 썩히는 갈색 부후균*이다.

약용 버섯으로 옛날에는 가루로 만들어 지혈제로 쓰기도 했다. 최근에는 다른 잔나비버섯류처럼 항진균 또는 항균 성분이 있다는 것이 밝혀져 약품으로 개발되고 있다. 한방에서 약재로 쓰며 인공 재배도 한다.

생김새 자실체는 대가 없고 한쪽 면이 나무줄기에 바로 붙어 난다. 자라면서 판판해져 반원이나 선반 모양이 되는데 너비가 50cm에 이를 만큼 큰 것도 있다.
어린 버섯은 희고 둥그스름한데 겉에서 물방울 같은 것이 나온다. 해마다 갓 끝에 새 살이 돋아 자라나 윗면에 나이테 같은 홈이 생긴다. 처음에는 연한 노란색 또는 연한 황갈색이다가 차차 색이 짙어져 황갈색 또는 적갈색이 된다. 오래된 가운데 부분은 회갈색 또는 검은색이며 새로 자란 가장자리 부분은 새하얗다. 겉은 혹같이 생긴 크고 작은 돌기가 볼록볼록 솟아 있고 딱딱하며 광칠을 한 것처럼 반들반들하다. 살은 흰색 또는 연한 노란색이고 나무처럼 딱딱하다.
관공은 연한 노란색이다가 차차 황갈색이 된다. 여러 층으로 이루어져 있고 한 층의 두께는 2~4mm이다. 해마다 관공 층이 늘어나면서 자실층이 점점 두꺼워져 말굽 모양이 되는데, 여러 해 자란 것은 두께가 20cm에 이르기도 한다. 관공구는 관공과 같은 색이며 아주 작고 둥글다.
포자는 알 모양 또는 타원형이고 겉은 매끈하다. 포자 무늬는 흰색이다.

* 갈색 부후균(brown-rotting fungi) : 나무를 갈색으로 썩히는 균. 목질 안에 있는 흰색 목질소를 분해함으로써 갈색 섬유소만 남게 만드는 목질 분해균을 이른다.

크기 자실체 30~300(400)×30~200mm 대형

포자 6~8×4~5㎛

특징 소나뭇과 나무에 많이 난다.

분포 우리나라, 아시아, 유럽, 북아메리카

구분 분해균

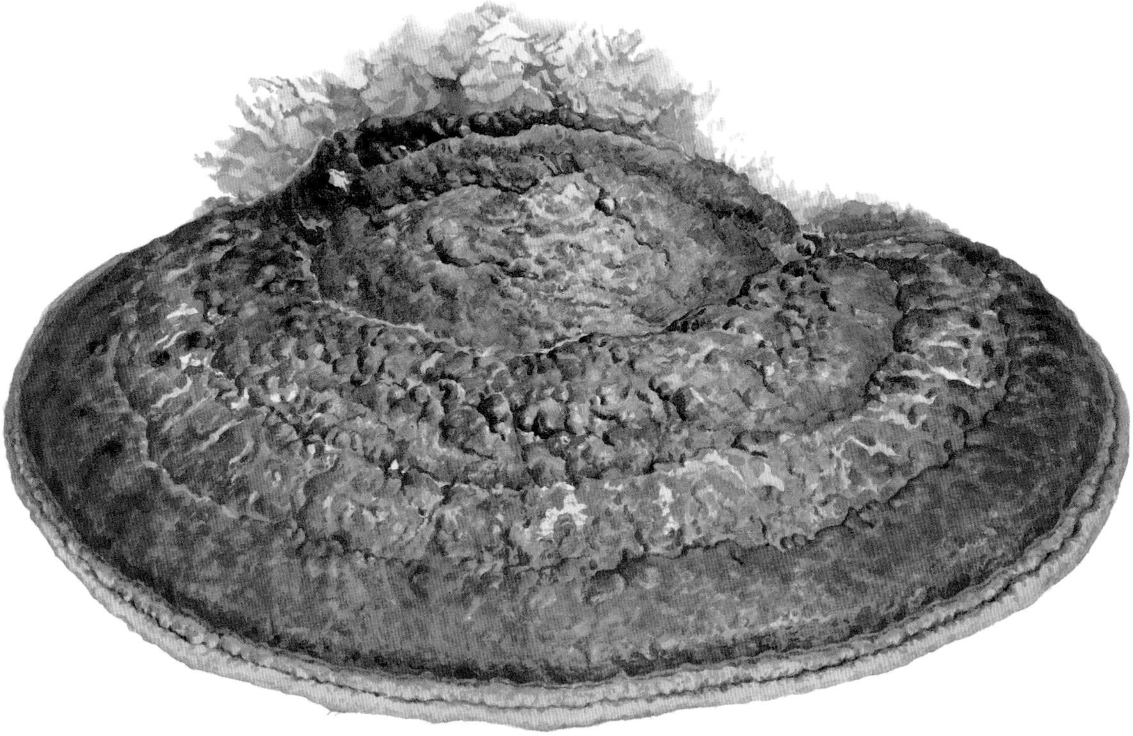

소나무잔나비버섯 *Fomitopsis pinicola*

대가 없고 한쪽 면이 나무줄기에 바로 붙어 난다.
자라면서 반원이나 선반 모양이 되는데 너비가 50cm에
이를 만큼 큰 것도 있다.

구멍장이버섯목
불로초과
불로초속

불로초(영지)

Ganoderma lucidum (Curtis) P. Karst.

영지 또는 영지버섯으로 더 잘 알려져 있다. 북녘에서는 불로초 또는 장수버섯, 만년버섯이라고 한다. 일본에서도 マンネンタケ만년버섯이라고 한다. 기원전 221년 중국을 통일한 진시황이 찾고자 했던 불로장생의 약이 불로초라고 전해질 만큼 오랜 옛날부터 귀한 약재로 여겼다. 종소명 lucidum은 '광택이 있는'이라는 뜻으로 갓이 마치 옻칠을 한 것처럼 반들거려서 붙은 것이다.

이른 여름부터 가을까지 살아 있는 나무나 죽은 나무 밑동, 베어 낸 그루터기, 죽은 나뭇가지에 홀로 나거나 무리 지어 난다. 한해살이 버섯으로 흔히 밤나무, 신갈나무, 배나무 같은 활엽수에 난다. 때로는 여러 해를 사는 것도 있다. 흔히 나는 버섯이다.

약용 버섯으로 한방에서 약재로 널리 쓰인다. 면역력을 높여 주고 피를 맑게 하며 항암 성분이 있다고 알려졌는데 특히 간장병에 좋다고 한다. 우리나라에서는 옛날부터 건강과 장수를 뜻하는 십장생 가운데 하나로 넣을 만큼 몸에 좋은 버섯으로 여겼다. 약재로 쓰려고 참나무 원목이나 톱밥에 널리 재배한다.

생김새 자실체 전체가 단단한 껍질로 싸여 있고 옻칠을 한 것처럼 반들거린다.
갓은 어릴 때는 공처럼 생겼다. 해마다 갓 끝에서 새 살이 돋아 판판하게 피어 둥그스름한 접시나 납작한 콩팥 모양이 된다. 윗면에는 뚜렷하게 파인 고리 무늬가 있고, 우산살 모양으로 흐릿하게 주름이 져 있다. 어릴 때는 노란색이고 자라면서 황갈색 또는 적갈색이 된다. 오래되면 밤색이나 흑갈색이 되고 옻칠을 한 것처럼 반들거린다. 살은 10~20mm로 두껍고 2층으로 되어 있는데 위층은 희고 부드러우나 아래층은 연한 갈색이고 나무처럼 딱딱하다. 맛은 아주 쓰다.
관공은 흰색 또는 밝은 노란색이고 길이는 5~10mm이다. 만지거나 상처를 내 보면 갈색으로 변한다. 관공구는 흰색인데 다 자라면 갈색이 되며 아주 작고 둥글다.
대는 갓과 같은 색이거나 검은색에 가깝고 갓이 둥근 것은 가운데, 콩팥 모양인 것은 안으로 푹 파인 곳에 붙는다. 갓보다 더 단단하며 흔히 구부러져 있다. 겉은 울룩불룩하며 속은 차 있다. 때로 대가 없는 것도 있다.
포자는 넓은 타원형이고 겉에는 돌기가 있다. 포자 무늬는 갈색이다.

크기 갓 50~150(200), 대 50~150×5~30mm 중형~대형
포자 9.5~11×5.5~7㎛
특징 온몸이 옻칠을 한 것처럼 반들거린다.
분포 거의 전 세계
구분 분해균

불로초 *Ganoderma lucidum*

어린 버섯은 갓이 노란색이고 공처럼 생겼다.

잔나비불로초

Ganoderma applanatum (Pers.) Pat.

원숭이가 앉아도 될 만큼 아주 넓적하고 단단해서 잔나비걸상 또는 원숭이안장버섯이라고도 한다. 큰 것은 너비가 70cm나 되는 것도 있어 원숭이가 아닌 사람이 앉아도 될 정도다. 북녘에서는 넙적떡따리버섯이라고 한다. 종소명 applanatum은 '평평하다' 라는 뜻이다. 흰 관공 부분에 그림을 그려 넣어 장식용으로 쓰기도 해서 서양에서는 Artist's Fungus화가의 버섯라고 한다.

여러해살이로 상수리나무, 박달나무, 단풍나무, 고로쇠나무 같은 활엽수의 죽은 나무줄기나 살아 있는 나무의 썩은 부분에 홀로 나거나 겹쳐 난다. 목재를 희게 썩히는 백색 부후균이다. 가로수나 길가의 말뚝에서도 잘 자라는 아주 흔한 버섯이다. 거의 전 세계에 걸쳐 나는데 아열대나 열대 지역에 나는 것을 해외에서는 *Ganoderma australe*이라는 다른 종으로 분류하기도 한다.

약용 버섯으로 항암 성분이 있고 당뇨병과 합병증 치료에도 좋다고 알려져 있다. 잘게 부수어서 달여 마신다.

생김새 자실체는 대가 없고 한쪽 면이 나무줄기에 바로 붙어 난다.
갓은 반원이나 둥근 산 모양이고 해마다 갓 끝에서 새 살이 돋아나 점점 넓게 펴진다. 갓 윗면에는 가늘고 뚜렷한 나이테 같은 홈이 있고 잔주름이 우산살 모양으로 촘촘하게 퍼져 있다. 겉은 매끈하나 소나무잔나비버섯처럼 반들거리지는 않는다. 어릴 때는 밝은 갈색이다가 자라면서 점점 갈색을 띤 연한 회색이 된다. 새로 자란 가장자리는 흰색이다. 때때로 관공에서 내뿜은 포자에 덮여서 갈색으로 보이는 것도 있다. 살은 갈색 또는 암갈색이고 나무처럼 아주 딱딱하다.
관공은 흰색 또는 미색인데 문지르거나 상처를 내 보면 곧 암갈색으로 변한다. 한 층의 두께는 2~10mm이며 해를 거듭하면서 여러 층이 된다. 오래되면 자실층이 30cm에 이를 만큼 두꺼워져 말굽 모양이 된다. 관공구는 아주 작고 둥글다. 포자가 익으면 많은 양의 갈색 포자를 내뿜는다.
포자는 타원형이고 겉은 두 겹의 막으로 싸여 있다. 막 안에는 바늘 같은 돌기가 있다. 포자 무늬는 갈색이다.

크기 자실체 100~600×20~300mm 대형
포자 8~8.5×4.5~6㎛
특징 많은 포자를 내뿜는다.
분포 전 세계
구분 분해균

잔나비불로초 *Ganoderma applanatum*

잎새버섯

Grifola frondosa (Dicks.) Gray

가지 끝에 달린 갓이 나뭇잎처럼 생겨 잎새버섯이라는 이름이 붙었다. 종소명 frondosa도 '나뭇잎 모양'이라는 뜻이다. 암탉의 깃털을 닮았다고 서양에서는 Hen of the woods숲의 닭라고 부른다. 갓들이 위로 뻗은 모습이 마치 춤을 추는 것 같다고 북녘에서는 춤버섯 또는 무용버섯이라고 한다. 일본에서도 マイタケ춤버섯라고 한다.

가을에 활엽수 숲 속의 오래된 물참나무, 졸참나무, 밤나무, 물푸레나무 밑동에 뭉쳐난다. 나무를 희게 썩히는 백색 부후균이다. 우리나라에서는 드물게 나는 버섯이다.

먹는 버섯으로 맛과 향이 아주 좋아 송이에 버금간다. 단백질과 비타민도 송이보다 많다. 유럽에서는 먹지 않지만 미국에서는 가장 맛 좋고 안전한 4대 버섯 가운데 하나로 여긴다. 밀가루 반죽을 입혀서 튀기면 닭튀김과 비슷한 맛이 난다. 약한 독성분이 있지만 말리거나 익히면 없어진다. 최근 산화 방지제인 에르고티오네인ergothioneine이 다른 어떤 식품보다도 많이 들어 있다는 것이 밝혀져 여러 가지 건강식품으로도 개발하고 있다. 참나무 톱밥을 써서 인공 재배를 한다.

생김새 자실체는 꽃양배추처럼 생겼다. 뭉툭한 대 하나가 여러 번 가지 나누기를 하고 그 가지 끝마다 은행잎처럼 생긴 작은 갓들이 달려 둥그스름한 커다란 다발을 이룬다. 다발 하나가 5kg도 더 나갈 만큼 큰 다발을 만들기도 한다.

갓 하나는 크기가 2.1~4.5cm이고 두께는 2~4mm로 얇다. 처음에는 검은색이나 흑갈색이다가 차차 색이 바래서 황토색 또는 회갈색이 되고 나중에는 거의 흰색이 된다. 겉에는 흐릿한 고리 무늬와 우산살 모양 주름이 있다. 가장자리는 물결치듯 구불구불하며 가늘게 찢어지기도 한다. 살은 흰색이며 얇고 부드럽다.

관공은 흰색이다. 길이는 1~3mm이고 대에 짧게 내린형으로 붙어 있다. 관공구는 흰색이며 작고, 둥글거나 타원형에 가깝다.

대는 짧고 굵으며 윗부분에서 수많은 가지로 갈라져 산호 모양을 이룬다. 허연색이나 연한 노란색이고 속이 차 있어 단단하나 잘 부스러진다.

포자는 알 모양 또는 넓은 타원형이고 겉은 매끈하다. 포자 무늬는 흰색이다.

크기 자실체 155~310×150~300mm 대형

포자 5.5~6.7×3.5~4.5㎛

특징 수많은 작은 갓들이 겹쳐 다발을 이룬다.

분포 우리나라, 동아시아, 유럽, 북아메리카

구분 분해균

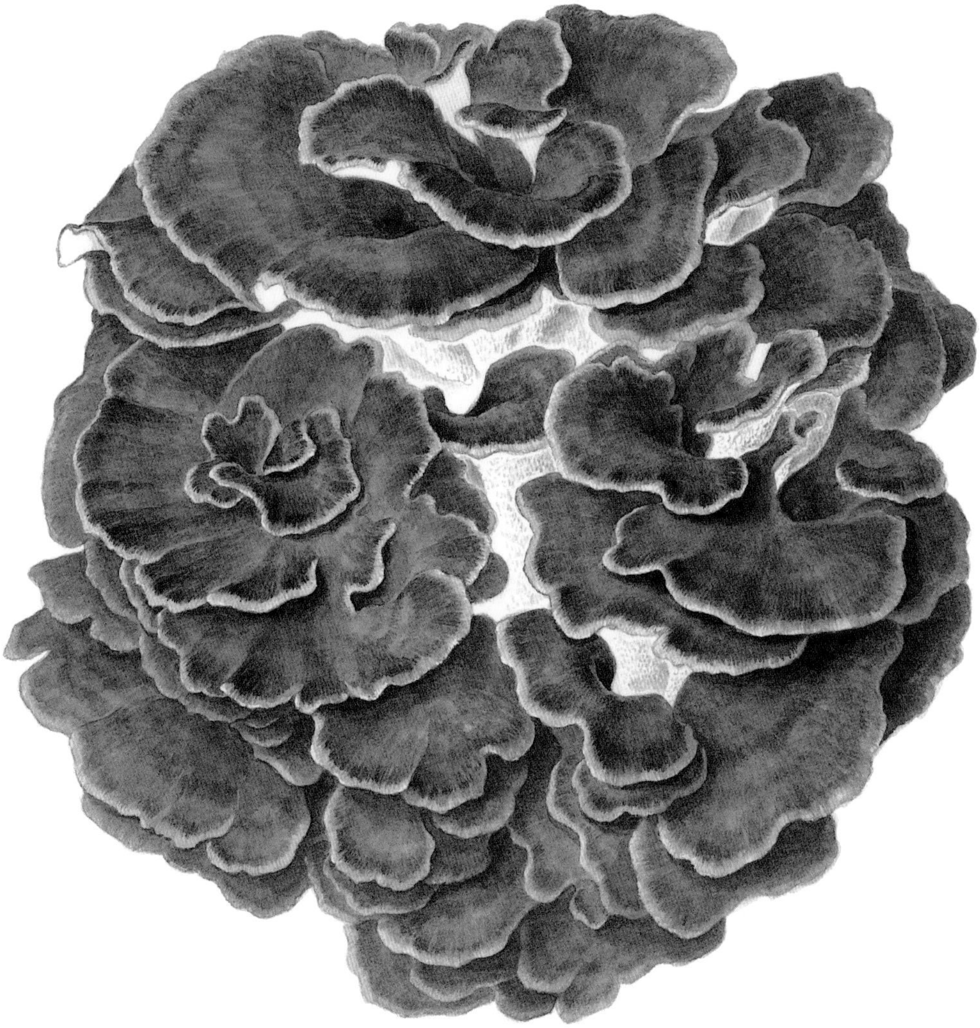

잎새버섯 *Grifola frondosa*

유관버섯

Abortiporus biennis (Bull.) Singer

유관버섯은 습도가 높을 때는 관공에서 빨간 물방울이 배어 나오는 특이한 버섯이다.* 어린 버섯은 관공에서 빨간 물방울이 나오는 피즙갈색깔때기버섯*Hydnellum Peckii*이나 향기갈색깔때기버섯*Hydnellum Ferrugineum*과 생김새가 거의 똑같아 많이 헷갈리기도 한다.

여름부터 가을까지 활엽수 숲 속 그루터기나 그 둘레 땅 위, 땅에 파묻힌 썩은 나무에 홀로 나거나 무리 지어 난다. 드물게 침엽수 숲에 나기도 한다.

독성분은 밝혀지지 않았지만 생김새나 질감이 먹기에 좋지 않아 먹지 않는다.

생김새 어린 버섯은 하얀 관공이 겉면에 있고 후막 포자로 가득 찬 찌그러진 덩이 모양이다. 갓은 자라면서 판판하게 펴져 반원이나 부채, 또는 얕은 술잔 모양이 된다. 우산살 모양 주름이 있고 가장자리는 물결치듯 구불거린다. 때로는 갓끼리 서로 엉겨 붙어 장미꽃 모양 다발을 이루기도 한다. 흰색 또는 연한 붉은색이며 겉은 물을 빨아들이는 성질이 있고 가는 털이 빽빽하게 나 있어 만지면 가죽처럼 부드럽다. 마르면 가운데 부분이 적갈색으로 변하고 딱딱해진다. 가장자리는 색이 연하거나 흰색이고 희미하게 나이테 같은 무늬가 나타난다. 살은 연분홍색 또는 연한 회적색이며 위층은 펠트질, 아래층은 가죽질인 2층 구조로 이루어져 있다. 맛과 향은 없다.
관공은 길이가 2~5mm이고 대에 짧게 내린형으로 붙어 있다. 흰색이고 문지르거나 오래되면 적갈색으로 변한다. 관공구는 작고 불규칙한 미로처럼 생겼다. 오래되면 관공구 사이 벽이 무너져 침 모양이 된다. 관공과 같은 색이며 습기가 많으면 붉은 물방울이 배어 나온다.
대는 짧고 뭉툭하며 바로 붙거나 옆으로 붙어 있다. 때로 대가 없는 것도 있다. 갓과 같은 색이며 문지르면 적갈색으로 변한다. 겉에는 부드러운 털이 있고 속은 차 있다.
포자는 타원형 또는 알 모양이며 겉은 매끈하다. 포자 무늬는 흰색이다. 후막 포자는 둥글거나 둥그스름하다.

* 이런 현상을 일액 현상(guttation)이라고 한다. 식물(또는 버섯)에 흡수된 물 가운데 일부는 영양분을 만드는 데 쓰이고 나머지는 수증기가 되어 밖으로 나오는데, 기온이 낮고 습도가 높으면 수증기의 일부가 식물의 배수 조직을 통해서 물방울 모양으로 나오는 현상을 말한다.

크기 갓 50~120mm, 대 10~25×8~15mm 중형
포자 4~7×3~5μm, **후막 포자** 5~8μm
특징 습할 때 관공에서 붉은 물방울이 나온다.
분포 거의 전 세계
구분 분해균

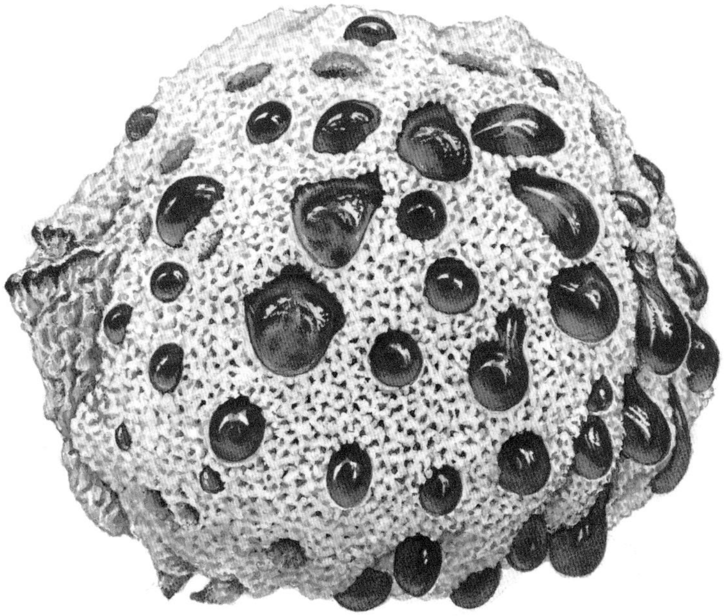

유관버섯 *Abortiporus biennis*

갓이 판판하게 펴지면서 반원이나 부채,
또는 얇은 술잔 모양이 되는데 갓끼리 서로 엉겨 붙어
장미꽃 모양 다발을 이루기도 한다.

침버섯

Mycoleptodonoides aitchisonii (Berk.) Maas Geest.

긴수염버섯이라고도 한다. 이전에는 침버섯속을 턱수염버섯과로 분류했으나 새 분류에서는 아교버섯과로 분류했다.

여름부터 가을까지 흔히 너도밤나무나 고로쇠나무, 참나무 같은 죽은 활엽수 줄기나 그루터기에 겹치듯 무리 지어 난다. 우리나라, 일본, 인도에서만 볼 수 있는 버섯으로 우리나라에는 아주 드물게 난다.

먹는 버섯으로 살이 단단하며 진한 과일 향이 나고 단맛이 난다. 살짝 데치거나 소금에 절였다가 요리한다. 우리나라에서는 아주 드문 버섯이라 거의 먹지 않지만 일본에서는 흔히 나고 맛도 좋아서 널리 먹는다. 혈압을 낮추고 혈당을 조절하는 성분이 있는 것으로 밝혀졌고, 최근 톱밥을 써서 대량으로 인공 재배하는 데 성공해서 고혈압, 당뇨병 치료제로 개발하고 있다.

생김새 갓은 부채나 조개, 주걱을 닮은 여러 가지 모양이 있고 종종 반원 모양도 있다. 가장자리는 물결치듯 구불거리며 톱니처럼 찢어져 있다. 흰색이나 연한 노란색이며 우산살 모양 얇은 주름과 뚜렷하지 않은 고리 무늬가 있다. 겉은 매끈하며 물기를 머금어서 축축한 느낌이지만 끈적끈적하지는 않다. 가장자리가 아래쪽으로 살짝 꺾인 모양이 사람 이와 닮았다. 살은 흰색이며 두께는 2~5mm로 나무에 붙은 부분은 두껍고 가장자리는 얇다. 비가 오거나 하면 물기를 많이 빨아들이는데, 물기를 머금고 있을 때는 통통하고 부드럽지만 마르면 종이같이 얇아지면서 질겨진다. 어릴 때는 향이 없으나 다 자라면 달콤한 향이 진하게 난다.

자실층은 부드럽고 길이가 3~10mm쯤 되는 침같이 생긴 돌기가 빽빽하게 아래로 늘어져 있다. 돌기는 흰색이고 겉면에 포자가 붙어 있다. 돌기가 마르거나 포자가 떨어지고 나면 연한 황토색이나 등황색이 된다.

대는 없거나 흔적만 남아 있고 갓 한쪽이 나무에 바로 붙는데 몇 개씩 겹쳐 나기도 한다.

포자는 굽은 원통형이고 겉은 매끈하다. 포자 무늬는 흰색이다.

크기 갓 32~105×27~74mm 소형~중형

포자 4.7~6.3×2~2.6㎛

특징 진한 향이 난다.

분포 우리나라, 일본, 인도

구분 분해균

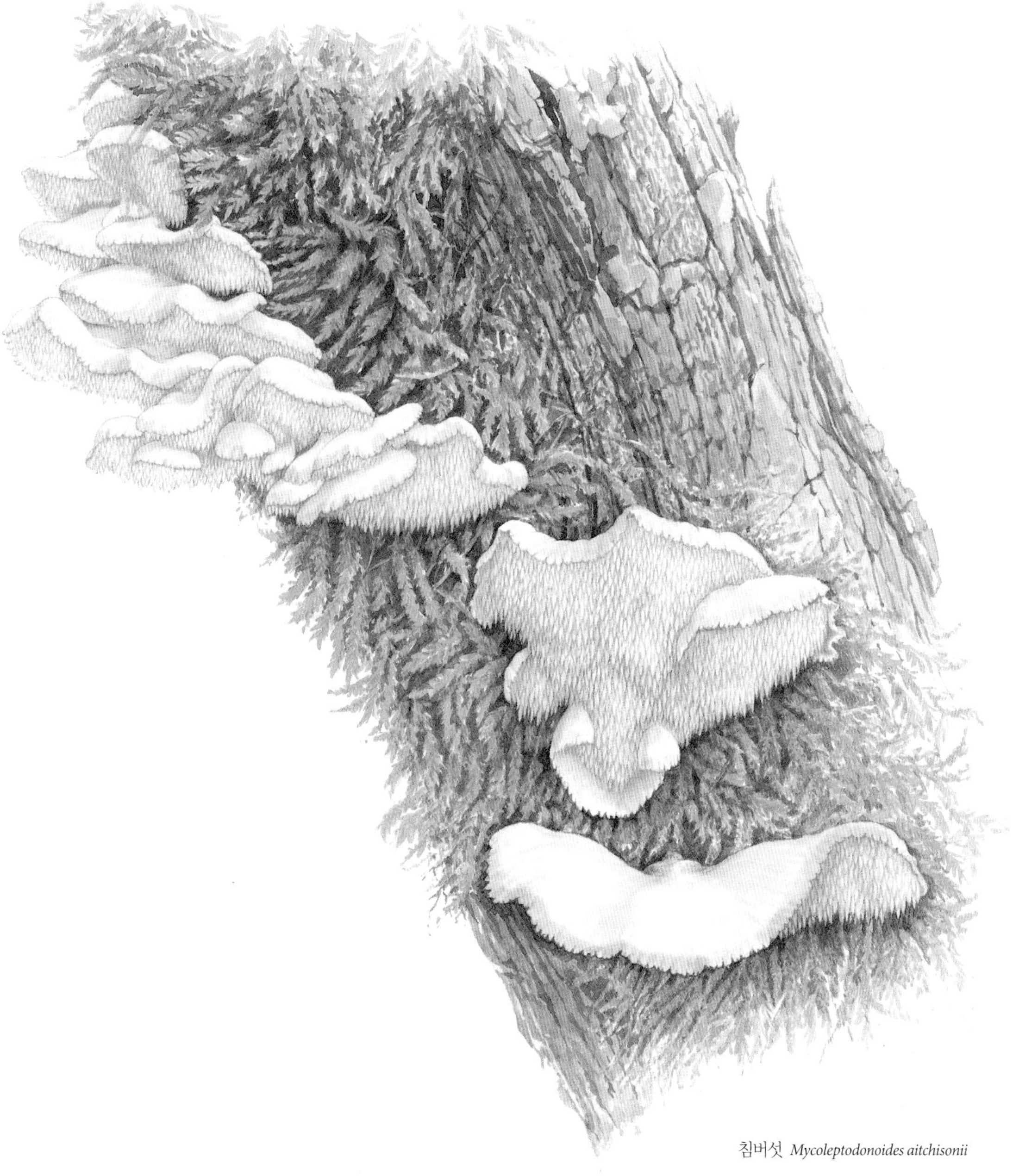

침버섯 *Mycoleptodonoides aitchisonii*

때죽조개껍질버섯

Lenzites styracina (Henn. & Shirai) Lloyd

도장버섯속Daedaleopsis으로 분류할 때는 때죽도장버섯으로 불렸으나, 새 분류에서 조개껍질버섯속으로 분류하면서 이름도 때죽조개껍질버섯으로 바꾸었다. 종소명 styracina는 '때죽나무속 나무에 나는'이라는 뜻이다. 북녘에서는 때죽나무속인 쪽동백나무에 흔히 난다고 동백나무조개버섯이라고 한다.

봄부터 가을까지 죽은 때죽나무나 쪽동백나무 가지에 겹쳐 나거나 무리 지어 난다. 때로 살아 있는 나무에 나기도 하지만 때죽조개껍질버섯이 자라기 시작하면 마침내 죽고 만다. 우리나라와 일본에만 나는 버섯인데 제주도에서는 거의 한 해 내내 나기도 한다.

독성분은 아직 밝혀지지 않았으나 약한 독성분이 있는 것으로 짐작되어 한방에서는 관절약 원료로 쓰되 아주 적은 양을 쓴다.

생김새 자실체는 어릴 때는 갓 아랫면이 뒤집힌 채로 나무에 붙어 있다가 자라면서 위쪽이 반쯤 떨어져 밀려 나와 반원 모양을 이룬다. 자실체는 위아래 것이 겹쳐 세로로 길게 이어지기도 하고 몇 개가 옆으로 이어져 선반 모양을 만들기도 한다.
갓은 반원이나 조개 모양으로 황갈색, 적갈색, 갈색, 흑갈색 들로 이루어진 뚜렷한 고리 무늬가 무지개 모양을 이루고, 새로 자라는 갓 끝은 흰빛을 띤다. 고리 무늬를 따라 가늘고 얕은 홈이 나 있고 우산살 모양으로 잘게 주름져 있으나 다 피면 판판해진다. 겉은 물기가 없이 바싹 마른 느낌이다. 어릴 때는 가루 같은 어두운 황토색 잔털이 덮여 있는데 자라면서 털이 떨어져 나가 매끈해진다. 살은 흰색 또는 연한 황토색인데 두께가 2~3mm로 아주 얇고 단단하며 가죽처럼 질기다.
자실층은 거친 주름 또는 미로처럼 생겼으며 깊게 파인 홈으로 이루어져 있다. 홈과 홈 사이는 넓고 성글다. 칙칙한 흰색 또는 회백색이며 겉에는 가루 같은 물질이 덮여 있다. 마르면 아주 질기고 단단해진다.
대는 없고 나무에 바로 붙는다.
포자는 원통형이고 겉은 매끈하다. 포자 무늬는 흰색이다.

크기 자실체 20~60×20~30mm 소형
포자 5.5~7×2~3㎛
특징 자실층이 미로 모양이다.
분포 우리나라, 일본
구분 분해균

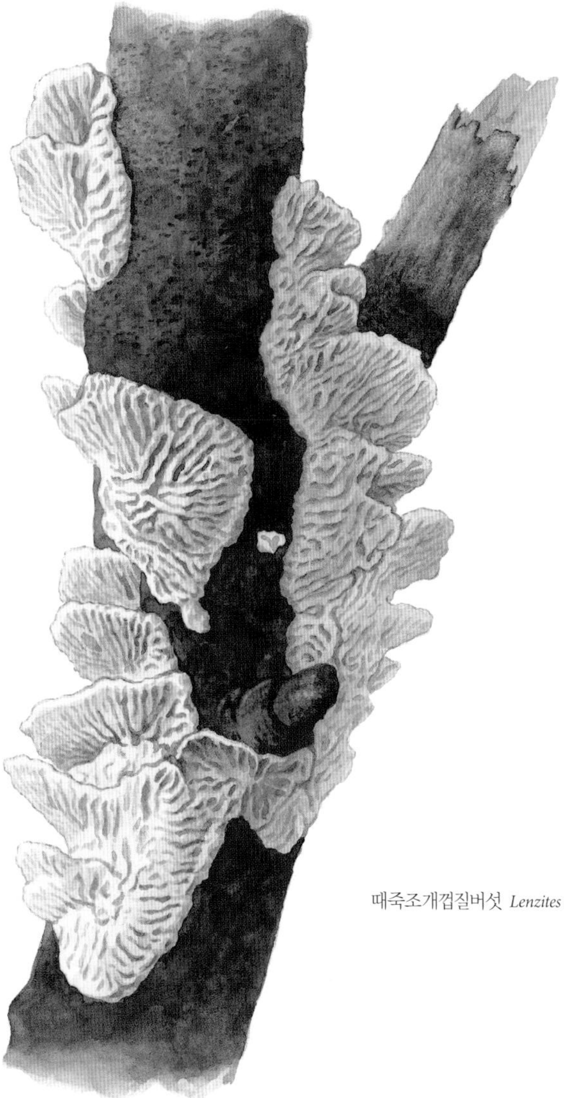

때죽조개껍질버섯 *Lenzites styracina*

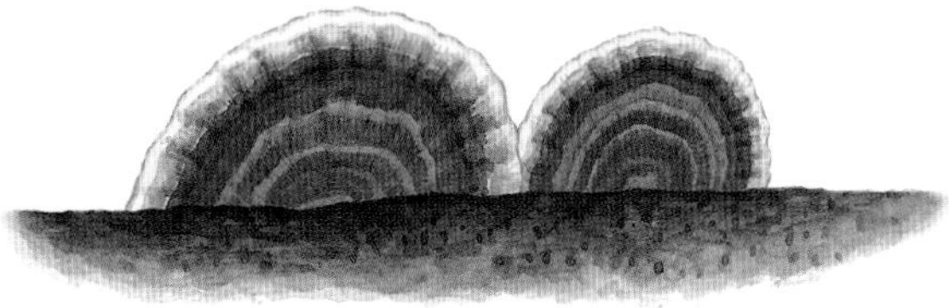

갓은 반원이나 조개 모양이다. 갓 끝은 흰색이고
윗면은 황갈색, 적갈색, 갈색, 흑갈색 무늬가
무지개 모양을 이룬다.

새잣버섯

Neolentinus lepideus (Fr.) Redhead & Ginns

잣버섯 또는 신잣버섯이라고도 한다. 잎갈나무에서 많이 난다고 북녘에서는 이깔나무버섯이라고 한다. 종소명 lepideus는 '비늘이 있는'이라는 뜻으로 자실체 겉면에 작은 비늘 조각이 빽빽하게 덮여 있다고 붙은 것이다.

이른 여름부터 가을까지 살아 있는 소나무나 잎갈나무 가지 또는 베어 낸 그루터기에 홀로 나거나 뭉쳐난다. 드물게 다른 침엽수에 나기도 한다. 흔히 소나무에서 나고 송이와 생김새가 닮아서 송이로 잘못 알기 쉽지만, 송이가 땅에 나는 것과 달리 나무에서 난다.

먹을 수 있는 버섯이지만 질기고 쓴맛이 있어서 잘 먹지 않는다. 사람에 따라 토하거나 설사 같은 가벼운 중독을 일으키기도 하니 먹더라도 어린 것을 골라 충분히 익혀서 먹는 것이 좋다. 우리 몸의 면역력을 높이고 암을 막아 주는 성분이 들어 있어 약으로도 쓴다. 지금은 침엽수 원목이나 톱밥을 써서 재배하기도 한다.

생김새 갓은 어릴 때는 둥근 산 모양이고 자라면서 판판하게 펴지는데 흔히 가운데가 살짝 눌린 것처럼 오목하다. 갓 끝은 오래도록 안쪽으로 말려 있다. 흰색이나 연한 노란색이고 겉은 황갈색 또는 암갈색 비늘 조각이 고리 무늬를 이루며 빽빽하게 붙어 있다. 때로 갓 가운데 부분이 터져 하얀 속살이 드러나기도 한다. 살은 희고 두꺼우며 어릴 때는 부드러우나 다 자라면 단단하고 질기다. 소나무에서 나는 것에서는 솔향기가 난다.
주름살은 흰색이며 폭이 넓고 약간 빽빽하다. 대에 홈형 또는 내린형으로 붙어 있다. 주름살 날은 톱니처럼 생겼고 잘 찢어진다.
대는 위아래 굵기가 비슷한데 종종 아래로 가면서 가늘어지거나 굵어지기도 한다. 갓과 같은 색이고 겉은 손거스러미 같은 갈색 비늘 조각이 고리 무늬를 이루고 있다. 위쪽에는 도드라진 세로줄이 있어 주름살과 이어져 있고 밑동에는 긴 균사 다발이 붙어 있다. 속은 차 있다. 대 위쪽에 얇고 연한 노란색 또는 흰색 턱받이가 붙어 있다가 곧 없어진다.
포자는 원통형 또는 긴 타원형이고 겉은 매끈하다. 포자 무늬는 흰색이다.

크기 갓 45~145mm, 대 28~75×8~19mm 중형

포자 8.5~10.6×3.6~4.5㎛

특징 주름살 날이 톱니처럼 생겼다.

분포 우리나라, 일본, 유럽, 북아메리카, 호주

구분 분해균

새잣버섯 *Neolentinus lepideus*

구름송편버섯

Trametes versicolor (L.) Lloyd

무리 지어 난 모습이 구름 같다고 구름버섯 또는 운지버섯이라고도 한다. 한방에서는 운지雲芝라고 한다. 북녘에서는 기왓장을 겹쳐 쌓아 놓은 것처럼 생겼다고 기와버섯*1이라고 한다. 서양에서는 갓이 칠면조 꼬리깃을 닮았다고 Turkey tail칠면조 꼬리이라고 부른다. 종소명 versicolor는 '여러 가지 색을 지닌'이라는 뜻으로 갓에 여러 색이 어우러진 고리 무늬가 있는 데서 온 것이다.

봄부터 늦가을까지 활엽수나 침엽수의 그루터기, 쓰러진 나무줄기나 베어 낸 나무줄기 윗면에 수십~수백 개가 겹쳐서 무리 지어 난다. 한 해 내내 어디에서나 볼 수 있는 아주 흔한 버섯이다. 세계에서 가장 많이 나고 가장 널리 퍼져 있는 버섯 가운데 하나다.

약용 버섯으로 폐암, 소화기암, 위암 등의 치료제로 쓰이고 있다.*2 최근에 나무를 분해할 때 만들어 내는 효소가 색이 잘 지워지지 않는 인공 염료나 살충제, 수은 같은 중금속을 분해하는 데 아주 좋은 효과가 있다는 것이 밝혀져 앞으로 환경을 정화하거나 화학적인 오염을 없애는 데 크게 쓰일 수 있을 것으로 기대된다.*3

생김새 자실체는 대가 없고 흔히 나무에 옆으로 붙어 난다. 베어 낸 나무둥치 윗면에 나는 것은 바로 붙어 나서 둥그렇게 장미꽃 모양을 이루기도 한다.

갓은 지름이 1~5cm로 반원이나 부채 모양이고 아래쪽은 좁다. 검은색, 회색, 황갈색, 암갈색, 짙은 푸른색 따위 여러 가지 색이 어울려 뚜렷한 고리 무늬를 이루고 있는데, 얼핏 보면 회색 또는 검은색으로 보인다. 갓 끝은 흰색이다. 겉은 아주 짧고 가는 털로 덮여 있어 벨벳같이 매끄럽고 반들거린다. 살은 흰색이고 아주 얇지만 가죽처럼 질기다.

자실층은 관공 모양이다. 관공은 길이가 1mm쯤이고 흰색 또는 연한 미색이다. 때로 연한 회색을 띠는 것도 있다. 관공구는 아주 작고 둥글며 조금 모난 것도 있다. 색은 관공과 같다.

포자는 굽은 원통형이며 겉은 매끈하다. 포자 무늬는 흰색이다.

*1 남녘에서 기와버섯이라고 하는 *Russula virescens*의 북녘 이름은 풀색무늬갓버섯이다.

*2 구름송편버섯에서 얻는 크레스틴krestin(PSK)은 고형 암 세포 sarcoma-180에 대한 억제율이 80%에 이를 만큼 높은 것으로 밝혀졌다.

*3 이처럼 오염된 환경을 미생물, 곰팡이, 식물 따위를 써서 본디 상태로 복구시키는 것을 생물학적 환경 정화(Bioremediation)라고 한다.

크기 자실체 10~50mm×1~2mm 소형

포자 5~8×1.5~2.5㎛

특징 갓에 여러 가지 색이 섞인 고리 무늬가 있다.

분포 전 세계

구분 분해균

구름송편버섯 *Trametes versicolor*

죽은 나무 그루터기, 쓰러진 나무줄기에 수십~수백 개가 무리 지어 겹쳐 난다.

구멍장이버섯목
구멍장이버섯과
구멍버섯속

복령

Wolfiporia extensa (Peck) Ginns

복령은 자실체가 아니고 균사 덩어리인 균핵이다. 소나무 뿌리에 혹처럼 붙어 난다고 북녘에서는 솔뿌리혹버섯이라고 한다.

베어 낸 지 3~4년쯤 지난 소나무 뿌리에 생기는데, 뿌리가 빨아들인 영양분을 위로 올려 보내지 못하고 뿌리 한 부분에 갈무리하다가 더 이상 팽창할 수 없을 만큼 되면 한꺼번에 터지면서 혹 같은 덩어리로 된 것이 바로 복령이다. 복령은 고구마나 감자같이 둥그스름하게 생겼는데, 주먹만 한 것에서부터 어른 머리만 하고 무게가 1kg이 넘는 큰 것까지 있다. 회갈색 또는 적갈색이며 오래된 것은 검은빛을 띠는 적갈색이다. 겉은 소나무 껍질처럼 거칠고 쭈글쭈글하며 때로 갈라져서 하얀 속살이 보이기도 한다. 살은 물기가 많고 새하얗거나 연한 분홍색을 띤다. 살이 흰 것을 백복령, 분홍색인 것을 적복령이라고 하는데, 마르면 모두 하얗게 되고 딱딱하게 굳어 잘 부서진다. 때로 뿌리를 둘러싸고 길게 자라기도 하는데 이것은 따로 복신이라고 한다.

봄부터 가을까지 베어 낸 소나무의 땅속 깊이 있는 뿌리에 혹처럼 붙어 자란다. 여러해살이로 흔히 무리 지어 난다. 드물게 나는 것은 아니지만 땅속 20~50cm 깊은 곳에 있기 때문에 찾아내기가 쉽지 않아 흔히 재배한다. 소나무 원목에 종균을 붙여 땅속에 묻어 키우는데 다른 버섯에 견주어 재배하기가 쉬운 편이다.

복령은《동의도감》에서 인삼이나 감초보다도 많이 처방되고 있고 "복령을 오랫동안 먹으면 오래 살고 늙지 않아 얼굴이 젊은이와 같다."고 썼을 만큼 몸에 좋은 성분이 많이 들어 있다. 한방에서 중요한 약재로 많이 쓰이는데 4~5년은 되어야 좋은 것으로 친다. 민간에서는 달여 먹거나 가루를 내어 먹기도 한다. 콩팥에 있는 나쁜 기운을 몰아내 소변이 잘 나오게 하고, 병을 앓고 나서 몸이 쇠약해진 사람에게도 좋다. 최근에 항암 성분이 있는 것이 밝혀졌다.

생김새 자실체는 갓이 없고 소나무 줄기나 복령 겉면에 넓게 붙어 있다. 흰색이고 아주 얇지만 가죽처럼 질기다. 겉에는 관공이 빽빽하게 퍼져 있다. 관공 길이는 2~4mm이고 흰색이다. 관공구는 아주 작고 둥글거나 모가 나 있다.
포자는 약간 굽은 원통형이고 겉은 매끈하다. 포자 무늬는 회백색이다.

크기 균핵 75~310mm 대형
포자 7.5~9.3×3.4~4.3㎛
특징 복령은 자실체가 아닌 균핵이다.
분포 우리나라, 동아시아, 북아메리카
구분 분해균

복령 *Wolfiporia extensa*

꽃송이버섯

Sparassis crispa (Wulfen) Fr.

꽃잎처럼 생긴 수많은 작은 갓들이 뭉쳐 커다란 꽃송이 모양을 이루고 있어 꽃송이버섯이라는 이름이 붙었다. 북녘에서는 꽃잎버섯이라고 한다. 서양에서는 꽃양배추를 닮았다고 Wood cauliflower나무 꽃양배추 또는 Cauliflower mushroom꽃양배추버섯이라고 부른다.

늦여름부터 가을까지 소나무, 솔송나무 같은 침엽수의 밑동이나 그루터기, 그 둘레에 홀로 난다. 살아 있는 나무에 붙어 양분을 얻으면서 자라는 기생균으로 특히 일본잎갈나무에 침입하여 나무속을 썩히는 병을 일으킨다. 드물게 나는 버섯이다.

먹는 버섯으로 맛이 아주 좋다. 송이와 비슷한 향이 나고, 씹는 맛이 좋아 나물이나 살짝 볶는 요리에 좋다. 그러나 야생 버섯은 버섯에 붙어 있는 더러운 것들을 떨어내기가 쉽지 않은 데다 많이 나지도 않아 흔히 인공 재배한 것을 먹는다. 요즈음은 톱밥을 이용한 병이나 봉지 재배 기술을 개발해 대량으로 생산해서 상품으로 팔고 있고, 말려서 수출도 한다. 베타글루칸*이라는 성분이 버섯 가운데 가장 많이 들어 있어서 약으로도 쓴다.

생김새 자실체는 꽃양배추나 수국꽃을 닮았다. 대 하나가 거듭해서 가지를 나누고 그 끝마다 얇고 넓적한 갓이 달린다. 수많은 갓이 모여 커다랗고 둥그스름한 덩어리를 이루는데 흔히 무게가 1kg, 지름이 30cm쯤 된다. 드물게 지름이 70cm, 무게가 6kg이 넘는 아주 큰 것도 있다.
갓 하나하나는 매끈하고 판판한 꽃잎 모양이다. 테두리는 파도치듯 구불구불하거나 가늘게 주름져 있다. 흰색이나 연한 노란색이며 자라면서 차차 갈색을 띠어 오래되면 황갈색이 된다. 살은 얇고 물렁물렁하지만 자라면서 단단해진다.
자실층은 갓 아랫면에 있으나 매끈하고 색이 윗면과 거의 같아서 잘 구별되지 않는다.
대는 짧고 뭉툭하며 매우 질기다. 밑동에는 긴 균사 덩어리가 붙어 있다. 균사 덩어리는 땅속에 파묻혀 있는 나무까지 뻗어 있는데 긴 것은 10cm나 된다.
포자는 알 모양 또는 타원형이고 매끈하다. 포자 무늬는 흰색이다.

* 베타글루칸(β-glucan) : 효모, 버섯류, 곡류 따위에 많이 들어 있는 다당류 가운데 하나다. 사람 몸 세포의 면역력을 높여 주고, 암세포가 늘어나는 것을 억제하며, 혈당과 콜레스테롤을 낮추어 준다.

크기 자실체 100~300×110~230mm 중형~대형

포자 6~7×4~5㎛

특징 꽃양배추를 닮았다.

분포 우리나라, 동아시아, 유럽, 북아메리카 동부, 호주

구분 기생균

꽃송이버섯 *Sparassis crispa*

솔방울털버섯

Auriscalpium vulgare Gray

이전에는 솔방울털버섯과를 민주름버섯목으로 분류했으나 새 분류에서는 무당버섯목으로 분류했다. 솔방울에서 나는 버섯으로 갓과 대에 털이 나 있어 솔방울털버섯이라고 한다. 서양에서는 Earpick fungus귀이개버섯라고 하는데 고대 로마 사람이 귀이개로 썼던 끝이 직각으로 구부러진 도구를 닮은 데서 온 것이다. 북녘에서는 솔방울바늘버섯이라고 한다.

솔방울에서 나는 닮은 버섯으로 솔방울버섯*Baeospora myosura*이나 맛솔방울버섯속Strobilurus 버섯 들이 있는데, 갓 아래를 잘 살펴보면 자실층이 주름살 모양이다. 솔방울털버섯은 자실층이 침 모양 돌기로 이루어져 있어서 쉽게 구별할 수 있다.

가을부터 겨울까지 땅에 떨어진 솔방울 위에 한 개 또는 두 개가 난다. 때로 여러 개가 나기도 한다. 제주도에서는 삼나무 열매에서도 났다는 기록이 있다.

독성분이 없다고는 하지만 가죽처럼 질기고 단단하며 크기도 작아 먹을 만한 버섯이 못 된다.

생김새 갓은 판판하며 콩팥 모양이다. 적갈색이나 암갈색인데 진하고 연한 색 차이로 고리 무늬가 나타나기도 하며 가장자리에는 흰색 테두리 선이 있다. 겉에는 가는 털이 빽빽하게 나 있는데 갓 끝에 있는 털은 뻣뻣하고 억세다. 살은 아주 얇고 가죽처럼 질기며 흰색 또는 밝은 갈색을 띤다. 자실층은 길이가 1~1.5mm쯤 되는 짧은 침 모양 돌기로 이루어져 있는데 어릴 때는 흰색이지만 자라면서 연한 갈색 또는 회갈색으로 변한다. 살은 얇고 흰색이며 껍질 바로 밑은 연한 회녹색을 띤다. 벚꽃 향을 닮은 독특하고 강한 냄새가 난다.

대는 길고 가늘며 갓 가장자리에 붙어 있다. 암갈색이고 갓처럼 단단하고 질기다. 겉은 가는 털이 빽빽하게 덮고 있어 마치 벨벳 같고 속은 차 있다. 밑동은 숙주인 솔방울에 붙어 있다.

포자는 타원형이고 겉은 아주 작고 뾰족한 돌기가 빽빽하다. 포자 무늬는 흰색이다.

크기 갓 10~20mm, 대 20~60×2~3mm 소형

포자 4.5~5×3.5~4㎛

특징 솔방울에 나며, 자실층이 침 모양이다.

분포 우리나라, 일본, 유럽, 중앙아메리카, 북아메리카

구분 분해균

솔방울털버섯 *Auriscalpium vulgare*

솔방울버섯 *Baeospora myosura* (Fr.) Singer

갓은 둥근 산 모양이다가 차차 판판해진다. 담갈색 또는 암갈색이며 가장자리는 연하다. 자실층은 주름살 모양이다. 솔방울털버섯과 크기가 비슷한 작은 버섯이다.

노루궁뎅이

Hericium erinaceus (Bull.) Pers.

가늘고 긴 돌기가 둥그스름한 모습으로 늘어져 있는 모습이 노루 궁둥이를 닮았다고 노루궁뎅이라는 이름이 붙었다. 북녘에서는 고슴도치를 닮았다고 고슴도치버섯이라고 한다. 종소명 erinaceus도 '고슴도치'라는 뜻이다. 그러나 유럽에서는 Lion's mane사자 갈기이라고 한다.

가을에 떡갈나무, 졸참나무, 너도밤나무, 단풍나무 같은 활엽수의 죽은 나무줄기나 그루터기에 홀로 나거나 무리 지어 난다. 드물게 나는 버섯이다.

먹을 수 있는 버섯으로 향이 독특하고 맛이 좋다. 약간 쓴맛이 있는데 미식가들은 오히려 이 쓴맛을 즐긴다. 너무 자라거나 오래되면 누렇게 변하고 살도 물러지므로 어린 버섯을 따서 먹거나 끓는 물에 살짝 데쳐 쓴맛을 없애고 먹기도 한다. 처음에는 생김새 때문에 사람들이 꺼렸지만 몸에 좋은 성분이 많다는 것이 알려지면서 관심을 받게 되었다. 암을 억제하고 면역력을 높여주며 최근에는 치매 예방에도 좋다는 것이 밝혀져 약뿐만 아니라 건강 음료로도 만들고 있다. 원목이나 활엽수 톱밥을 이용해 인공 재배를 하기도 한다.

생김새 자실체는 갓이 없고 수염 같은 긴 돌기가 빽빽하게 늘어져 둥그스름한 덩어리 모양을 이루는데 큰 것은 지름이 20cm가 넘는 것도 있다.
어릴 때는 찐빵처럼 희고 둥글다. 자라면서 아랫부분이 늘어나 짧은 대를 만들고 대는 다시 여러 개의 굵은 가지로 갈라진다. 가지들은 빽빽하게 뭉쳐 있고 가지 끝에는 가늘고 길이가 7~46mm쯤 되는 수많은 돌기가 늘어져 둥그스름한 모습이 된다. 돌기가 없는 윗부분은 짧은 털이 빽빽하게 있거나 올록볼록하다. 색은 흰색이었다가 자라면서 차차 연한 노란색이나 연한 다갈색으로 변한다. 살은 흰색이고 부드러우며 크고 작은 구멍이 나 있어 마치 스펀지 같다.
자실층은 돌기 겉면에 퍼져 있다. 돌기는 포자를 머금고 있을 때는 통통하지만 포자를 다 내보내고 나면 홀쭉해진다. 돌기는 처음에는 흰색이지만 차차 뾰족한 끝 부분이 마르면서 연한 노란색을 띠고 오래되면 군데군데 갈색 얼룩이 생긴다.
대는 있지만 거의 자라지 않는다.
포자는 둥글고 겉은 매끈하다. 포자 무늬는 흰색이다.

크기 자실체 81~225×55~145mm 대형

포자 5.5~7.5×5.1~6.2㎛

특징 갓이 없고 수염 같은 돌기가 덩어리를 이룬다.

분포 우리나라, 동아시아, 유럽, 북아메리카

구분 분해균

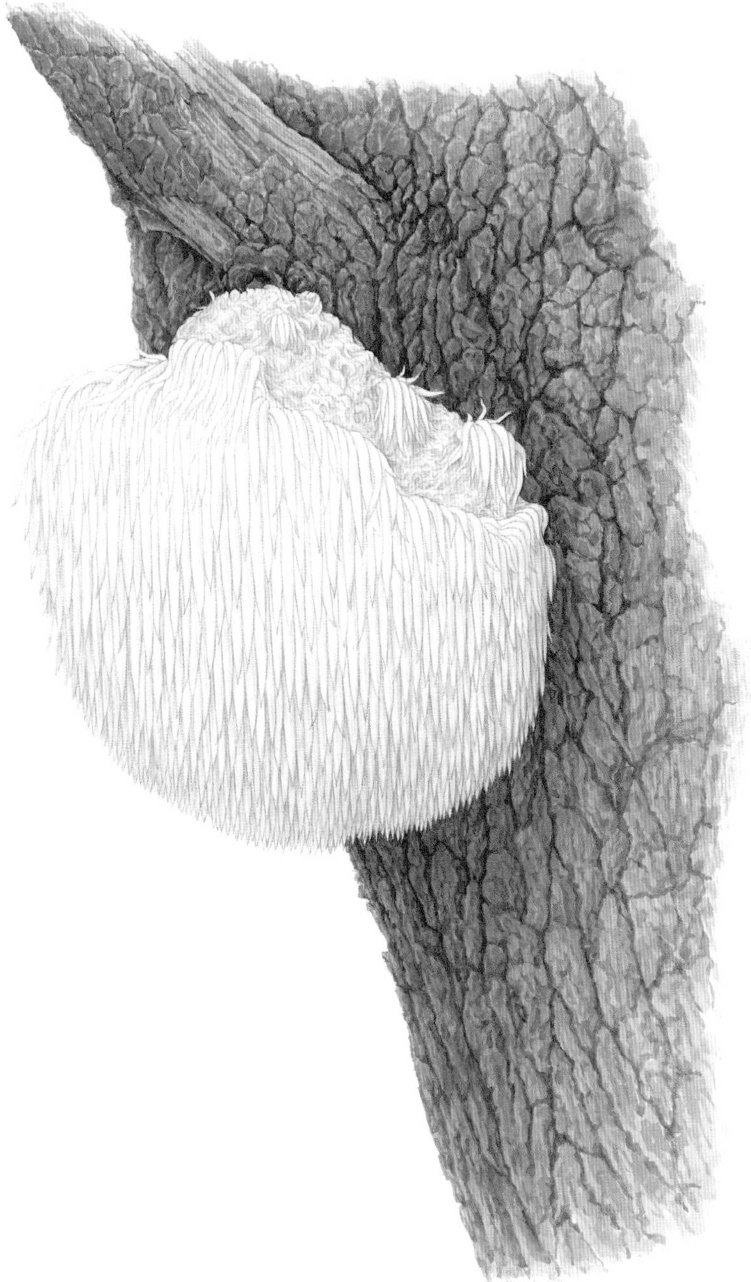

노루궁뎅이 *Hericium erinaceus*

배젖버섯

Lactarius volemus (Fr.) Fr.

배젖버섯은 칼로 베어 보면 젖버섯처럼 하얀 젖*1이 아주 많이 나온다. 그래서 이전에는 젖버섯이라고 부르기도 했고 북녘에서는 지금도 젖버섯이라고 한다.*2 종소명 volemus는 커다란 서양 배 이름에서 온 것으로, 즙이 많은 배처럼 젖이 많이 나온다고 붙은 이름이다.

이른 여름부터 가을까지 흔히 너도밤나무, 물참나무, 졸참나무 같은 활엽수 둘레 땅 위에 흩어져 나거나 무리 지어 난다.

먹는 버섯으로 살이 퍼석퍼석해서 씹는 맛은 없지만 아주 맛 좋은 즙이 우러나 국이나 찌개 같은 국물 요리에 쓴다. 아시아 지역에서는 시장에서 팔 만큼 널리 먹고 중국에서는 수출도 한다.

생김새 갓은 어릴 때는 둥근 산 모양이고 갓 끝은 안쪽으로 말려 있다. 자라면서 가장자리가 판판하게 펴져 가운데가 오목해지거나 가장자리가 위로 젖혀져 얕은 깔때기 모양이 되기도 한다. 황갈색 또는 적갈색이며 때로 연한 것도 있다. 어린 것은 색이 더 진하다. 겉은 마른 느낌이며 고운 가루가 덮여 있으나 가루가 떨어져 나가면서 매끈해진다. 살은 흰색이고 단단하며 약간 나쁜 냄새가 난다. 베어 보면 갈색으로 변하고 하얀 젖이 아주 많이 나온다. 젖은 끈적한데 젖버섯과 달리 맵지 않고 약간 떫은맛이 나며 시간이 지나면 갈색으로 변한다.
주름살은 흰색이나 연한 노란색이며 젖이 말라붙은 곳은 갈색 얼룩이 생긴다. 빽빽하며 대에 완전붙은형 또는 내린형으로 붙어 있다.
대는 위아래 굵기가 비슷하다. 색은 갓과 같거나 조금 연하고 상처 난 자리는 색이 더 진해져 탁한 적갈색이 된다. 속은 차 있으나 차차 빈다.
포자는 둥글거나 둥그스름하며 겉에는 뚜렷한 그물 무늬가 있다. 포자 무늬는 흰색이다.

*1 젖버섯이나 배젖버섯 같은 버섯들은 살 속에 유액 균사(lactiferous hyphae)라고 하는, 현미경으로 봐야 할 만큼 아주 가는 관이 있다. 그 관 속에 젖 같은 액체를 품고 있다가 상처가 나면 관이 터지면서 방울방울 흘러나온다. 버섯에 따라 젖처럼 흰색인 것도 있고 주황빛이나 붉은빛을 띠는 것도 있다. 이 액체는 고무나무에서 나는 고무즙과 성분이 비슷한데 농도가 아주 묽어서 고무를 만들 수는 없다.

*2 북녘에서는 남녘에서 배젖버섯이라 하는 *Lactarius volemus*를 젖버섯이라 부르고, 남녘에서 젖버섯이라고 하는 *Lactarius piperatus*는 흙쓰개젖버섯이라고 부른다.

크기 갓 35~115mm, 대 25~96×7~25mm 소형~중형

포자 7.8~10×7.2~9㎛

특징 젖과 살은 공기를 쐬면 갈색으로 변한다.

분포 우리나라, 동아시아, 유럽, 북아메리카

구분 공생균

배젖버섯 *Lactarius volemus*

젖버섯아재비 *Lactarius hatsudake* Nobuj. Tanaka

배젖버섯과 닮았지만 갓에 고리 무늬가 있다. 베어 보면 붉은색 젖이 나오고 그 자리가 푸르게 변한다.

젖버섯

Lactarius piperatus (L.) pers.

이전에는 굴털이라고 했으나 젖버섯으로 이름을 바꾸었다.*1 주름살을 칼로 베어 보면 하얀 젖이 많이 나오는데 젖을 살짝 찍어 맛을 보면 혀가 얼얼하면서 감각이 없어질 만큼 아주 맵다. 종소명 piperatus는 '후추처럼 매운'이라는 뜻으로 젖이 아주 매워서 붙은 이름이다. 대가 짧아서 땅속에서부터 갓이 펴져 흙을 뒤집어쓰고 나오기도 해서 북녘에서는 흙쓰개젖버섯이라고 한다.

여름부터 가을까지 너도밤나무, 졸참나무 같은 활엽수가 자라는 숲이나 소나무 숲 속 땅 위에 홀로 나거나 무리 지어 난다.

살에는 독성분이 없어서 데쳐 먹기도 하지만 젖에 약한 독성분이 있기 때문에 젖을 잘 씻어 내고 요리하지 않으면 복통이나 구토를 일으킬 수 있다. 독버섯인 푸른유액젖버섯이나 굴털이아재비와 생김새가 닮았고 나는 곳도 같아 헷갈리기 쉬우니 되도록 먹지 않는 것이 좋다.*2

생김새 갓은 어릴 때는 가운데가 오목한 둥근 산 모양이고 갓 끝은 바짝 안쪽으로 말려 있다. 자라면서 판판해지는데 다 자라면 가운데가 더 오목해져서 깔때기 모양이 된다. 가장자리는 차차 넓게 펴지면서 물결치듯 구불거린다. 흰색 또는 연한 노란색이고 때로 칙칙한 황갈색 얼룩이 생긴다. 겉은 끈적거림이 없고 매끈하며 잔주름이 있다. 살은 흰색이고 단단하다.

주름살은 흰색이고 자라면서 연한 노란색으로 변한다. 아주 빽빽하며 대에 완전붙은형 또는 짧게 내린형으로 붙어 있다. 상처를 내 보면 하얀 젖이 많이 나오는데 맛이 아주 맵다. 젖은 말라도 색이 변하지 않는다.

대는 짧고 굵으며 갓과 같은 색이다. 흔히 위아래 굵기가 비슷하나 아래로 가면서 가늘어지기도 한다. 겉은 매끈하며 세로로 잔주름이 있다. 속은 어릴 때는 꽉 차 있어 단단하나 자라면서 크고 작은 구멍이 많이 생겨 스펀지처럼 된다. 하얀 젖이 겉으로 배어 나온다.

포자는 둥그스름하고 겉에는 작은 돌기와 줄무늬가 있다. 포자 무늬는 흰색이다.

*1 2013년 《한국의 버섯 목록》에서는 *Lactarius piperatus*가 젖버섯속의 기준종이므로 우리말 이름을 젖버섯으로 바꾸었다.

*2 **젖버섯과 다른 점** 푸른유액젖버섯*Lactarius glaucescens*은 상처 자리가 청록색으로 변하고 젖도 푸르스름하게 변한다. 굴털이아재비 *Lactarius subpiperatus*는 주름살이 성글고 살은 연한 노란빛을 띠며 젖도 연한 노란색으로 변한다.

크기 갓 40~150mm, 대 30~90×10~30mm 중형~대형

포자 5.5~8×5~6㎛

특징 젖은 희고 매우 맵다.

분포 아시아, 유럽, 북아메리카 동부, 아프리카

구분 공생균

젖버섯 *Lactarius piperatus*

흰주름젖버섯

Lactarius hygrophoroides Berk. & M.A. Curtis

흰주름젖버섯은 넓은갓젖버섯이라고도 한다. 북녘에서는 배젖버섯보다 주름살이 훨씬 성글다고 성긴주름젖버섯이라고 한다.

배젖버섯과 아주 닮았지만 갓 색이 밝고 주름살 폭도 훨씬 넓고 성글다. 상처를 내 보면 하얀 젖이 많이 나오는데 시간이 지나도 갈색으로 변하지 않아 얼룩이 생기지 않는다.

여름부터 가을까지 활엽수 숲이나 침엽수 숲 속 땅 위에 한두 개씩 흩어져 나거나 몇 개씩 무리 지어 난다.

독성분이 없어 먹을 수 있는 버섯이다.

생김새 갓은 어릴 때는 둥근 산 모양이고 갓 끝이 안쪽으로 말려 있다. 자라면서 판판해지는데 가장자리가 물결치듯 구불거리거나 가운데가 오목하게 꺼져 깔때기 모양이 되기도 한다. 연한 노란색 또는 연한 황갈색이며 오래되어도 갈색 얼룩이 생기지 않는다. 겉은 고운 가루 같은 비늘 조각이 덮여 있고 마른 느낌이며 구김살 같은 잔주름이 있다. 때로 짧은 털 같은 비늘 조각이 덮여 있어 비단처럼 반들거리나 비늘 조각은 곧 떨어져 나간다. 살은 희고 두껍지만 부스러지기 쉽다. 칼로 베어 보면 하얀 젖이 많이 나오는데 젖은 매운맛도 떫은맛도 없다.

주름살은 흰색이고 다 자라면 연한 노란색이 된다. 아주 성글고 두꺼우며 대에 완전붙은형 또는 내린형으로 붙어 있다. 상처 난 자리에서 나오는 젖은 시간이 지나도 색이 변하지 않아 말라붙어도 얼룩이 생기지 않는다.

대는 짧고 위아래 굵기가 비슷하다. 색은 갓과 같거나 조금 연하다. 겉은 가루 같은 비늘 조각으로 덮여 있고 세로로 잔주름이 있다. 속은 어릴 때는 차 있으나 자라면서 구멍이 많이 생겨 마치 스펀지 같다.

포자는 넓은 타원형이고 겉에는 끝이 뾰족한 크고 작은 돌기와 그물 무늬가 있다. 포자 무늬는 흰색이다.

크기 갓 32~105mm, 대 25~65×5~22mm 소형~중형

포자 7.2~8.9×6.4~8.7㎛

특징 주름살이 성글고 젖 색이 변하지 않는다.

분포 우리나라, 중국, 러시아 연해주, 북아메리카, 남아메리카

구분 공생균

흰주름젖버섯 *Lactarius hygrophoroides*

무당버섯목
무당버섯과
무당버섯속

기와버섯

Russula virescens (Schaeff.) Fr.

갓 겉껍질이 갈라 터진 모습이 깨진 기와 조각을 늘어놓은 것 같다고 기와버섯이라는 이름이 붙었다. 갓이 버섯 가운데서는 아주 드문 초록빛을 띠고 있어서 다른 버섯과 구별하기 쉽다. 종소명 virescens도 '초록색의'라는 뜻으로 갓 색에서 온 것이다. 북녘에서는 갓이 풀색을 띠고 있다고 풀색무늬갓버섯 또는 록색반점버섯이라고 한다.

여름부터 가을까지 활엽수가 자라는 숲이나 침엽수가 섞여 자라는 숲 속 땅 위에 홀로 나거나 흩어져 난다. 몇 개씩 무리 지어 나기도 한다. 흔히 나는 버섯으로 너도밤나무, 졸참나무, 상수리나무 같은 참나뭇과 나무나 자작나뭇과 나무 둘레에 많이 난다.

무당버섯류 가운데서 가장 맛있는 버섯으로 구워 먹으면 맛이 있다. 옛날에는 어린 버섯을 호박잎에 싸서 구워 먹기도 했다. 비타민 B_1이 많이 들어 있어서 눈을 밝게 하고 피로 회복에 도움이 된다. 종양을 억제하는 성분이 있어 약재로도 쓴다.

생김새 갓은 어릴 때는 둥근 산처럼 생겼다가 차차 판판해지는데 가운데는 약간 오목하다. 다 자라면 가장자리가 위로 젖혀져 깔때기 모양이 되기도 한다. 연한 초록색이나 푸른곰팡이 같은 색이다. 어릴 때부터 겉껍질이 거북등무늬처럼 터지는데 갓이 다 피어도 가운데 부분은 터지지 않는다. 터지는 모양은 나는 곳이나 기후에 따라 조금씩 다르다. 가장자리는 살이 얇아 가는 줄무늬가 나타난다. 겉은 매끈하나 반들거리지는 않으며 물기를 머금으면 조금 끈적거린다. 살은 흰색이며 어릴 때는 조금 단단하나 자라면 부스러지기 쉽다.
주름살은 흰색이고 자라면서 연한 미색이 된다. 폭이 좁고 약간 빽빽하며 대에 떨어진형으로 붙어 있다. 주름살 날에는 가루가 붙어 있다.
대는 굵고 단단하며 위아래 굵기가 비슷하거나 때로 아래쪽이 가늘다. 흰색이고 겉은 매끄러우며 세로로 실 같은 줄무늬가 있다. 속은 어릴 때는 차 있으나 자라면서 스펀지처럼 된다.
포자는 둥그스름하며 겉에는 작은 돌기와 그물 무늬가 있다. 포자 무늬는 흰색이다.

크기 갓 45~135mm, 대 32~97×5~23mm 중형

포자 6.8~7.8×6.2~7.1㎛

특징 갓이 초록색이고 겉껍질이 거북등무늬처럼 터진다.

분포 우리나라, 동남아시아, 유럽, 북아메리카

구분 공생균

기와버섯 *Russula virescens*

무당버섯목
무당버섯과
무당버섯속

수원무당버섯

Russula mariae Peck.

수원무당버섯은 이른 여름부터 이른 가을까지 소나무 숲 또는 소나무와 너도밤나무가 섞여 자라는 숲 속 땅 위에 홀로 나거나 몇 개씩 무리 지어 난다.

달콤한 향이 나고 맛이 부드러워 우리나라에서는 소금에 절여 두었다가 겨울에 먹기도 한다. 그러나 일본이나 외국에서는 독버섯으로 취급하기도 하므로 아직까지 식용 버섯이나 독버섯으로 뚜렷하게 분류하지 않고 있다. 독버섯인 무당버섯*Russula emetica*과 많이 닮았지만 무당버섯보다 작고 대 밑동이 연한 붉은색을 띠며, 갓과 대가 끈적끈적한 고운 가루로 덮여 있어 쉽게 구별할 수 있다.

생김새 갓은 어릴 때는 둥근 산처럼 생겼고 자라면서 판판해지는데 가운데는 조금 오목하다. 붉은색 또는 진한 분홍색이며 때로 그보다 진하거나 연한 얼룩이 생긴다. 비를 맞으면 색이 옅어지는데 때로 붉은색이 다 씻겨 나가 허옇게 되기도 한다. 겉은 마른 느낌이고 매끈하며 고운 가루로 덮여 있다. 물기를 머금으면 끈적끈적해진다. 다 자라면 가장자리에 얕게 파인 줄무늬가 나타난다. 살은 흰색이고 물러서 쉽게 부스러진다. 싱싱할 때는 냉이 냄새가 난다.
주름살은 흰색이고 자라면서 연한 노란색이 된다. 약간 빽빽하며 대에 떨어진형으로 붙어 있다. 주름살 날은 때에 따라 붉은색을 띠기도 한다.
대는 위아래 굵기가 같거나 밑동 쪽이 조금 가늘다. 흰색이며 갓에 있던 붉은색이 비에 씻겨 내려와서 옅은 붉은빛을 띠기도 한다. 겉은 흐릿하게 세로줄이 있고 고운 가루로 덮여 있다. 속은 차 있으나 때로 빈 것도 있다.
포자는 타원형이고 겉에는 작은 돌기가 그물 무늬를 이루며 덮고 있다. 포자 무늬는 흰색이다.

크기 갓 20~45mm, 대 20~40×5~7mm 소형
포자 6.5~7.5×5.5~6㎛
특징 달콤한 향이 난다.
분포 우리나라, 일본, 북아메리카
구분 공생균

수원무당버섯 *Russula mariae*

무당버섯 *Russula emetica* (Schaeff.) Pers.

수원무당버섯보다 큰 중형 버섯이다. 주름살이 수원무당버섯보다 성글다. 대는 흰색이고 매끈하다. 독버섯이다.

절구무당버섯

Russula nigricans Fr.

절구버섯이라고도 한다. 주름살이 성글고 오래되면 검게 변해서 북녘에서는 성긴주름검은갓버섯 또는 검은거짓젖버섯이라고 한다. 종소명 nigricans는 '검게 변한다'는 뜻이다. 썩은 절구무당버섯에서 덧부치버섯이 자라기도 한다.

여름부터 가을까지 침엽수와 활엽수가 섞여 자라는 숲 속 땅 위에 홀로 나거나 무리 지어 난다. 소나무, 가문비나무, 상수리나무 둘레에 많이 난다. 흔한 버섯이다.

어린 것을 먹는데 쓴맛이 있어서 끓는 물에 오랫동안 데쳐 쓴맛을 우려내야 한다. 약한 독성분이 있어 날것을 먹거나 한 번에 많은 양을 먹으면 중독되어 복통과 설사를 일으킬 수 있다. 독성분이 강한 절구무당버섯아재비*와 닮아서 헷갈리기 쉬우니 되도록 먹지 않는 것이 좋다.

생김새 갓은 어릴 때는 둥근 산처럼 생겼고 갓 끝이 안쪽으로 말려 있다. 자라면서 판판해지고 나중에는 가운데가 오목한 깔때기 모양이 된다. 처음에는 칙칙한 흰색이지만 자라면서 회색, 암갈색, 흑갈색을 거쳐 거의 검은색이 된다. 겉은 마른 느낌이고 물기가 있으면 끈적거린다. 가는 털이 나 있으나 차차 떨어져 나가서 매끈해진다. 살은 흰색이고 단단하다. 상처를 내면 붉은색이 되었다가 곧 검은색으로 변한다.

주름살은 처음에는 허연색이나 차차 거무스름해진다. 상처를 내 보면 갓처럼 붉은색이 되었다가 검은색으로 변한다. 폭이 아주 넓고 성글며 두껍다. 대에 완전붙은형 또는 내린형으로 붙어 있다.

대는 굵고 짧으며 위아래가 같거나 밑동이 가늘다. 갓과 색이 같고 상처를 내 보면 갓처럼 색이 변한다. 겉에는 가루가 붙어 있다. 속은 처음에는 꽉 차 있으나 오래된 것은 벌레가 먹어 거의 비어 있다.

포자는 둥그스름하며 겉에는 작은 돌기와 불완전한 그물 무늬가 있다. 포자 무늬는 흰색이다.

* 절구무당버섯아재비*Russula subnigricans*는 2~3개만 먹어도 목숨을 잃을 수 있는 맹독 버섯이다. 생김새가 절구무당버섯과 닮아서 헷갈리기 쉽다. 절구무당버섯과 절구무당버섯아재비는 잘라 보면 둘 다 살이 붉은색으로 변하는데, 시간이 지나면서 검은색으로 변하는 절구무당버섯과는 달리 절구무당버섯아재비는 색이 검게 변하지 않는 것으로 구별할 수 있다.

크기 갓 65~180mm, 대 35~65×8~30mm 중형~대형

포자 7~8.8×6~7.7㎛

특징 상처 난 자리가 붉은색을 거쳐 검은색으로 변한다.

분포 우리나라, 일본

구분 공생균

절구무당버섯 *Russula nigricans*

청머루무당버섯

Russula cyanoxantha (Schaeff.) Fr.

청머루무당버섯은 갓이 자주색, 노란색, 초록색 같은 여러 가지 색을 띤다. 그래서 북녘에서는 색갈이갓버섯이라고 한다. 서양에서는 카멜레온Chameleon이라고 한다. 종소명 cyanoxantha는 그리스 어의 '파란색과 노란색'이라는 뜻인데 실제로 이 두 색을 띤 버섯은 아주 드물어 보기가 어렵다.

여름부터 가을까지 너도밤나무, 모밀잣밤나무, 떡갈나무, 졸참나무, 자작나무 들이 섞여 자라는 활엽수 숲 속 땅 위에 홀로 나거나 무리 지어 난다. 특히 너도밤나무 둘레에서 많이 난다.

먹는 버섯으로 조금 단맛이 있다. 흙냄새가 나지만 삶아서 물에 헹궈 내면 없어진다. 씹는 맛은 퍽퍽하지만 혀에 닿는 느낌이 좋고 끓이면 아주 맛있는 국물이 나온다. 갓 색이 여러 가지로 변하는 데다가 닮은 버섯 가운데 독버섯이 많으므로 주의해야 한다.

생김새 갓은 어릴 때는 둥근 산처럼 생겼다. 자라면서 판판해지나 드물게 가운데가 조금 오목해지기도 한다. 처음에는 자주색이었다가 마지막에는 진한 초록색이 되는데 그 사이에 연한 붉은색, 노란색, 푸른색, 청록색, 황록색, 녹갈색 같은 여러 가지 색으로 변하고, 때로는 두세 가지 색이 함께 섞이기도 한다. 갓 가운데 부분이 색이 진하며 전체적으로 불에 그은 것처럼 칙칙한 느낌이 있다. 겉은 물기를 머금으면 끈적끈적해지고 반들거리나 마르면 매끄럽다. 살은 약간 두껍고 질기다. 흰색이며 상처가 나도 색이 변하지 않는다.

주름살은 흰색 또는 연한 노란색이다. 약간 빽빽하며 대에 끝붙은형 또는 완전붙은형으로 붙어 있다. 주름살 날은 매끈하다.

대는 짧고 굵으며 위아래 굵기가 비슷하거나 아래로 가면서 가늘어진다. 흰색이며 드물게 붉은빛을 띠는 것도 있다. 겉은 매끈하며 속은 어릴 때는 단단하고 차 있으나 다 자라면 구멍이 생겨서 스펀지처럼 된다.

포자는 둥글거나 둥그스름하며 겉에는 작은 돌기와 불규칙하고 가는 그물 무늬가 있다. 포자 무늬는 흰색이다.

크기 갓 46~154mm, 대 40~75×10~22mm 중형~대형

포자 6~9×6~7㎛

특징 갓이 여러 가지 색으로 변한다.

분포 북반구 온대 이북, 호주, 아프리카

구분 공생균

청머루무당버섯 *Russula cyanoxantha*

사마귀버섯목
노루털버섯과
굴뚝버섯속

흰굴뚝버섯

Boletopsis leucomelaena (Pers.) Fayod

흰굴뚝버섯은 어릴 때는 흰색이다가 자라면서 검게 변한다. 종소명 leucomelaena도 '흰색과 검은색'이라는 뜻이다. 검고 살이 가죽처럼 질기다고 북녘에서는 검은가죽버섯이라고 한다. 시골에서는 굽더더기라고도 부른다.

가을에 침엽수 숲 속 땅 위에 흩어져 나거나 때로 무리 지어 난다. 오래된 소나무나 전나무 둘레에서 잘 자란다. 송이와 생김새도 닮았고 나는 곳과 때도 비슷하다. 송이가 끝날 무렵에 송이가 있는 곳 둘레를 잘 살펴보면 흔히 흰굴뚝버섯이 있다. 대가 짧아 낙엽 속에 묻히듯이 나서 눈에 잘 띄지 않는다.

시커먼 생김새와 달리 아주 맛있는 버섯이다. 약간 쓴맛이 있지만 오히려 독특한 그 맛을 즐기는 사람이 많다. 독버섯인 검은망그물버섯*과 닮아 잘못 먹고 중독 사고가 일어나기도 한다. 흰굴뚝버섯은 늦가을에 나지만 검은망그물버섯은 여름 장마철에 나는 것으로 구별한다.

생김새 갓은 어릴 때는 가운데가 조금 오목한 둥근 산 모양이고 갓 끝이 안쪽으로 말려 있다. 자라면서 판판해지는데 때로 가장자리가 위로 조금 젖혀지기도 한다. 처음에는 회색빛을 띤 흰색인데 자라면서 회색 또는 검은색으로 변한다. 겉에는 가늘고 짧은 털이 빽빽하게 덮여 있다. 살은 흰색이며 두께가 1cm를 넘을 만큼 두껍고 탄력이 있다. 상처를 내 보면 붉은빛을 띠는 자주색이나 검은색으로 변한다.

관공은 길이가 1~2mm쯤으로 아주 짧고 대에 짧게 내린형으로 붙어 있다. 관공구는 어릴 때는 아주 작고 둥글지만 차차 커지면서 쭈글쭈글한 모양이 된다. 처음에는 흰색이다가 회색이나 갈회색으로 변한다.

대는 굵고 짧으며 밑동은 조금 가늘다. 색은 갓과 같고 갓처럼 색이 변한다. 속은 차 있다.

포자는 둥그스름하거나 알 모양이며 겉에는 작은 돌기가 있다. 포자 무늬는 흰색이다.

* 검은망그물버섯*Retiboletus nigerrimus*은 검은쓴맛그물버섯이라고도 한다. 갓은 연한 녹갈색을 띤 회색에서 검은색에 가깝다. 만지면 검게 변한다. 굴뚝버섯과 달리 여름 장마철에 활엽수 숲에 난다. 독버섯이라 환각 같은 신경계 중독을 일으킨다.

크기 갓 45~212mm, 대 22~78×8~28mm 중형~대형

포자 4.5~6×3.8~4.5㎛

특징 갓이 회색빛을 띤 흰색이다가 검은색으로 변한다.

분포 우리나라, 동아시아, 유럽, 북아메리카

구분 공생균

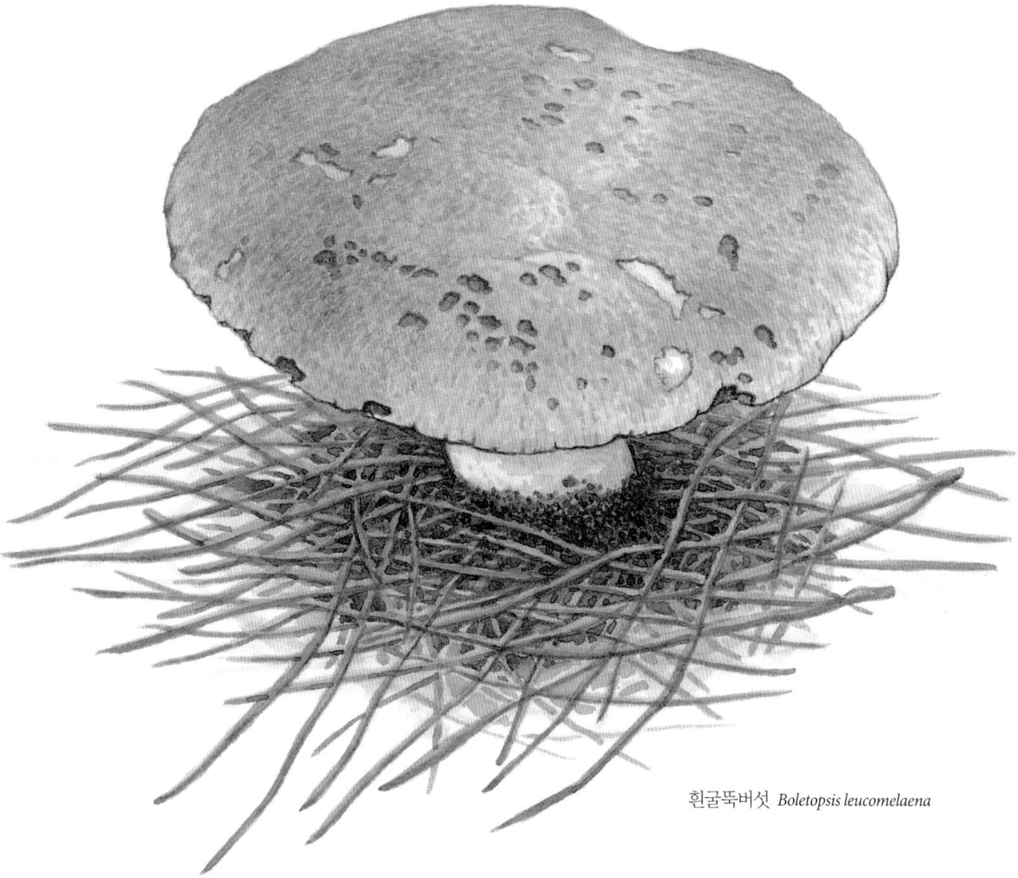

흰굴뚝버섯 *Boletopsis leucomelaena*

향버섯(능이)

Sarcodon aspratus (Berk.) S. Ito

향이 진하고 독특해서 향버섯이라는 이름이 붙었다. 북녘에서는 능이버섯이라고 한다. 종소명 asparatus는 '가시가 돋친'이라는 뜻으로 갓 위에 커다랗고 거친 비늘 조각이 있어서 붙은 이름이다.

가을에 활엽수 숲 속 땅 위에 홀로 나거나 무리 지어 난다. 특히 신갈나무나 물참나무 둘레에 많이 난다. 유럽에서는 침엽수 숲 속 소나무나 가문비나무 둘레에 흔히 난다.

향이 독특할 뿐만 아니라 쫄깃쫄깃하고 맛도 좋아 버섯 가운데 으뜸으로 꼽힌다. 나무와 공생하는 버섯이라 인공 재배를 할 수 없어 귀하게 여기는 버섯이다. 곳에 따라서는 송이보다 더 귀한 버섯으로 여기기도 한다. 쉽게 상해서 살짝 데쳐서 냉동하거나 잘게 찢어 말려서 사계절 내내 두고 먹는다. 단백질을 분해하는 효소가 많이 들어 있어 고기를 먹고 체했을 때 향버섯 달인 물을 마시기도 한다. 약한 독성분이 있어 날것을 먹으면 복통, 설사 같은 중독 증상이 나타날 수 있으니 반드시 익혀 먹어야 하고, 위나 장에 염증이나 궤양이 있는 사람은 먹지 않는 것이 좋다. 옛날에는 청록색 물을 들이는 데 쓰기도 했는데 이 색을 내는 천연염료가 드물어 귀하게 썼다.

생김새 갓은 어릴 때는 판판하거나 가운데가 오목한 둥근 산 모양이다. 다 자라면 가운데가 움푹하게 파여 깔때기 모양이 되는데, 가운데 난 구멍이 밑동까지 뚫리기도 한다. 어릴 때는 분홍빛을 띤 연한 갈색이다가 자라면서 흑갈색이 된다. 겉에는 솔방울처럼 비늘 조각이 퍼져 있는데 가운데 있는 것은 크고 거칠다. 가장자리는 크게 물결치듯 구불거리며 안으로 말려 있다. 살은 흰색이나 연분홍색이고 아주 단단하다. 마르면 거의 검은색이 되고 향이 더 진해진다.
자실층은 6~11mm쯤 되는 길고 뾰족한 돌기가 빽빽하게 돋아나 있다. 돌기는 대에 길게 내린형으로 붙어 있는데 처음에는 회백색이다가 암갈색으로 변한다. 포자는 돌기 겉면에 붙어 있다.
대는 짧고 뭉툭하며 침 모양 돌기가 밑동까지 나 있다. 갓보다 연한 색이고 속은 비어 있다.
포자는 둥글고 겉에는 작은 돌기가 있다. 포자 무늬는 연한 갈색이다.

《한국의 버섯 목록》에서는 향버섯*Sarcodon aspratus*과 노루털버섯*Sarcodon imbricatus*을 각각 다른 버섯으로 나누고 있으나 Index Fungorum에서는 같은 종으로 나누고 *Sarcodon imbricatus*를 공식 학명, *Sarcodon aspratus*는 이명으로 적고 있다. 현재 전 세계적으로 같은 종으로 취급하고 있다.

크기 갓 57~235mm, 대 32~65×8~23mm 중형~대형

포자 5~6.5×4.6~6.2㎛

특징 마르면 향이 더 진해진다.

분포 우리나라, 일본, 중국, 유럽, 북아메리카

구분 공생균

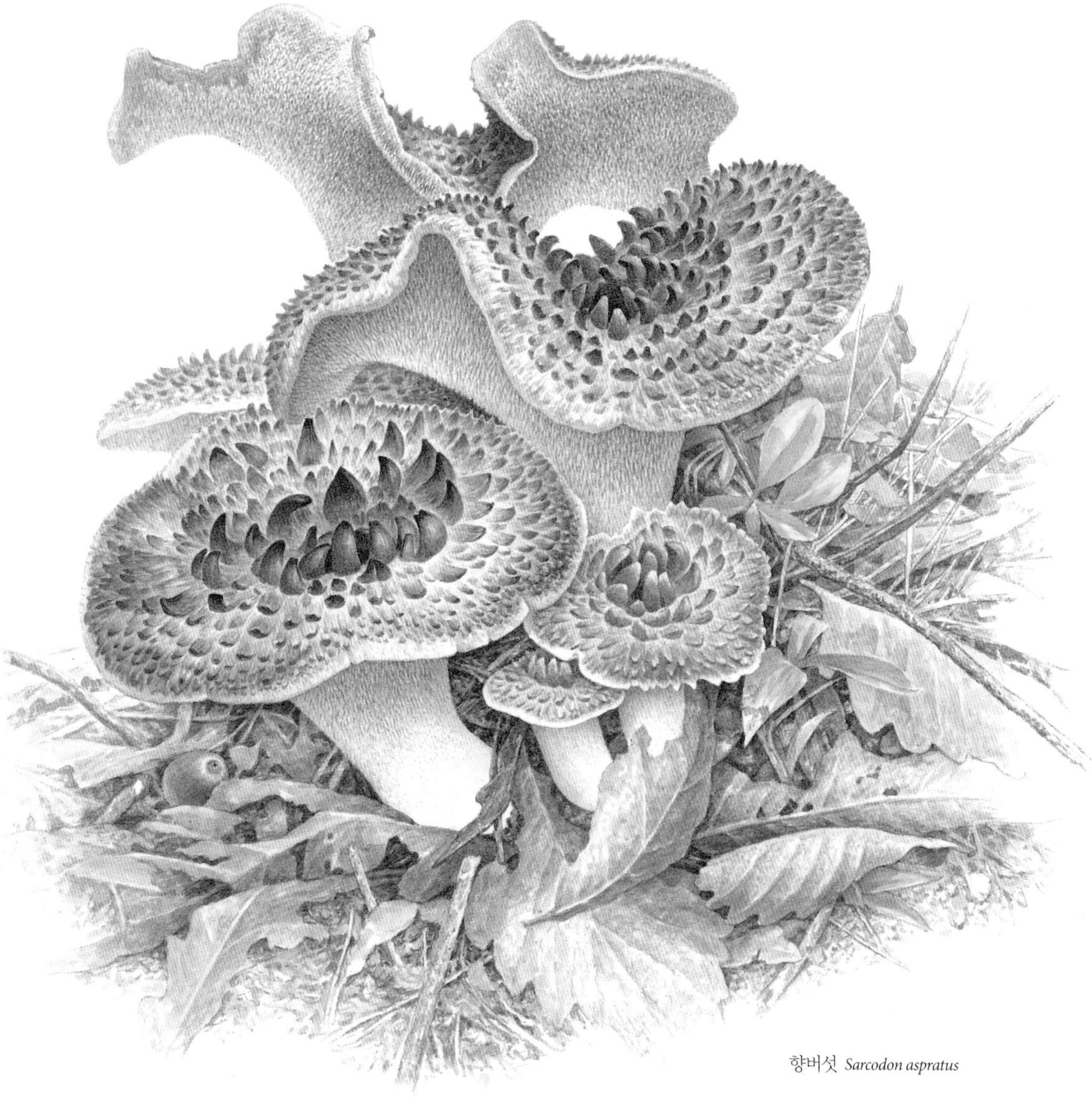

향버섯 *Sarcodon aspratus*

까치버섯

Polyozellus multiplex (Underw.) Murrill

까치 깃털 같은 검은빛을 띠고 있다고 까치버섯이라는 이름이 붙었다. 끓이면 검은 물이 많이 나와 일부 지방에서는 먹버섯이라고도 부른다. 북녘에서는 춤버섯*과 닮았고 검은빛을 띠고 있다고 검은춤버섯 또는 양배추검은버섯이라고 한다. 일본에서는 カラスタケ까마귀버섯라고 한다. 종소명 multiplex는 '여러 겹의'라는 뜻으로 수많은 갓이 겹쳐 모여 다발을 이룬다고 붙은 이름이다.

먹는 버섯으로 끓는 물에 살짝 데쳐서 쓴맛과 검은 물을 빼고 먹거나 소금에 절여 두고 먹는다. 씹는 맛이 조금 질기다. 우리 몸의 면역력을 높여 주고, 암을 막아 주는 성분이 들어 있다. 말린 것은 한약재로도 쓴다.

가을에 침엽수 숲이나 활엽수 숲 또는 여러 가지 나무가 섞여 자라는 숲 속 땅 위에 홀로 나거나 무리 지어 난다.

생김새 자실체는 수국꽃이나 꽃양배추처럼 생겼다. 밑동에서부터 위로 가면서 거듭해서 가지가 갈라지고, 그 가지 끝마다 작은 갓이 달려 커다란 다발을 이룬다.
갓은 꽃잎이나 주걱 또는 부채처럼 생겼고 서로 이어져 있거나 겹쳐 있다. 진한 남색이나 검은빛을 띤 남색인데 얼핏 보면 거의 검은색으로 보인다. 가장자리는 허옇고 물결치듯 구불거리며 때로 찢어지기도 한다. 겉은 매끈하다. 살은 얇고 부드러워 잘 부스러지나 마르면 딱딱해진다. 바닷말인 톳과 비슷한 냄새가 나는데 마르면 향이 더 진해진다.
자실층은 회백색 또는 회청색이고 겉에는 하얀 가루가 덮여 있다가 차차 없어진다. 우산살 모양으로 쭈글쭈글하게 주름져 있고 대에 길게 내린형으로 붙어 있다.
대는 밑동이 짧은 원통형이다. 위로 가지가 여러 개 갈라져서 세로로 잘 찢어지고, 자실층이 밑동까지 길게 이어져 있어 갓과 경계가 뚜렷하지 않다. 색은 갓과 같고 속은 차 있다.
포자는 둥그스름하며 겉에는 혹같이 뭉툭한 작은 돌기가 있다. 포자 무늬는 흰색이다.

* 춤버섯 : 잎새버섯의 북녘 이름.

크기 자실체 67~310×55~128mm, 대 22~45×11~45mm 대형

포자 5.2~6.9×4.6~6.2㎛

특징 잎새버섯과 닮았고 거의 검은색이다.

분포 우리나라, 일본, 북아메리카

구분 공생균

까치버섯 *Polyozellus multiplex*

흰목이목
흰목이과
흰목이속

흰목이

Tremella fuciformis Berk.

생김새가 목이를 닮았고 흰색을 띠고 있어 흰목이라는 이름이 붙었다. 북녘에서는 흰흐르레기버섯이라고 한다. 종소명 fuciformis는 '모자반 모양의'라는 뜻으로 바닷말인 모자반처럼 물기를 많이 머금으면 탱탱해지고 매끄러우나 마르면 바짝 줄어들어 돌처럼 딱딱해지는 성질에서 온 것이다. 우리나라에서는 잘 먹지 않지만 맛이 부드럽고 오도독오도독 씹히는 느낌이 특이해서 중국에서는 '은이'라 부르며 귀한 요리 재료로 쓴다. 죽, 냉채, 튀김 들을 만들거나 달인 물에 꿀이나 설탕을 넣어 차처럼 마시기도 한다. 중국 청나라 때 왕궁에서 몸이 쇠약해졌을 때 영양을 보충하려고 약으로 썼다는 기록이 있고 청나라의 황후 서 태후도 건강과 피부를 위해 매일 흰목이 달인 물을 마셨다고 한다. 피부를 촉촉하고 하얗게 하는 데도 좋아서 화장품 재료로도 쓴다. 종양을 억제하고 뇌세포 생성을 도와 기억력을 높이는 데 좋은 성분이 있다는 것이 밝혀져 약으로도 개발하고 있다.

여름부터 가을까지 활엽수 숲 속 죽은 나무줄기나 쓰러진 나무에 홀로 나거나 무리 지어 난다. 특히 물참나무에서 잘 자란다. 완전히 썩은 나무보다는 아직 목질이 단단한 나무에서 잘 자라는데 나무껍질을 들추면서 어린 버섯이 나온다. 드문 버섯으로 참나무에 인공 재배를 한다. 흰목이는 홀로 자라지 못하기 때문에 다른 버섯과 함께 기르는데 특히 표고와 함께 기른다.

생김새 자실체는 전체가 흰색이며 매끈한 젤라틴질로 얇고 반투명하다. 위쪽은 꽃잎처럼 생겼고 얇으며 아래쪽은 굵고 단단하다. 가장자리는 가끔 찢어지거나 불규칙하게 구불거리고 강한 햇빛을 받으면 연한 노란색으로 변하기도 한다. 꽃잎 모양이 여러 장 겹쳐 하나의 다발을 이룬다. 살은 말랑말랑하고 부드럽지만 마르면 오그라들어 종이처럼 얇고 딱딱해진다. 마른 것을 물에 담가 두면 다시 제 모습이 되는데 30배까지 불어난다. 자실층은 버섯 양쪽 면에 고루 퍼져 있다.
포자는 둥그스름하고 매끈하다. 포자 무늬는 흰색이다.

크기 자실체 43~114×36~52mm 소형~중형

포자 5.7~8.7×4.8~6.5㎛

특징 얇고 매끄러우며 말랑말랑하다.

분포 온대와 열대 지역

구분 분해균

흰목이 *Tremella fuciformis*

3. 더 알아보기

우리나라 버섯 분류표
목과별 특징
남녘과 북녘 버섯 이름
용어 풀이
찾아보기

우리나라 버섯 분류표

자낭균문 Ascomycota

강	목	과	속	종
두건버섯강 Leotiomycetes	고무버섯목 Helotiales	균핵버섯과 Sclerotiniaceae	양주잔버섯속 Ciborinia	오디균핵버섯
주발버섯강 Pezizomycetes	주발버섯목 Pezizales	게딱지버섯과 Discinaceae	마귀곰보버섯속 Gyromitra	마귀곰보버섯
		안장버섯과 Helvellaceae	안장버섯속 Helvella	긴대안장버섯
		곰보버섯과 Morchellaceae	곰보버섯속 Morchella	곰보버섯
		털접시버섯과 Pyronemataceae	들주발버섯속 Aleuria	들주발버섯
		술잔버섯과 Sarcoscyphaceae	작은입술잔버섯속 Microstoma	털작은입술잔버섯
동충하초강 Sordarimycetetes	동충하초목 Hypocreales	동충하초과 Cordycipitaceae	동충하초속 Cordyceps	동충하초
			나방꽃동충하초속 Isaria	나방꽃동충하초
		점버섯과 Hypocreaceae	사슴뿔버섯속 Podostroma	붉은사슴뿔버섯
		잠자리동충하초과 Ophiocordycipitaceae	포식동충하초속 Ophiocordyceps	벌포식동충하초
				큰매미포식동충하초

담자균문 Basidiomycota

강	목	과	속	종
주름버섯강 Agaricomycetes	주름버섯목 agaricales	주름버섯과 Agaricaceae	주름버섯속 Agaricus	주름버섯
				흰주름버섯
			말징버섯속 Calvatia	말징버섯
			먹물버섯속 Coprinus	먹물버섯
			주름찻잔버섯속 Cyathus	좀주름찻잔버섯
			낭피버섯속 Cystoderma	참낭피버섯
			말불버섯속 Lycoperdon	말불버섯
			큰갓버섯속 Macrolepiota	큰갓버섯
		광대버섯과 Amanitaceae	광대버섯속 Amanita	개나리광대버섯
				고동색광대버섯
				긴골광대버섯아재비
				달걀버섯
				독우산광대버섯
				마귀광대버섯
				뱀껍질광대버섯
				붉은점박이광대버섯
				비탈광대버섯
				파리버섯
		국수버섯과 Clavariaceae	국수버섯속 Clavaria	자주국수버섯
			쇠뜨기버섯속 Ramariopsis	쇠뜨기버섯
		먹물버섯과 Coprinaceae	말똥버섯속 Panaeolus	검은띠말똥버섯
				말똥버섯
		외대버섯과 Entolomataceae	외대버섯속 Entoloma	삿갓외대버섯
			꼭지버섯속 Inocephalus	노란꼭지버섯
		졸각버섯과 Hydnagiaceae	졸각버섯속 Laccaria	자주졸각버섯
				졸각버섯
		벚꽃버섯과 Hygrophoraceae	연기버섯속 Ampulloclitocybe	배불뚝이연기버섯
			꽃버섯속 Hygrocybe	꽃버섯
			벚꽃버섯속 Hygrophorus	다색벚꽃버섯
		땀버섯과 Inocybaceae	땀버섯속 Inocybe	솔땀버섯
		만가닥버섯과 Lyophyllaceae	덧부치버섯속 Asterophora	덧부치버섯
			만가닥버섯속 Lyophyllum	잿빛만가닥버섯
		낙엽버섯과 Marasmiaceae	낙엽버섯속 Marasmius	종이꽃낙엽버섯
				큰낙엽버섯
		애주름버섯과 Mycenaceae	애주름버섯속 Mycena	맑은애주름버섯
				적갈색애주름버섯
			이끼살이버섯속 Xeromphalina	이끼살이버섯
		솔밭버섯과 Omphalotaceae	꽃애기버섯속 Gymnopus	밀꽃애기버섯
			표고속 Lentinula	표고
			솔밭버섯속 Omphalotus	화경버섯
		뽕나무버섯과 Physalacriaceae	뽕나무버섯속 Armillaria	뽕나무버섯
				뽕나무버섯부치
			팽나무버섯속 Flammulina	팽나무버섯
			끈끈이버섯속 Oudemansiella	끈적끈끈이버섯
		느타리과 Pleurotaceae	느타리속 Pleurotus	느타리

		난버섯과 Pluteaceae	난버섯속 Pluteus	노란난버섯
			비단털버섯속 Volvariella	풀버섯
				흰비단털버섯
		눈물버섯과 Psathyrellaceae	갈색먹물버섯속 Coprinellus	황갈색먹물버섯
			두엄먹물버섯속 Coprinopsis	두엄먹물버섯
			큰눈물버섯속 Lacrymaria	큰눈물버섯
		포도버섯과 Strophariaceae	미치광이버섯속 Gymnopilus	갈황색미치광이버섯
			개암버섯속 Hypholoma	개암버섯
				노란개암버섯
			비늘버섯속 Pholiota	검은비늘버섯
				침비늘버섯
			포도버섯속 Stropharia	턱받이포도버섯
		송이과 Tricholomataceae	깔때기버섯속 Clitocybe	하늘색깔때기버섯
			애기버섯속 Collybia	콩애기버섯
			자주방망이버섯속 Lepista	민자주방망이버섯
			송이속 Tricholoma	송이
				족제비송이
				할미송이
			솔버섯속 Tricholomopsis	솔버섯
	목이목 Auriculariales	목이과 Auriculariaceae	목이속 Auricularia	목이
	그물버섯목 Boletales	그물버섯과 Boletaceae	그물버섯속 Boletus	산속그물버섯아재비
			껄껄이그물버섯속 Leccinum	접시껄껄이그물버섯
			민그물버섯속 Phylloporus	노란길민그물버섯
			갓그물버섯속 Pulveroboletus	갓그물버섯
			귀신그물버섯속 Strobilomyces	귀신그물버섯
				털귀신그물버섯
			씨그물버섯속 Xanthoconium	황금씨그물버섯
		먼지버섯과 Diplocystidiaceae	먼지버섯속 Astraeus	먼지버섯
		못버섯과 Gomphidiaceae	못버섯속 Chroogomphus	못버섯
			마개버섯속 Gomphidius	큰마개버섯
		비단그물버섯과 Suillaceae	비단그물버섯속 Suillus	비단그물버섯
				황소비단그물버섯
	꾀꼬리버섯목 Cantharellales	꾀꼬리버섯과 Cantharellaceae	꾀꼬리버섯속 Cantharellus	꾀꼬리버섯
	방귀버섯목 Geastrales	방귀버섯과 Geastraceae	방귀버섯속 Geastrum	테두리방귀버섯
	나팔버섯목 Gomphales	나팔버섯과 Gomphaceae	나팔버섯속 Gomphus	나팔버섯
			싸리버섯속 Ramaria	싸리버섯
	소나무비늘버섯목 Hymenochaetales	소나무비늘버섯과 Hymenochaetaceae	시루뻔버섯속 Inonotus	자작나무시루뻔버섯
			진흙버섯속 Phellinus	목질진흙버섯
				진흙버섯
			층층버섯속 Porodaedalea	층층버섯
	말뚝버섯목 Phallales	말뚝버섯과 Phallaceae	새주둥이버섯속 Lysurus	오징어새주둥이버섯
			말뚝버섯속 Phallus	노랑망태버섯
				말뚝버섯
				망태말뚝버섯
			세발버섯속 Pseudocolus	세발버섯
	구멍장이버섯목 Polyporales	잔나비버섯과 Formitopsidaceae	잔나비버섯속 Fomitopsis	소나무잔나비버섯
		불로초과 Ganodermataceae	불로초속 Ganoderma	불로초(영지)
				잔나비불로초
		왕잎새버섯과 Meripilaceae	잎새버섯속 Grifola	잎새버섯
		아교버섯과 Meruliaceae	유관버섯속 Abortiporus	유관버섯
			침버섯속 Mycoleptodonoides	침버섯
		구멍장이버섯과 Polyporaceae	조개껍질버섯속 Lenzites	때죽조개껍질버섯
			새잣버섯속 Neolentinus	새잣버섯
			송편버섯속 Trametes	구름송편버섯
			구멍버섯속 Wolfiporia	복령
		꽃송이버섯과 Sparassidaceae	꽃송이버섯속 Sparassis	꽃송이버섯
	무당버섯목 Russulales	솔방울털버섯과 Auriscalpiaceae	솔방울털버섯속 Auriscalpium	솔방울털버섯
		노루궁뎅이과 Hericiaceae	노루궁뎅이속 Hericium	노루궁뎅이
		무당버섯과 Russulaceae	젖버섯속 Lactarius	배젖버섯
				젖버섯
				흰주름젖버섯
			무당버섯속 Russula	기와버섯
				수원무당버섯
				절구무당버섯
				청머루무당버섯
	사마귀버섯목 Telephorales	노루털버섯과 Bankeraceae	굴뚝버섯속 Boletopsis	흰굴뚝버섯
			노루털버섯속 Sarcodon	향버섯(능이)
		사마귀버섯과 Thelephoraceae	까치버섯속 Polyozellus	까치버섯
흰목이강 Tremellomycetes	흰목이목 Tremellales	흰목이과 Tremellaceae	흰목이속 Tremella	흰목이

목과별 특징(15목 49과)

자낭균문 Ascomycota

고무버섯목 Helotiales

균핵버섯과 Sclerotiniaceae 자실체는 흔히 컵 모양 또는 접시 모양이며 대부분이 죽은 나무나 영양분이 많은 거름 따위를 썩히며 살아가는 분해균이다. 그러나 오디균핵버섯처럼 포자가 뽕나무꽃이나 어린 열매에 침투하여 오디균핵병을 일으키는 해로운 버섯도 있다.

주발버섯목 Pezizales

주발버섯목은 자낭균 가운데서 종 수가 많은 목에 속한다. 게딱지버섯과, 안장버섯과, 곰보버섯과, 털접시버섯과, 술잔버섯과 같은 많은 과가 있고 자실체가 크고 생김새가 독특한 것이 많다. 들주발버섯처럼 색이 화려한 것이 많지만 몇몇 종은 갈색이나 검정색을 띠며 자실체 지름이 1mm가 안 되는 아주 작은 것도 있다. 갓은 처음부터 열려 있거나, 닫혀 있다가 나중에 열리는데 안쪽 면이나 겉면에 자실층이 고루 퍼져 있다. 대부분이 죽은 나무나 낙엽 따위를 썩히는 분해균이다.

게딱지버섯과 Discinaceae 이 과에는 독버섯이 많은데 그 가운데서도 마귀곰보버섯은 맹독 버섯이다. 마귀곰보버섯의 갓은 사람 뇌처럼 우글쭈글 주름져 있고 대는 짧고 뭉툭하다. 속은 비어 있고 살이 잘 부스러진다.

안장버섯과 Helvellaceae 가늘고 긴 대 위에 컵 또는 말안장처럼 생긴 갓이 있다. 자실층은 겉으로 드러난 윗면에 퍼져 있다. 특별히 독성분이 밝혀진 종은 없고 맛이 좋아 먹기도 한다. 긴대안장버섯은 약한 중독 증상을 일으키기도 하므로 유럽이나 미국에서는 독버섯으로 취급한다.

곰보버섯과 Morchellaceae 포자가 타원형이고 매끈한 것이 특징이다. 갓은 달걀이나 원뿔 모양이고 겉면에 있는 벌집처럼 파인 구멍 속에 자실층이 있다. 세로로 잘라 보면 갓부터 대까지 하나로 이어져 있고 속이 비어 있다. 곰보버섯은 먹는 버섯으로 특히 프랑스에서 즐겨 먹는다. 주발버섯목의 다른 버섯과 달리 침엽수의 뿌리와 균근을 만들어 살아가는 공생균이다.

털접시버섯과 Pyronemataceae 대부분 주발 모양이다가 자라면서 판판한 접시 모양이 된다. 안쪽 면은 매끈하고 자실층이 퍼져 있으며 겉면에는 가루 같은 짧고 가는 털이 덮여 있다. 대부분 대가 없고 있더라도 아주 짧아서 없는 것처럼 보인다. 들주발버섯처럼 색이 화려한 것이 많다.

술잔버섯과 Sarcoscyphaceae 어릴 때는 공처럼 동그랗고 자라면서 꼭대기에 나 있는 구멍이 넓게 벌어져 술잔 모양이 된다. 온몸에 가는 털이 빽빽하게 덮여 있는데 술잔 안쪽은 매끄럽고 자실층이 퍼져 있다. 대부분 대가 가늘고 길다. 털작은입술잔버섯은 색이 곱고 온몸에 하얀 털이 빽빽하게 덮여 있다.

동충하초목 Hypocreales

'동충하초'라는 이름은 겨울에는 벌레 몸속에 있다가 여름이 되면 풀처럼 버섯이 돋아나는 데서 왔다. 흔히 동충하초목에 들어 있는 수많은 곤충기생균을 뭉뚱그려 동충하초라고 한다. 살아 있거나 죽은 나방, 개미, 노린재, 딱정벌레 같은 벌레의 몸이나 알, 애벌레, 번데기에 붙어 난다.

동충하초과 Cordycipitaceae 기준종인 동충하초*Cordyceps militaris*는 동충하초목 가운데 가장 대표적인 버섯이다. 시중에서 약으로 팔리고 있는 여러 동충하초 가운데서 암세포를 억제하고 면역력을 높여 주는 물질인 코디세핀cordycepin이 들어 있다고 의학적으로 검증된 것은 번데기에서 나는 동충하초속의 동충하초 한 종뿐이다. 나방꽃동충하초속의 나방꽃동충하초는 무성 생식을 하는 불완전세대 균류다.

점버섯과 Hypocreaceae 사슴뿔처럼 생긴 사슴뿔버섯속이 있다. 붉은사슴뿔버섯은 색이 화려한 맹독 버섯이다. 말뚝사슴뿔버섯은 알처럼 생긴 말뚝버섯의 어린 버섯에 붙어 자라는 기생균이다. 다른 버섯의 몸에 기생하면서 자라는 버섯은 우리나라에서 덧부치버섯과 말뚝사슴뿔버섯 두 종으로, 그만큼 희귀한 버섯이다.

잠자리동충하초과 Ophiocordycipitaceae 이전에 동충하초과에 두었던 벌포식동충하초, 큰매미동충하초 들을 새 분류법에 따라 잠자리동충하초과를 새로 만들어 따로 나누었다. 잠자리, 벌, 매미, 노린재의 몸에 붙어 나는 곤충기생균이다.

담자균문 Basidiomycota

주름버섯목 Agaricales

담자균 가운데 가장 많은 과와 속으로 분류되어 있다. 따라서 새 분류법에 따른 목, 과, 속의 변동이 가장 많다. 이전에 주름버섯목에 두었던 못버섯과와 그물버섯과, 귀신그물버섯과를 새 분류법에 따라 새로 만든 그물버섯목으로 옮겼고 무당버섯과는 새로 무당버섯목을 만들어 따로 나누었다. 주름버섯목과 생김새가 전혀 달라 따로 나누던 말불버섯목, 찻잔버섯목과 민주름버섯목의 국수버섯과는 새 분류법에서 주름버섯목에 합쳤다.

주름버섯과 Agaricaceae 갓과 대를 갖춘 우산 모양을 한 버섯이 많으며 대부분 먹을 수 있는 버섯이다. 생김새가 주름버섯과와 전혀 달라 이전에는 말불버섯목 말불버섯과에 두었던 말징버섯속, 말불버섯속을 새 분류법에 따라 주름버섯과로 옮겼다. 나무, 낙엽, 동물의 배설물 따위를 썩히는 분해균이다.

광대버섯과 Amanitaceae 거의가 광대버섯속 버섯이며 달걀버섯을 제외하고는 거의 독버섯이다. 특히 알광대버섯, 흰알광대버섯, 독우산광대버섯은 치명적인 맹독 버섯이다. 턱받이가 있고 특히 대주머니가 발달해 있지만 고동색광대버섯이나 우산광대버섯처럼 드물게 턱받이가 없는 것도 있다. 갓 위에는 외피막 자투리가 비늘 조각으로 남아 붙어 있거나 갓 가장자리에 파인 줄무늬가 있다. 주름살은 흰색이다. 나무와 균근을 만들어 살아가는 공생균이다.

국수버섯과 Clavariaceae 국수버섯속, 쇠뜨기버섯속 들이 있으며 대부분 나무와 균근을 만들어 살아가는 공생균이다. 다른 버섯들과 달리 갓을 만들지 않고 둥글고 가느다란 막대기처럼 생긴 자실체가 수십 개에서 수백 개까지 무리 지어 나거나 나뭇가지나 산호 모양처럼 여러 가닥으로 가지가 나뉘기도 한다. 색이 다양하며 자실층은 겉면 전체에 퍼져 있다. 새 분류법에 따라 민주름버섯목이 없어지면서 주름버섯목으로 옮겼다.

먹물버섯과 Coprinaceae 신경 계통에 이상을 일으키는 성분인 사일로사이빈 성분을 지니고 있다. 포자는 흑갈색 또는 검은색이며 눈물버섯과 버섯처럼 갓과 자실층이 먹물처럼 녹아내린다. 말똥버섯속은 Index Fungorum에서는 주름버섯목에 두고 과는 아직 지정하지 않고 있기 때문에 옛 분류를 따라 임시로 먹물버섯과에 두었다. 검은띠말똥버섯, 말똥버섯 들이 있다.

외대버섯과 Entolomataceae 외대버섯속, 꼭지버섯속 들이 있으며 대부분이 나무뿌리와 공생하는 공생균이다. 외대버섯속이 대표적이며 가장 많은 종이 있다. 외대버섯속은 갓 가장자리가 안으로 말리고, 포자 색이 연한 분홍색이나 살구색이어서 하얀 주름살이 차차 살구색으로 변한다. 대부분 약한 독성분을 지녔거나 식용 가치가 거의 없는 버섯이다. 특히 삿갓외대버섯은 맹독 버섯이다.

졸각버섯과 Hydnagiaceae 나무와 균근을 만들어 살아가는 공생균으로 숲 속에 무리 지어 난다. 대부분 독성분이 없고 자주졸각버섯이나 졸각버섯은 맛도 있지만 크기가 작아 그다지 먹지 않는다. 이전에는 송이과에 두었으나 새 분류법에 따라 졸각버섯과를 새로 만들어 따로 나누었다.

벚꽃버섯과 Hygrophoraceae 주름살은 두껍고 성근 편이며 포자는 흰색이다. 독버섯이 없고 대부분 먹을 수 있는 버섯이다. 벚꽃버섯속은 다색벚꽃버섯을 비롯해서 먹을 수 있는 버섯이 많다. 꽃버섯속이나 연기버섯속 가운데에는 사람에 따라 약한 중독 증상이 나타나는 버섯도 있으나 어린 꽃버섯은 색이 화려해서 음식을 꾸미는 데 쓰기도 한다. 벚꽃버섯속은 벚꽃버섯과의 다른 속과 달리 공생균이다.

땀버섯과 Inocybaceae 식용 버섯이 없고 독버섯이 많다. 대부분이 무스카린이란 독성분을 지니고 있고 중독되면 땀을 많이 흘린다. 대부분 크기가 작고, 턱받이와 대주머니가 없다. 밑동은 부풀어 있다. 포자는 갈색이나 적갈색을 띠고 있어 흰색이나 연한 노란색 주름살이 차차 황토색이나 암갈색으로 변한다. 대표적인 땀버섯속은 갓 표면은 실 모양인데 대개 우산살 모양으로 갈라져서 하얀 속살이 보이거나 가늘게 터져서 비늘 조각을 만든다. 나무와 균근을 만들어 살아가는 공생균이다. 이전에는 끈적버섯과에 있었으나 새 분류법에 따라 땀버섯과를 새로 만들어 따로 나누었다.

만가닥버섯과 Lyophyllaceae 덧부치버섯속, 만가닥버섯속 들이 있다. 만가닥버섯속은 대부분 먹을 수 있는 버섯이고 땅찌만가닥버섯, 잿빛만가닥버섯처럼 맛 좋은 버섯이 많다. 포자가 흰색이어서 주름살 색 변화가 거의 없다. 덧부치버섯속의 덧부치버섯은 특이하게 절구무당버섯이나 젖버섯 같은 다른 버섯의 몸에 붙어 양분을 얻어 자라는 기생균이다.

낙엽버섯과 Marasmiaceae 주로 낙엽을 썩혀 양분을 얻는 분해균이다. 기준종인 낙엽버섯속 버섯은 살이 얇고 가죽처럼 질기며 주름살 수가 적다. 갓에는 우산살 모양으로 깊이 파인 줄무늬가 있고 꼭대기 부분은 종이가 구겨진 것 같이 쭈글쭈글하다. 이전에는 송이과에 두었으나 새 분류법에 따라 낙엽버섯과를 새로 만들어 따로 나누었다.

애주름버섯과 Mycenaceae 대부분 애주름버섯속이다. 갓은 작고 원뿔 모양이나 종 모양이며 가늘고 긴 대를 지닌다. 독버섯인 맑은애주름버섯을 빼고는 거의 먹을 수 있지만 크기가 작고 살이 얇아 거의 먹지 않는다. 이전에 송이과에 두었던 애주름버섯속, 이끼살이버섯속 들을 새 분류법에 따라 애주름버섯과를 새로 만들어 따로 나누었다.

솔밭버섯과 Omphalotaceae 기준종인 화경버섯은 맹독 버섯인데 사람들이 즐겨 먹는 느타리나 표고와 닮아서 중독 사고가 일어나기도 한다. 주름살과 포자가 푸르스름한 빛을 내는 특이한 버섯이다. 이전에는 낙엽버섯과나 송이과에 두었던 표고속, 꽃애기버섯속, 솔밭버섯속을 새 분류법에 따라 솔밭버섯과를 새로 만들어 따로 나누었다.

뽕나무버섯과 Physalacriaceae 뽕나무버섯속의 뽕나무버섯, 뽕나무버섯부치는 맛과 향이 좋고 흔히 나는 버섯이라 많이 먹는다. 기생균으로, 철사처럼 빳빳하고 검은 균사가 살아 있는 나무뿌리에 파고들어 나무에 병을 일으켜 죽게 한다. 이전에는 송이과에 두었으나 새 분류법에 따라 뽕나무버섯과를 새로 만들어 따로 나누었다.

느타리과 Pleurotaceae 먹을 수 있는 버섯이 많다. 대부분이 나무줄기에 나며 옆으로 붙어 난다. 자실층은 길게 내린 주름살 모양인 것이 많다. 어린 것은 살이 부드럽지만 다 자란 것은 탄력 있고 질기다. 새 분류법에 따라 이전에 느타리과에 두었던 표고속은 솔밭버섯과로, 새잣버섯속은 구멍장이버섯목 구멍장이버섯과로 옮겼다. 나무를 썩히는 분해균이다.

난버섯과 Plutwaceae 아주 많이 썩은 나무에 난다. 독버섯이 없고 대부분 먹을 수 있는 버섯이지만 풀버섯을 제외한 다른 버섯은 맛이 없거나 크기가 작아 거의 먹지 않는다. 난버섯속과 비단털버섯속이 대표적인데 난버섯속은 갓 겉면이 매끈하고, 비단털버섯속은 비단실같이 반들거리는 가는 털이 갓 겉면을 빽빽하게 덮고 있다. 포자가 살구색이어서 포자가 익으면 하얀 주름살이 살구색으로 변한다.

눈물버섯과 Psathyrellaceae 먹을 수 있는 버섯이 많지만 두엄먹물버섯처럼 알코올과 함께 먹으면 중독 증상이 나타나는 버섯도 있다. 포자가 검은색이어서 다 자라면 주름살이 자갈색이나 흑갈색으로 변한다. 갓과 주름살이 녹아내리는 종도 있어 먹물버섯과와 구별하기 어려울 때도 있다. 이전에는 먹물버섯과에 두었던 갈색먹물버섯속, 두엄먹물버섯속, 큰눈물버섯속을 새 분류법에 따라 눈물버섯과를 새로 만들어 따로 나누었다.

포도버섯과 Strophariaceae 이전에는 독청버섯과로 불렀으나 《한국의 버섯 목록》(한국균학회, 2013)에서 포도버섯과로 한글 이름을 바꾸었다. 대부분이 갓과 대를 갖춘 모습이고 포자는 붉은빛이나 보랏빛을 띤 갈색이어서 다 자라면 주름살이 적갈색이나 암갈색으로 변한다. 검은비늘버섯이나 턱받이포도버섯처럼 맛있는 버섯도 있지만 갈황색미치광이버섯처럼 환각 성분을 지니거나 노란개암버섯처럼 치명적인 독성을 지닌 버섯도 있다. 노란개암버섯은 무더기로 나는 데다가 먹는 버섯인 개암버섯과 닮아서 우리나라에서 중독 사고가 가장 많이 나는 버섯이다.

송이과 Tricholomataceae 새 분류법에 따라 많은 종이 애주름버섯과, 뽕나무버섯과, 졸각버섯과, 낙엽버섯과 들로 나뉘었다. 독버섯과 식용 버섯이 섞여 있는데 깔때기버섯속에는 독버섯이 많고 치명적인 독성을 가진 버섯도 있다. 송이속에는 대표적인 식용 버섯인 송이가 들어 있고 먹을 수 있는 버섯이 많지만 할미송이처럼 독성을 지닌 버섯도 있다. 자주방망이버섯속은 거의가 먹을 수 있는 버섯이다. 송이과는 거의가 나무나 낙엽을 썩히는 분해균인데 송이속만 나무와 균근을 만들어 살아가는 공생균이다.

목이목 Auriculariales

목이과 Auriculariaceae 목이목에는 목이과 하나만 있다. 귀처럼 생긴 버섯이 빽빽하게 나무에 붙어 난다. 살은 젤라틴질로 부드럽고 탄력이 있다. 마르면 돌처럼 딱딱해지고 물에 담가 두면 불어서 금방 본디 모습이 된다. 자실체 안쪽 면에 자실층이 퍼져 있다. 대부분 먹을 수 있는 버섯이며 특히 목이는 요리에 많이 써서 옛날부터 널리 재배한다.

그물버섯목 Boletales

이전에는 주름버섯목 그물버섯과에 두었으나 그물버섯목을 만들어 따로 나누었다. 주름버섯목에 두었던 귀신그물과와 못버섯과, 어리알버섯목에 있던 먼지버섯과를 그물버섯목으로 옮겼다.

그물버섯과 Boletaceae 그물버섯목 가운데 그물버섯속, 껄껄이그물버섯속, 민그물버섯속, 갓그물버섯속, 귀신그물버섯속, 씨그물버섯속 등 가장 많은 속이 있고 속마다 특징이 있어 구별하기가 쉬운 편이다. 대부분 자실층이 관공 모양인데 특이하게 노란길그물버섯 같은 민그물버섯속만 자실층이 대까지 내려오는 주름살 모양이다. 산속그물버섯아재비나 갓그물버섯 같은 독성을 지닌 몇몇 종을 빼면 거의가 먹을 수 있는 버섯인데다가 자실체가 크고 살이 두꺼우며 관공 부분을 쉽게 떼어 낼 수 있어 식용 버섯으로 인기가 있다. 나무와 균근을 만들어 살아가는 공생균이다.

먼지버섯과 Diplocystidiaceae 먼지버섯과에는 먼지버섯 하나만 있다. 생김새가 방귀버섯과 버섯과 닮았으나 겉껍질 속에 들어 있는 동그란 포자주머니는 방귀버섯과와 달리 포자가 다 익어야 꼭대기에 있는 구멍이 열리고 포자를 내보낸다. 딱딱한 겉껍질은 별 모양으로 갈라지면서 펴지는데, 주위 환경의 습도에 따라 펴졌다 오므라들었다 한다.

못버섯과 Gomphidiaceae 갓은 판판하거나 가운데가 조금 볼록하고 주름살은 두껍고 대에 길게 내려온다. 포자는 흑갈색이나 검은색이다. 소나무, 곰솔과 균근을 만들어 공생한다. 이 과에는 독버섯이 없고 대부분이 먹을 수 있는 버섯이다. 못버섯은 크고 맛과 향이 좋아 널리 먹는다.

비단그물과 Suillaceae 갓 겉면이 젤라틴질로 싸여 있어 젖으면 많이 끈적거리고 마르면 반들반들해진다. 살은 두껍고 관공은 둥글거나 다각형이다. 다각형 관공은 대개 우산살 모양으로 퍼져 있는데 특히 황소비단그물버섯에서 뚜렷하게 나타난다. 포자는 대개 황갈색이나 녹갈색을 띤다. 대부분 먹을 수 있는 버섯이고 그 가운데서도 황소비단그물버섯은 맛이 좋다. 소나무, 곰솔과 균근을 만들어 공생한다. 이전에는 그물버섯과에 두었으나 새 분류법에 따라 따로 비단그물버섯과로 나누었다.

꾀꼬리버섯목 Cantharellales

꾀꼬리버섯과 Cantharellaceae 자실체는 반듯하게 선 깔때기나 나팔 모양이고 갓 아랫면에 있는 자실층은 밭이랑처럼 길게 주름져 거의 대 밑동까지 내려온다. 꾀꼬리버섯목 버섯은 거의 다 먹을 수 있는데, 그 가운데서도 꾀꼬리버섯은 향도 좋고 색도 고와 유럽에서는 널리 먹는다. 유럽 사람들이 가장 좋아하는 버섯 가운데 하나다. 흔히 침엽수와 균근을 만들어 공생한다. 이전에는 민주름버섯목에 두었으나 새 분류법에 따라 꾀꼬리버섯목을 새로 만들어 따로 나누었다.

방귀버섯목 Geastrales

방귀버섯과 Geastraceae 대부분 자실체가 땅속에 있다가 겉껍질이 열리면서 땅 위로 나온다. 생김새는 둥근 것이 많으나 때로 끝이 뾰족한 것도 있다. 두꺼운 겉껍질이 꼭대기로부터 5~8조각으로 찢어지면서 열리면 희고 동그란 포자주머니가 드러나는데 포자주머니는 대개 대가 없이 겉껍질에 바로 붙어 있다. 포자주머니 꼭대기에는 가는 털이 원뿔 모양으로 볼록 솟아 있고 가운데 난 구멍으로 포자를 내보낸다. 이전에는 말불버섯목에 두었으나 새 분류법에 따라 방귀버섯목을 새로 만들어 따로 나누었다.

나팔버섯목 Gomphales

나팔버섯과 Gomphaceae 이전에는 민주름버섯목에 두었으나 새 분류법에 따라 나팔버섯목을 만들어 따로 나누었다. 나팔버섯속, 싸리버섯속 들이 있다. 대부분 독성분이 있거나 식용 가능성이 알려지지 않아 먹지 않는다. 식용인 싸리버섯도 약한 독성분이 있어서 날것을 먹거나 익힌 것이라도 과식하면 안 된다. 나팔버섯속은 원통형에 가깝거나 나팔 모양이며 갓에는 크고 작은 비늘 조각이 붙어 있다. 자실층은 밭이랑처럼 파인 쭈글쭈글한 주름 모양이고 대까지 길게 내려온다. 생김새가 전혀 다른 싸리버섯속은 이전에는 민주름버섯목 싸리버섯과에 두었으나 새 분류법에 따라 나팔버섯목 나팔버섯과로 옮겼다. 대개 땅 위에 나며 나무뿌리와 균근을 만들어 공생하나 드물게 나무줄기에 나는 종도 있다.

소나무비늘버섯목 Hymenochaetales

소나무비늘버섯과 Hymenochaetaceae 소나무비늘버섯속, 시루뻔버섯속, 진흙버섯속, 층층버섯속 들이 있다. 대부분 여러해살이고 갓 겉면에 빳빳하고 짧은 털이 촘촘하게 나 있는 것이 특징이다. 자실체는 대개 어릴 때는 공 모양이고 해마다 갓 끝에서 새살이 돋아나 넓적한 반원 모양이 된다. 관공층은 여러 층으로 이루어져 있다. 해마다 새 관공층을 만들어 두꺼워지면 말굽 모양이 되기도 한다. 살은 나무처럼 딱딱하다. 대부분 약으로 많이 쓴다. 진흙버섯속 버섯은 시중에서 흔히 상황버섯이라고 불리는데 그 가운데 목질진흙버섯이 가장 항암 효과가 뛰어나다는 것이 의학적으로 검증되었다. 대부분 목재를 희게 썩히는 분해균인 것과 달리 시루뻔버섯속의 자작나무시루뻔버섯은 자실체가 나무껍질 아랫면에 얇고 넓게 퍼지면서 나무속으로 균사를 뻗어 양분을 얻는 기생균이다. 겉으로 드러나는 커다란 덩어리는 자실체가 아닌 균핵이다.

말뚝버섯목 Phallales

말뚝버섯과 Phallaceae 어린 자실체는 알처럼 생겼다. 겉은 희고 속은 젤라틴질로 차 있어 만져 보면 말랑말랑하다. 알 속에서 자실체 형태가 거의 만들어져 있다가 알 밖으로 나오면 빠르게 자란다. 색이 화려해서 눈에 잘 띄며 생김새도 특이한 것이 많다. 망태말뚝버섯이나 노랑망태버섯처럼 그물 치마를 두른 것도 있고, 오징어새주둥이버섯이나 세발버섯처럼 가지를 여러 개 뻗고 있는 것도 있다. 가지나 대는 구멍이 숭숭 뚫린 스펀지 모양이다. 머리나 가지 안쪽에 끈적하고 고약한 냄새를 풍기는 기본체가 드러나 있고 이 냄새로 벌레를 꾀어 들여 포자를 퍼뜨린다.

구멍장이버섯목 Polyporales

자실층이 관공 모양이거나 미로 모양이고 나무를 갈색이나 흰색으로 썩히는 분해균이다. 딱딱한 나무질인 것이 많고 포자 색은 거의가 다 흰색이다. 이전에 민주름버섯목에 두었던 불로초과, 꽃송이버섯과, 구멍장이버섯과, 굴뚝버섯과, 아교버섯과 들을 새로 만든 구멍장이버섯목으로 옮겼다.

잔나비버섯과 Formitopsidaceae 대부분 대가 없이 나무에 붙어 나며 생김새는 흔히 반원 모양이다. 자실층은 갓 아랫면에 있고 관공 모양이다. 나무를 썩히는 분해균이다. 소나무잔나비버섯 같은 여러해살이는 해마다 새로운 관공층을 만들어 여러 해가 지나면 말굽 모양이 되기도 한다. 살은 나무처럼 딱딱하거나 가죽처럼 질기다. 등갈색미로버섯, 소나무잔나비버섯 정도가 약으로 쓰이며 나머지 종들은 독성은 없으나 거의 먹지 않는다. 이전에는 민그물버섯목 구멍장이버섯과에 두었으나 새 분류법에 따라 구멍장이버섯목 잔나비버섯과로 나누었다.

불로초과 Ganodermataceae 자실체 전체가 옻칠을 한 것처럼 반들거린다. 갓은 접시 모양이나 콩팥 모양이며 둥글게 파인 홈이 있다. 자실층은 관공 모양인데 관공구가 아주 작다. 대는 길다. 불로초과 버섯은 거의 다 약으로 쓰며 그 가운데서도 '영지'라고도 불리는 불로초는 약효가 뛰어나 널리 쓴다. 이전에는 민주름버섯목에 있었으나 새 분류법에 따라 구멍장이버섯목으로 옮겼다. 불로초, 잔나비불로초 들이 있다.

왕잎새버섯과 Meripilaceae 잎새버섯이 대표적이다. 맛과 향이 좋아 널리 먹는다. 항종양, 면역 증강, 항산화, 혈당 조절 효과가 있어 식용뿐만 아니라 약으로도 쓰고 인공 재배도 한다. 이전에는 민주름버섯목 구멍장이버섯과에 있었으나 새 분류법에 따라 구멍장이버섯목 왕잎새버섯과로 나누었다.

아교버섯과 Meruliaceae 유관버섯, 침버섯 들이 있다. 나무에 자실체 전체가 붙어 나거나 반원 또는 부채꼴로 반쯤 붙어 난다. 자실층은 처음에는 매끈하다가 자라면서 올록볼록해지거나 주름이 생기면서 얕은 그물 모양 구멍이 생긴다. 살이 부드럽고 향이 좋은 침버섯을 제외하면 독성분은 없지만 딱딱한 나무질이어서 거의 먹지 않는다. 이전에는 민주름버섯목 구멍장이버섯과에 두었으나 새 분류법에 따라 구멍장이버섯목 아교버섯과로 옮겼다.

구멍장이버섯과 Polyporaceae 조개껍질버섯속, 새잣버섯속, 송편버섯속, 구멍버섯속 등 많은 속이 있다. 자실체는 전체가 나무에 붙어 나거나 반쯤 붙어 나는 것, 대가 있는 것과 없는 것, 한해살이와 여러해살이 들로 변화가 많고 색감과 질감, 크기도 여러 가지라 구별하기가 어렵다. 자실층은 대개 관공 모양이다. 이전에는 민주름버섯목에 있었으나 새 분류법에 따라 새로 만든 구멍장이버섯목 안에 두었다. 때죽조개껍질버섯, 새잣버섯, 구름송편버섯, 복령 들이 있다.

꽃송이버섯과 Sparassidaceae 꽃송이버섯은 자실체가 크고 다발로 난다. 먹는 버섯이며 암과 종양을 억제하는 성분인 베타글루칸이 버섯 가운데 가장 많이 들어 있는 약용 버섯이기도 하다. 이전에는 민주름버섯목에 두었으나 새 분류법에 따라 구멍장이버섯목으로 옮겼다.

무당버섯목 Russulales

새 분류법에 따라 무당버섯목을 새로 만들고 주름버섯목에 두었던 무당버섯과와 민주름버섯목에 두었던 노루궁뎅이과와 솔방울털버섯과를 무당버섯목으로 옮겼다.

솔방울털버섯과 Auriscalpiaceae 솔방울에 나며 자실층이 침 모양이다. 이전에는 민주름버섯목에 두었으나 새 분류법에 따라 무당버섯목으로 옮겼다. 솔방울털버섯이 있다.

노루궁뎅이과 Hericiaceae 노루궁뎅이과 버섯은 모두 먹을 수 있는 버섯이다. 자실체는 덩어리 모양이며 침 모양 돌기가 수염처럼 빽빽하게 늘어져 있다. 자실층은 돌기 겉면에 퍼져 있다. 나무에 나서 나무를 흰색으로 썩히는 분해균이다. 이전에는 민주름버섯목에 두었으나 새 분류법에 따라 무당버섯목으로 옮겼다. 산호침버섯, 노루궁뎅이 들이 있다.

무당버섯과 Russulaceae 기와버섯, 수원무당버섯, 절구무당버섯, 절구무당버섯아재비, 청머루무당버섯, 배젖버섯, 젖버섯, 흰주름젖버섯 등 무당버섯목 가운데 가장 많은 종이 있다. 무당버섯속과 젖버섯속 들이 있는데 무당버섯속은 색이 화려하고 다양하며, 젖버섯속은 베어 보면 매운맛을 지닌 젖 같은 하얀 액체가 나온다. 맹독 버섯인 절구무당버섯아재비 말고는 거의가 먹을 수 있는 버섯이다. 나무뿌리와 균근을 만들어 살아가는 공생균이 많다. 이전에는 주름버섯목에 두었으나 새 분류법에 따라 무당버섯목을 새로 만들고 그 안에 두었다.

사마귀버섯목 Thelephorales

노루털버섯과와 사마귀버섯과가 있다. 갓과 대를 갖춘 우산 모양 또는 다양한 모양이 있다. 먹을 수 있는 버섯이 많다. 나무뿌리와 균근을 만들어 살아가는 공생균이다. 이전에는 주름버섯목 굴뚝버섯과에 두었으나 새 분류법에 따라 사마귀버섯목을 새로 만들어 따로 나누었다.

노루털버섯과 Bankeraceae 굴뚝버섯속과 노루털버섯속이 있다. 대부분 먹는 버섯이지만 약한 독성분을 가진 것도 있다. 먹는 버섯으로는 맛과 향이 뛰어난 향버섯이 있다. 이전에는 민주름버섯목 굴뚝버섯과로 분류했으나 새 분류법에 따라 사마귀버섯목 노루털버섯과로 나누었다.

사마귀버섯과 Thelephoraceae 수많은 갓이 겹쳐 모여 커다란 다발을 이룬다. 마르면 딱딱해지고 향이 강해진다. 주름처럼 생긴 관공이 대에 길게 내려와서 갓과 대의 경계가 뚜렷하지 않다. 까치버섯속의 까치버섯은 맛과 향이 좋다. 민주름버섯목 굴뚝버섯과에 있었으나 새 분류법에 따라 사마귀버섯목 사마귀버섯과로 나누었다.

흰목이목 Tremellales

흰목이과 Tremellaceae 흰목이목에는 9개 과가 있지만 우리나라에는 흰목이과 하나만 있다. 흰목이는 목이와 생김새가 닮았고 자실체 전체가 약간 투명한 흰색이다. 살은 젤라틴질로 얇고 부드러우며 겉은 매끈하다. 자실층은 자실체 양면에 고루 퍼져 있다. 드물게 나는 버섯으로 옛날에는 귀한 요리에 썼다. 지금은 인공 재배도 한다.

남녘과 북녘 버섯 이름

남녘과 북녘은 반세기가 넘는 오랜 시간 동안 학문 교류가 없어 버섯 이름도 서로 다르게 부르고 있는 것이 많다. 북녘에는 750여 종의 버섯이 있다고 전해지는데, 불로초를 제외한 모든 버섯 이름 끝에 '버섯'을 붙인다. 예를 들면 송이, 느타리, 표고를 북녘에서는 송이버섯, 느타리버섯, 표고버섯으로 부른다. 그 밖에 나팔버섯, 침비늘버섯처럼 남녘과 북녘 이름이 같은 것도 더러 있지만 대부분 이름이 다르고, 기와버섯이나 먹물버섯처럼 남녘에서 부

남녘	북녘
갈황색미치광이버섯	웃음독벗은갓버섯
갓그물버섯	노란그물버섯, 노란가루그물버섯
개암버섯	밤버섯
검은띠말똥버섯	테두리웃음버섯
검은비늘버섯	기름비늘갓버섯, 기름버섯
고동색광대버섯	밤색학버섯
곰보버섯	숭숭갓버섯
광대버섯	붉은점갓닭알독버섯, 붉은광대버섯
구름송편버섯	기와버섯
국수버섯	흰국수버섯
귀신그물버섯	솔방울그물버섯, 솜방망이그물버섯
기와버섯	풀색무늬갓버섯, 록색반점버섯
긴대안장버섯	가는대말안장버섯
까치버섯	검은춤버섯, 양배추검은버섯
꽃버섯	붉은고깔버섯
꽃송이버섯	꽃잎버섯, 꽃보라버섯
꾀꼬리버섯	살구버섯
끈적끈끈이버섯	진득고리버섯
노란개암버섯	쓴밤버섯
노란길민그물버섯	노란주름버섯
노란꼭지버섯	노란활촉버섯
노란난버섯	노란갓노루버섯
노랑망태버섯	노랑그물갓버섯, 노란투망버섯
노랑싸리버섯	노란꽃싸리버섯
노루궁뎅이	고슴도치버섯
느타리	느타리버섯
다색벚꽃버섯	붉은무리버섯
달걀버섯	닭알버섯

남녘	북녘
덧부치버섯	덧붙이애기버섯, 밤별버섯
독우산광대버섯	학독버섯
동충하초	번데기버섯
두엄먹물버섯	먹물버섯
들주발버섯	붉은잔버섯
때죽조개껍질버섯	동백나무조개버섯
마귀광대버섯	점갓닭알독버섯
말똥버섯	웃음버섯
말뚝버섯	자라버섯
말불버섯	봉오리먼지버섯
말징버섯	두뇌먼지버섯, 먼지버섯
맑은애주름버섯	색갈이줄갓버섯
망태말뚝버섯	그물갓버섯, 투망버섯
먹물버섯	비늘먹물버섯
먼지버섯	별버섯, 땅별버섯
목이	검정버섯, 귀버섯
목질진흙버섯	뽕나무혹버섯
무당버섯	붉은갓버섯
밀꽃애기버섯	나도락엽버섯
민자주방망이버섯	보라빛무리버섯
배불뚝이연기버섯	검은깔때기버섯
배젖버섯	젖버섯
뱀껍질광대버섯	나도털자루닭알버섯
벌포식동충하초	벌버섯
복령	복령, 솔뿌리혹버섯
불로초(영지)	불로초, 만년버섯, 장수버섯
붉은꼭지외대버섯	붉은활촉버섯
붉은싸리버섯	꽃싸리버섯

르는 것과 이름은 같지만 전혀 다른 버섯을 이르는 경우도 있으니 학명을 확인하는 것이 좋다.

이 책에 나오는 북녘 이름은 《조선말대사전》, 《조선버섯도감》, 《조선포자식물2(균류편2)》, 《조선포자식물3(균류편3)》에서 찾아 넣었다. 이 책에 나오는 버섯 가운데 북녘 이름이 없는 것은 북녘에 자생하지 않거나 자료가 없어 이름을 확인할 수 없는 것들임을 밝혀 둔다.

남녘	북녘
붉은점박이광대버섯	색갈이닭알버섯
비단그물버섯	진득그물버섯, 진득돋버섯
뽕나무버섯	개암나무버섯, 개암버섯
뽕나무버섯부치	나도개암버섯
삿갓외대버섯	검은활촉버섯
새잣버섯	이깔나무버섯
세발버섯	삼발버섯
소나무잔나비버섯	전나무떡다리버섯
솔땀버섯	땀독버섯
솔방울털버섯	솔방울바늘버섯
솔버섯	붉은털무리버섯, 붉은털노란주름버섯
싸리버섯	싸리버섯, 큰꽃싸리버섯
애기낙엽버섯	쇠줄락엽버섯
오징어새주둥이버섯	낙지버섯
이끼꽃버섯	노란주름피벚꽃버섯
이끼살이버섯	밤색애기배꼽버섯
잎새버섯	춤버섯, 무용버섯
자작나무시루뻔버섯	봇나무혹버섯
자주국수버섯	자주색국수버섯
자주졸각버섯	보라빛깔때기버섯, 리면자색버섯
잔나비불로초	넙적떡다리버섯
잿빛만가닥버섯	무리버섯
적갈색애주름버섯	피빛줄갓버섯, 피빛버섯
절구무당버섯	성긴주름갓버섯, 검은거짓젖버섯
젖버섯	흙쓰개젖버섯
젖버섯아재비	붉은물젖버섯
졸각버섯	살색깔때기버섯, 라크색버섯
좀주름찻잔버섯	밭도가니버섯

남녘	북녘
주름버섯	들버섯, 벼짚버섯
진흙버섯	나무혹버섯
참낭피버섯	주름우산버섯
청머루무당버섯	색갈이갓버섯
층층버섯	소나무혹버섯
큰갓버섯	큰우산버섯, 종이우산버섯
큰낙엽버섯	큰가랑잎버섯
큰마개버섯	나사못버섯
턱받이포도버섯	별가락지버섯
털귀신그물버섯	솔방울그물버섯, 솜방망이그물버섯
테두리방귀버섯	흰땅별버섯, 흰땅밤버섯
팽나무버섯(팽이버섯)	팽나무버섯
표고	표고버섯, 참나무버섯
풀버섯	주머니버섯, 검은주머니버섯
하늘색깔때기버섯	하늘빛깔때기버섯
향버섯(능이)	능이버섯
화경버섯	독느타리버섯
황갈색먹물버섯	작은반들먹물버섯
황소비단그물버섯	그물버섯
흰굴뚝버섯	검은가죽버섯
흰목이	흰흐르레기버섯
흰비단털버섯	노란주머니버섯
흰알광대버섯	흰닭알독버섯
흰주름버섯	큰들버섯
흰주름젖버섯	성긴주름젖버섯

용어 풀이

갈색 부후균 (褐色腐朽菌, brown-rotting fungi)	목질의 섬유소를 분해해 갈색 목질소만 남게 하여 목질을 갈색으로 변하게 하는 균.
격막 (隔膜, diaphragm/septum)	균사 속에 있는 가로막. 칸막이를 하여 세포를 여러 개로 나눈다. 격벽이라고도 한다.
골목 (榾木)	→ 버섯나무.
공생균 (共生菌)	식물의 뿌리에 균근을 만들어 서로 공생 관계를 맺는 버섯.
관공 (管孔, tube)	자실층이 관 모양의 구멍으로 되어 있는 것. 흔히 그물버섯류에 있다.
균근 (菌根)	버섯의 영양 균사가 식물 뿌리와 결합한 것. 버섯과 식물의 공생 관계 가운데 하나로, 뿌리의 세포 밖에 머무는 외생균근과 뿌리의 세포 안으로 들어가는 내생균근 들이 있다.
균류 (菌類)	광합성을 하지 않는 세균, 조균, 자낭균, 담자균, 변형균 들을 통틀어 이르는 말. 좁게는 곰팡이, 효소, 버섯 무리를 가리킨다. 곰팡이류라고도 한다.
균사 (菌絲, hypha/hyphae)	곰팡이나 버섯의 몸을 이루고 있는 아주 가는 실 모양 세포.
균사 다발/균사속 (菌絲束, mycelial strand)	많은 균사가 촘촘하게 뭉치고 얽혀서 끈이나 다발처럼 된 것. 담자균류에서 많이 보인다.
균사체 (菌絲體, mycelium)	균사가 자라거나 가지 치기를 하여 이룬 덩어리. 포자를 만들지 않는 세대 또는 부위로 균류의 기본 구조이다.
균핵 (菌核, sclerotium)	균사가 뭉쳐 딱딱한 덩어리를 이룬 것.
기본체 (基本體, gleba)	자실체 안에서 포자를 만드는 기본 조직. 먼지버섯이나 말불버섯 들에 있다.
기생균 (寄生菌, parasite)	살아 있는 동식물의 몸에 붙어 양분을 빼앗으며 자라는 버섯으로 활물 기생균, 반활물 기생균, 곤충기생균을 이른다.
내피막 (內被膜, inner veil)	주름버섯류에서 어린 버섯의 자실층을 보호하는 얇은 막. 갓이 피면서 찢어져 갓 끝에 남거나 턱받이가 되어 남기도 한다.
담자균류 (擔子菌類, basidiomycetes)	담자기에서 포자를 만드는 균류.
담자기 (擔子器, basidium)	담자균류에서 담자 포자를 만드는 곤봉 모양의 미세 구조.
담자 포자 (擔子胞子, basidiospore)	담자기 안에서 감수 분열한 다음 담자기 밖에 만들어지는 유성 생식 포자. 흔히 4개가 만들어진다.
대주머니 (volva)	어린 버섯을 싸고 있던 외피막이 버섯이 자라면서 찢어져 대 밑동을 싸는 주머니 모양으로 남은 것.
동정 (同定, identification)	어떤 생물을 자료를 통해 비교하고 검토해서 분류학상의 소속이나 명칭을 바르게 정하는 일.
리그닌 (lignin)	→ 목질소.
목질소 (木質素)	목재의 세포벽에 있는 물질로 세포를 서로 달라붙게 하는 구실을 한다. 섬유소와 섬유소 사이의 중간층을 채우고 있다.
무성 생식 (無性生殖, asexual reproduction)	암수가 짝짓기를 하지 않고 자손을 만들어 번식하는 방법. 흔히 하등 생물에서 볼 수 있다.
방추형 (紡錘形, fusiform)	베틀로 베를 짤 때 쓰는 북처럼 생긴 모양. 원기둥의 양 끝이 뾰족하거나 원기둥의 가운데가 굵고 양 끝이 가는 모양을 이른다. 실북 모양이라고도 한다.
배지 (培地, medium)	버섯을 재배하기 위해 톱밥, 짚, 폐솜 들을 섞어 살균·발효하고 영양분을 주어 만든 배양토.
백색 부후균 (白色腐朽菌, white-rotting fungi)	목질의 목질소를 분해해서 섬유소만 남게 하여 목질을 흰색으로 변하게 하는 균.
버섯고리 (fairy ring)	한 종류의 버섯이 땅에서 둥그렇게 고리 모양을 이루어 나는 것. 해마다 나이테처럼 바깥쪽으로 퍼져 나간다. 균환, 균륜이라고도 한다.
버섯나무	버섯을 재배하는 데 쓰는 나무. 원목을 잘라 구멍을 뚫고 버섯 종균을 심어 키운다. 골목이라고도 한다.
복균류 (腹菌類)	공처럼 둥글게 생긴 껍질 안에서 포자를 만드는 버섯류. 말불버섯, 먼지버섯, 찻잔버섯 들이 있다.

분생 포자 (分生胞子, conidium)	균류에서 볼 수 있는 무성 생식으로 만들어진 포자. 균사 가지 끝이 끊기거나 포자 안에 있는 세포질이 분열해서 생기며 스스로 새로운 균사로 자란다. 분생자라고도 한다.
분해균 (分解菌, saprophyte)	죽은 동식물의 몸에 붙어 숙주를 분해하면서 영양분을 얻어 자라는 균. 부생균이라고도 한다.
불완전 세대 (不完全世代)	균류의 무성 생식 시기.
생물학적 환경 정화 (Bioremediation)	농약, 중금속 들에 오염된 환경을 생물, 특히 미생물을 이용하여 오염 물질을 분해하거나 없애 복원하는 방법. 생물학적 복원, 생물학적 개선이라고도 한다.
섬유소 (纖維素)	고등식물의 세포벽을 이루고 있는 주성분으로 목질부의 대부분을 차지한다. 식물체의 30~50%를 차지하며 잘 분해되지 않는 성질이 있다.
셀룰로오스 (cellulos)	➜ 섬유소.
소피자 (小皮自, peridiole)	찻잔버섯류의 컵 모양 자실체 속에 생기는 바둑돌 또는 종자 모양의 기관. 속에는 포자가 들어 있다.
숙주 (宿主, host)	버섯이 자라는 데 필요한 양분을 얻는 대상으로 삼는 식물이나 동물. 기주라고도 한다.
실뿌리균사속 (rhizomorph)	균사가 길이로 뭉쳐 두툼한 끈이나 철사 모양을 이룬 것.
연결맥 (連結脈, intervenose)	주름버섯류에서 주름살 사이를 연결하는 가는 주름살. 연락맥 또는 간맥이라고도 한다.
외피막 (外皮膜, universal veil)	주름버섯류에서 어린 버섯을 둘러싸고 있는 막. 자라면 찢어져서 흔히 대주머니로 남는다.
유성 생식 (有性生殖, sexual reproduction)	암수가 짝짓기를 하여 자손을 만들고 번식하는 방법. 핵 융합과 감수 분열이 일어난다.
이차 포자 (二次胞子, secondary spore)	자낭 포자의 격막 부분이 분열하여 저마다 개별적인 포자 역할을 하는 것.
일액 현상 (溢液現象, guttation)	식물에 흡수된 물 가운데 양분을 만드는 데 쓰이고 남은 물은 수증기가 되어 밖으로 나오는데, 기온이 낮고 습도가 높으면 수증기의 일부가 식물의 배수 조직을 통해 물방울 모양으로 나오는 현상.
자낭 (子囊, ascus)	자낭균류에서 유성 생식으로 자낭 포자를 만드는 긴 주머니 모양의 세포.
자낭각 (子囊殼, perithecium)	자낭균류 몸속에 있는 뚜렷한 벽을 지닌 생식 기관. 둥글거나 호리병 모양이고 꼭대기에 구멍이 있다.
자낭과 (子囊果, ascocarp)	자낭균류의 번식체인 자실체로 자낭반, 자낭각, 폐자낭각 같은 일정한 모습을 지니고 있다.
자낭균류 (子囊菌類)	자낭에서 포자를 만드는 모든 균류.
자낭반 (子囊盤, apothecium)	자낭과가 접시, 안장, 모자, 창, 밥상 모양으로 생겨서 자낭이 겉면에 드러나 있는 기관.
자낭 포자 (子囊胞子, ascospore)	자낭균류의 자낭 안에서 감수 분열로 만들어지는 유성 생식 포자. 흔히 8개가 만들어진다.
자실체 (子實體, fruiting body)	균류가 포자를 만들어서 자손을 퍼뜨리기 위해 만들어 내는 조직. 흔히 버섯이라고 한다.
자실층 (子實層, hymenium)	담자균류의 담자기, 자낭균류의 자낭이 줄지어 층을 이루고 있는 것.
자좌 (子座, stoma)	자낭균류의 자실체에서 곤봉이나 반구처럼 생긴 조직. 수많은 자낭각을 속이나 겉면에 지니고 있다.
정공 (頂空, aptical stoma)	말불버섯류의 꼭대기에 있는 구멍. 이곳으로 성숙한 포자를 내보낸다.
조직 (組織, flesh/context)	버섯의 자실체를 이루고 있는 세포의 집합체.
주름살 (gill/lamella)	흔히 주름버섯류에서 자실층이 부챗살 모양으로 주름이 잡혀 있는 것.
측사 (側絲, paraphysis)	자낭균의 자실층에서 자낭과 자낭 사이를 잇는 균사.
클램프 (clamp)	담자균류에서 세포 분열을 위해 균사의 격막 부근에 만들어지는 부리 모양의 돌기.
턱받이 (ring/annulus)	갓이 피면서 내피막의 일부가 대에 남아 고리나 치마 모양을 이루는 것. 고리나 띠라고도 한다.
폐솜	솜을 틀거나 실을 자을 때 생기는 솜 부스러기. 낙면이라고도 한다.
포자 (胞子, spore)	균류가 번식을 위해 만들어 내는 세포. 담자 포자, 자낭 포자는 유성 포자이고 분생 포자, 후막 포자는 무성 포자이다.
후막 포자 (厚膜胞子, chlamydospore)	균사의 끝이나 중간의 세포벽이 두꺼워져서 생긴 커다란 무성 생식 포자.

우리 이름 찾아보기

사

아

자

*를 붙인 것은 북녘에서 쓰는 이름입니다.

학명 찾아보기

참고 자료

참고한 책

《강원의 버섯》(성재모 · 김양섭 외, 2002, 강원대학교출판부)

《광릉의 버섯》(김현중 · 한상국, 2008, 국립수목원)

《기초균류학》(Elizabeth Moore-Landercker저, 박희문 외 공역, 2005, 월드사이언스)

《독버섯 도감》(석순자 · 김양섭 외, 2011, 푸른행복)

《버섯대도감》(최호필, 2015, 아카데미북)

《버섯생태도감》(국립수목원, 2013, 지오북)

《버섯학 각론》(유영복 외, 2015, 교학사)

《새로운 한국의 버섯》(박완희 · 이지헌, 2011, 교학사)

《야생 버섯 백과사전》(석순자 · 장현유 외, 2013, 푸른행복)

《우리 몸에 좋은 버섯대사전》(솔뫼, 2012, 그린홈)

《우리 산에서 만나는 버섯 200가지》(김현중 · 한상국, 2009, 국립수목원)

《월간 버섯》(1998년 4월호~2011년 6월호, 농민저널)

《자연 버섯 도감》(석순자 · 장현유 · 박영준 공저, 2015, 푸른행복)

《자연과 생태 Vol 13~18》(2008, 자연과 생태사)

《자연사》(DK자연사제작위원회, 2012, 사이언스북스)

《제주도 버섯》(서재철 · 조덕현, 2004, 일진사)

《제주지역의 야생버섯》(고평열 · 김찬수 · 신용만 외, 2009, 국립산림과학원)

《조선말대사전》(사회과학원, 1992, 사회과학출판사)

《조선버섯도감》(윤영범, 1978, 과학백과사전출판사)

《조선포자식물2(균류편2)》(윤영범 · 현운형, 1989, 과학백과사전종합출판사)

《조선포자식물3(균류편3)》(윤영범 · 현운형, 1990, 과학백과사전종합출판사)

《한국약용버섯도감》(박완희 · 이호득, 2009, 교학사)

《한국의 동충하초》(성재모, 1996, 교학사)

《한국의 버섯》(농촌진흥청 농업과학기술원, 2008, 김영사)

《한국의 버섯 도감 I》(이태수 · 조덕현 외, 2010, 저숲출판)

《한국의 버섯 목록》(한국균학회 균학용어심의위원회, 2013, 사단법인 한국균학회)

《한국의 식용 · 독버섯 도감》(조덕현, 2009, 일진사)

《한라산의 버섯》(김양섭 · 석순자 외 2005, 제주도농업기술원)

《450 champignons》 (Andreas Gminder, 2008, Delachaux et Niestlé)

《A Victorian Naturealist》 (Eileen Jay, 2Mary Noble, Anne Stevenson Hobbs, 1992, the Penguin Group)

《Champignons filamenteux d'Interet medical》 (St. Germain, 1996, Star Pub Co)

《Champignons》 (Eleanor Lawrence, 1991, GRUND)

《Champignons》 (Jakob Schlittler, 1972, Editions Silva, Zurich)

《Complete mushroom book》 (Garluccio Antonio, 2005, Quadrille Pub)

《Guía de hongos de la península ibérica》 (Gabriel Moreno · José Luis Manjón, 2010, OMEGA)

《Guide du cueilleur de champignons》 (Georges Becker, 2003, Selection du Reader's Digest)

《How to identify edible mushrooms》 (Patrick Harding, 1996, Harper Collins publishers)

《Larouse des champinons》 (Guy Redeuilh, 2004, LAROUSSE)

《Mushroom cultivator》 (Stamets · Paul · Chilton, 1984, Agarikon Press)

《Mushrooming without fear》 (Schwab, 2007, Sterling Pub Co Inc)

《Mushrooms and Other Fungi of Great Britain and Europe》 (Roger Phillips, 1989, PAN BOOKS)

《Smithsonian Handbooks: Mushrooms》 (Thomas Laessoe · Gary Lincoff, 2002, DK)

《The book of the mushroom》 (Defries, 2006, Lightning Source Inc)

《The Concise Illustrated Book of Mushrooms and Other Fungi》 (David Pegler, 1989, GALLERY BOOKS)

《きのこのほん》(鈴木安一郎, 2010, PIE BOOKS)

《きのこ大図鑑》(小宮山勝司, 2012, 永岡書店)

《きのこ図鑑》(本郷次雄・上田俊穂・伊択正名, 2010, 保育社)

《きのこ図鑑》(本郷次雄・幼菌の会, 2001, 家の光協会)

《きのこ絵》(Pie Books 編, 2013, Pie International)

《見つけて楽しむきのこワンダーランド》(吹春俊光・大作晃一, 2004, 山と溪谷社)

《菌類のふしぎ》 (國立科學博物館 編, 2014, 東海大學出版部)

《北陸のきのこ図鑑》(池田良幸, 2005, 橋本確文堂)

《森のきのこたち(種類と生態)》(紫田 尚, 2006, 八坂書房)

《生物學名命名法辞典》(平嶋義宏, 1994, 平凡社)

《世界きのこ大図鑑》(Peter Robertmand Sellery Ebans, 斉藤隆央 訳, 2012, 東洋書林)

《原色日本新菌類図鑑(1)》(今關六也・本郷次雄, 1987, 保育社)

《日本のきのこ》(今関六也・大谷吉雄・本郷次雄・伊沢正名 2005, 山と溪谷社)

참고한 누리집

Index Fungorum http://www.indexfungorum.org/

국가생물종지식정보시스템 http://www.nature.go.kr/

국립농업과학원 http://www.naas.go.kr/

아름다운 버섯나라 http://www.mushroom114.or.kr/

한국산 버섯 DB http://mushroom.ndsl.kr/

한국의 버섯 http://www.koreamushroom.kr/

한국임업진흥원 https://www.kofpi.or.kr/

그림 | 권혁도

1955년 경북 예천에서 태어났다. 추계예술대학교에서 동양화를 공부했다. 1995년부터 우리 자연 속에서 사는 동식물을 세밀화로 그리는 일을 하고 있다. 《세밀화로 그린 보리 어린이 곤충 도감》《세밀화로 그린 보리 큰도감-동물 도감》 들을 그렸고, 산과 들에 나가 관찰하고 작업실에서 곤충을 기르면서 쓰고 그린 그림책으로 《배추흰나비 알 100개는 어디로 갔을까?》《세밀화로 보는 사마귀 한살이》《세밀화로 보는 호랑나비 한살이》 들이 있다.

그림 | 김찬우

1976년 서울에서 태어났다. 서울대학교에서 동양화를 공부했다. 그림책 《한강을 따라가요》《철커덕철커덕, 모시를 짜요!》《민들레 꽃집이 된 밥솥》을 그렸다. 도감으로는 《세밀화로 그린 보리 어린이 버섯 도감》을 그렸다. 2014년 볼로냐 국제 아동도서전에서 그림책 《생선 가격을 정해요》로 '올해의 일러스트레이터 상'을 받았다.

그림 | 이주용

1967년 서울에서 태어났다. 경원대학교에서 서양화를 공부했다. 2002년부터 동식물 생태를 관찰하며 그림을 그리고 있다. 그림책으로 《개구리밥의 겨울눈》《발가락 동그란 청개구리》를 그렸고 세밀화 도감으로는 《개구리와 뱀》《세밀화로 그린 보리 어린이 양서 파충류 도감》《갯벌 나들이 도감》《수생식물 도감》《세밀화로 그린 보리 어린이 버섯 도감》을 그렸다.

그림 | 임병국

1971년 인천 강화에서 태어났다. 홍익대학교에서 서양화를 공부했다. 제1회 보리 세밀화 공모전에서 대상을 받은 것을 계기로 자연의 모습을 세밀화로 옮기는 일을 꾸준히 하고 있다. 세밀화 도감으로 《보리 어린이 첫도감-산짐승》《약초 도감》《풀 도감》을 그렸다. 잡지 《개똥이네 놀이터》에 '토끼똥 아저씨의 동물 이야기'를 연재했다.

정보 그림 | 이우만

1973년 인천에서 태어났다. 홍익대학교에서 서양화를 공부했다. 탐조 활동을 하면서 자연과 생명체를 그림으로 기록하는 일을 하고 있다. 《창릉천에서 물총새를 만났어요》《솔부엉이 아저씨가 들려주는 뒷산의 새 이야기》를 쓰고 그렸다. 《세밀화로 그린 보리 어린이 새 도감》《세밀화로 그린 보리 큰도감-새 도감》에 펼친 그림과 참고 그림을 그렸다.

글 | 석순자

1965년 전남 해남에서 태어났다. 전남대학교에서 화학을 전공했고, 성균관대학교에서 식품생명 자원학 석사 학위와 박사 학위를 받았다. 지금은 농촌진흥청 국립농업과학원에서 버섯을 연구하고 있다. 《버섯학》《야생 버섯 백과사전》《제주의 야생 버섯》《자연버섯도감》 들을 펴냈다. 2013년 한국균학회에서 펴낸 《한국의 버섯 목록》 편집에 참여했고 균학 용어 심의 위원장을 맡고 있다.

감수 | 김양섭

1946년 강원 원주에서 태어났다. 건국대학교 문리과 대학을 졸업하고 동 대학원에서 이학 석사 학위를, 강원대학교에서 농학 박사 학위를 받았다. 40년 가까이 농촌진흥청 농업기술연구소와 국립농업과학원에서 버섯을 연구했다. 〈한국산 담자균류의 분류학적 연구〉 등 50편이 넘는 논문을 발표했고 《한국의 버섯》《한국산 버섯류 원색도감》《독버섯 도감》 들을 펴냈다.

기획 | 토박이

토박이는 우리말과 우리 문화, 그리고 이 땅의 자연을 아끼고 사랑하는 모든 이들을 위해 좋은 책을 만들고자 애쓰는 사람들의 작은 모임이다. 그동안 《보리 국어사전》과 겨레 전통 도감 《살림살이》《전래 놀이》《국악기》《농기구》《탈춤》을 만들었고, 《신기한 독》《불씨 지킨 새색시》《호랑이 뱃속 잔치》《도사 전우치》 들로 이루어진 〈온 겨레 어린이가 함께 보는 옛이야기〉 스무 권을 만들었다. 자연의 모습을 담은 《세밀화로 그린 보리 어린이 버섯 도감》과 《세밀화로 그린 보리 어린이 새 도감》《세밀화로 그린 보리 큰도감-새 도감》을 만들었다.